Andreas O. Rapp, Bernhard Sudhoff, Daniel Pittich

Schäden an Holzfußböden

Schadenfreies Bauen

Herausgegeben von Dr.-Ing. Ralf Ruhnau

Begründet von Professor Günter Zimmermann

Band 29

Schäden an Holzfußböden

Von

Prof. Dr. Andreas O. Rapp

Dr.-Ing. Bernhard Sudhoff

Daniel Pittich M.Ed.

2., überarbeitete und erweiterte Auflage

Fraunhofer IRB Verlag

Bibliografische Information der Deutschen Nationalbibliothek

Die Deutsche Nationalbibliothek verzeichnet diese Publikation in der Deutschen Nationalbibliografie; detaillierte bibliografische Daten sind im Internet über http://dnb.d-nb.de abrufbar.
ISBN: 978-3-8167-8097-7

Redaktion: Manuela Wallißer
Umschlaggestaltung: Martin Kjer
Layout: Martin Kjer
Herstellung: Sonja Frank
Satz: zazudesign, Fluorn-Winzeln
Druck: Ungeheuer + Ulmer, Ludwigsburg
Für den Druck des Buches wurde chlor- und säurefreies Papier verwendet.

Fraunhofer-Informationszentrum
Raum und Bau IRB
Nobelstraße 12, 70569 Stuttgart
Telefon +49 711 970-2500
Telefax +49 711 970-2508
E-Mail: irb@irb.fraunhofer.de
http://www.baufachinformation.de

Dieses Buch ist Otto Rapp gewidmet.

Für über 60 Jahre Engagement im Bereich der Holzfußböden, als Obermeister, öffentlich bestelltem und vereidigtem Sachverständigen, Begründer der ›Stuttgarter Schule‹ und bis heute aktivem Lehrer und Förderer des Nachwuchses der Restauratoren im Parkettlegerhandwerk.

Fachbuchreihe Schadenfreies Bauen

Bücher über Bauschäden erfordern anders als klassische Baufachbücher eine spezielle Darstellung der Konstruktionen unter dem Gesichtspunkt der Bauschäden und ihrer Vermeidung. Solche Darstellungen sind für den Planer wichtige Hinweise, etwa vergleichbar mit Verkehrsschildern, die den Autofahrer vor Gefahrstellen im Straßenverkehr warnen.

Die Fachbuchreihe Schadenfreies Bauen stellt in vielen Einzelbänden zu bestimmten Bauteilen oder Problemstellungen das gesamte Gebiet der Bauschäden dar. Erfahrene Bausachverständige beschreiben den Stand der Technik zum jeweiligen Thema, zeigen anhand von Schadensfällen typische Fehler auf, die bei der Planung und Ausführung auftreten können, und geben abschließend Hinweise zu deren Sanierung und Vermeidung.

Für die tägliche Arbeit bietet darüber hinaus die Volltextdatenbank Schadis die Möglichkeit, die gesamte Fachbuchreihe als elektronische Bibliothek auf DVD oder online zu nutzen. Die Suchfunktionen der Datenbank ermöglichen den raschen Zugriff auf relevante Buchkapitel und Abbildungen zu jeder Fragestellung (www.irb.fraunhofer.de/schadis).

Der Herausgeber der Reihe:

Dr.-Ing. Ralf Ruhnau ist ö. b. u. v. Sachverständiger für Betontechnologie, insbesondere für Feuchteschäden und Korrosionsschutz. Als Partner der Ingenieurgemeinschaft CRP GmbH Berlin und in Fachvorträgen befasst er sich neben der Bauphysik und der Fassadenplanung vor allem mit Bausubstanzbeurteilungen. Er war mehrere Jahre als Mitherausgeber der Reihe aktiv und betreut sie seit 2008 alleinverantwortlich.

Der Begründer der Reihe:

Professor Günter Zimmermann war von 1968 bis 1997 ö. b. u. v. Sachverständiger für Baumängel und Bauschäden im Hochbau. Er zeichnete 33 Jahre für die Bauschäden-Sammlung im Deutschen Architektenblatt verantwortlich. 1992 rief er mit dem Fraunhofer IRB Verlag die Reihe Schadenfreies Bauen ins Leben, die er anschließend mehr als 15 Jahre als Herausgeber betreute. Er ist der Fachwelt durch seine Gutachten, Vortrags- und Seminartätigkeiten und durch viele Veröffentlichungen bekannt.

Vorwort des Herausgebers zur zweiten Auflage

Seit dem Erscheinen der ersten Auflage dieses Buches sind acht Jahre vergangen, in denen Normen und Richtlinien in großem Umfang europäisiert worden sind. Allein dadurch bedingt und durch die Vielfalt der zum Teil neu auf dem Markt angebotenen Produkte für Holzfußböden war eine grundlegende Überarbeitung und Erweiterung des Bandes SCHÄDEN AN HOLZFUSSBÖDEN in der Reihe SCHADENFREIES BAUEN erforderlich.

Holzfußböden besitzen sowohl im Bereich öffentlicher Bauten – seien es Neubauten oder auch Instandsetzungen – als auch im Wohnungsbau eine ungebrochene Beliebtheit bei Bauherren und Architekten. Optik, physikalische Eigenschaften (Holzfußböden sind fußwarm) und zunehmend auch ökologische Aspekte (natürlich nachwachsender Rohstoff) des Werkstoffes Holz sind stark nachgefragt. Hinreichende Kenntnis der spezifischen Eigenschaften des Holzes und der jeweiligen Untergründe für Holzfußböden ist allerdings Voraussetzung für eine mängel- und schadenfreie Konstruktion. Durch die Vielfalt der Produkte und Ausführungsvarianten unterschätzt manch Planer und Ausführender – ob Fachbetrieb oder ›do it yourself‹-Bauherr – die Risiken einer fehlenden objektbezogenen Planung und es kommt zunehmend zu Streitigkeiten über Konstruktions- und Ausführungsmängel.

Mit der zweiten Auflage des vorliegenden Buches haben die Autoren der ersten Auflage Rapp und Sudhoff gemeinsam mit dem hinzugewonnenen Herrn Pittich nicht nur den ursprünglichen Umfang mit einer Vielzahl von Schadensbeispielen deutlich erweitert, sondern auch eine aktuelle hervorragende Darstellung der technischen Regeln für das Planen und Verlegen von Holzfußböden geschaffen, die zeigt, wie sich Mängel und Schäden an Holzfußböden vermeiden lassen. Nicht nur für Planer und Ausführende, auch für Sachverständige, die sich mit zu begutachtenden Schäden auseinandersetzen müssen, ist dieses Buch eine besonders wertvolle Hilfe.

Ich danke den drei Autoren, dass sie ihr Wissen und ihre Erfahrung bei aller beruflicher Inanspruchnahme in dieses wichtige Buch haben einfließen lassen.

Berlin, September 2010
Ralf Ruhnau

Vorwort der Autoren zur zweiten Auflage

Die im Jahr 2003 erschienene erste Auflage ist für Gutachter, Parkettlegermeister, Architekten und Juristen in kurzer Zeit zu einem Standardwerk für die Beurteilung, Sanierung und Vermeidung von Beanstandungen an Holzfußböden geworden. Sie war daher schnell vergriffen. Warum hat es so lange gedauert, bis die zweite Auflage erschienen ist? Diese berechtigte Frage ist einfach zu beantworten:

Im Fußbodenbereich wurden die nationalen Normen großteils erst nach Erscheinen der ersten Buchauflage durch europäische Normen abgelöst. Diese Umstellungen sind in der zweiten Auflage berücksichtigt. Wenn der teilweise sehr weite europäische Rahmen der Spezifizierung bedarf, um eine Zunahme von Schäden an Holzfußböden in Mitteleuropa zu vermeiden, so ist diese notwendige Spezifizierung an entsprechender Stelle im Buch ausgeführt und es werden ihre technischen Hintergründe erläutert. Unabhängig von der Normung kam es in der Parkettwelt seit dem Erscheinen der ersten Auflage zu etlichen technischen Neuerungen. Erwartungsgemäß haben neue Materialien und Techniken zu zahlreichen neuen Schadensfällen mit neuen Schadensbildern und Ursachen geführt. Um diese in das vorliegende Buch einzuarbeiten, hat sich das Autorenteam durch Daniel Pittich verstärkt. Die Vergrößerung des Umfangs mit einer ungefähren Verdoppelung der Seitenzahl und der farbigen Abbildungen sind hierbei nur die äußeren Merkmale einer erheblichen Erweiterung und Verbesserung gegenüber der ersten Auflage.

Hinzugekommen ist auch ein Anhang, der wesentliche Informationen für den Praktiker bereithält. Des Weiteren steht für die Leserinnen und Leser dieses Buches ein kostenloser PDF-Download des Merkblattes Schnittstellenkoordination bei beheizten Fussbodenkonstruktionen zur Verfügung, in dem nicht nur für beheizte, sondern ebenso für unbeheizte Estriche wesentliche Informationen zur Schadensvermeidung zusammengefasst sind. Einzelheiten zum Download sind im Literaturverzeichnis unter [134] aufgeführt. An dieser Stelle danken wir dem Bundesfachverband Flächenheizungen und Flächenkühlungen e. V. für die Bereitstellung des Merkblattes und für die Erlaubnis zur Veröffentlichung.

Die Autoren wünschen allen an der Regelung von Beanstandungen und Schäden an Holzfußböden beteiligten Personen, dass ihnen das vorliegende Werk bei ihrer Arbeit helfen möge.

Hannover, September 2010
Andreas O. Rapp
Bernhard Sudhoff
Daniel Pittich

Inhaltsverzeichnis

1 Holz als Werkstoff für Fußböden

1.1 Struktur und allgemeine Eigenschaften

Holz ist einer der ältesten Werk- und Baustoffe der Menschheit. Seine Bedeutung ist bis heute auch in den Industrienationen unverändert. Neben den heute besonders geschätzten ökologischen Vorzügen – wie Erneuerbarkeit des nachwachsenden Rohstoffs Holz, seine CO_2-Neutralität, sein konkurrenzlos geringer Energiebedarf und seine Umweltfreundlichkeit bei der Herstellung von Produkten – bietet Holz besondere technologische Eigenschaften, die es zum wichtigsten nachwachsenden Baustoff für die größten Tragwerke der Natur – für die Bäume – und für den Menschen macht.

Ein tiefes Verständnis von zahlreichen Schäden an Holzfußböden einerseits und der besonderen Eignung von Holz für Fußböden andererseits ergibt sich aus der Kenntnis der Holzeigenschaften. Diese sind wesentlich bedingt durch den strukturellen Aufbau des Holzes, der als perfekte Anpassung an die Bedürfnisse des lebenden Baumes zu verstehen ist. Das Holz, d.h. der Stamm, hat beim lebenden Baum drei wesentliche Funktionen:

1. Tragefunktion
   Das Eigengewicht von Ästen und Blättern plus die Biegung durch Wind verursachen Kräfte überwiegend parallel zur Stammachse.
2. Wasserleitfunktion
   Mehrere hundert Liter Wasser werden von einem ausgewachsenen Baum täglich durch das Holz zu den Blättern transportiert und verdunstet.
3. Speicherfunktion
   Stärke und andere in lebenden Zellen des Holzes gespeicherte Nährstoffe ermöglichen laubabwerfenden Bäumen die Überwinterung und das kurzfristige Austreiben im Frühjahr.

Dem Verarbeiter sticht als Erstes die Analogie zwischen der Tragefunktion des Holzes im Baum und seinem Bauwerk ins Auge. Die mechanischen Eigenschaften des Holzes sind somit wichtig und werden deshalb von ihm meist verstanden und berücksichtigt. Bauschäden entstehen, wenn die übrigen Holzeigenschaften, die sich aus den anderen Funktionen ableiten, nicht berücksichtigt werden. Nachfolgend soll kurz der Zusammenhang zwischen anatomischem Aufbau, Funktionen und Holzeigenschaften betrachtet werden.

1.1.1 Schnittebenen und Richtungen des Holzes

Wie alle Lebewesen ist auch ein Baum aus Zellen aufgebaut. Holz ist Zellwand. Aus der Tragefunktion und Leitfunktion des Holzes im Baum ergibt sich eine Orientierung der Zellen parallel zur Stammachse, da die Hauptkräfte und der Wassertransport in dieser Richtung wirken. Die drei anatomischen Schnittebenen und Richtungen des Holzes sind in Bild 1 dargestellt.

1.1.2 Anisotropie des Holzes

Aus der Faserorientierung des Holzes ergeben sich unterschiedliche Eigenschaften je nach Holzrichtung. So ist beispielsweise die Härte der Querschnittfläche circa doppelt so groß wie die der Längsflächen (Radialschnitt und Tangentialschnitt). Bei Holzpflasterfußböden wird dies vorteilhaft genutzt: Die durch Begehen beanspruchte Fläche besteht hier ausschließlich aus Querschnitten. Noch größere Eigenschaftsdifferenzen für die einzelnen Holzrichtungen ergeben sich beispielsweise bei Quellung und Schwindung des Holzes. Die Verhältnisse von longitudinaler zu radialer zu tangentialer Quellung und Schwindung verhalten sich wie 1 : 10 : 20 (Tabelle 1). Wasseraufnahme und Transport erfolgen in longitudinaler Richtung sogar um mehrere Zehnerpotenzen schneller als in radialer oder tangentialer Richtung. Diese wenigen Beispiele zeigen, wie stark sich der anisotrope Aufbau des Holzes auf seine Eigenschaften je nach Holzrichtung auswirkt.

Neben der strukturellen Anisotropie des Holzes bedingt die Inhomogenität des Materials wesentliche Eigenschaften. Das heißt: Holz enthält neben Zellwandsubstanz auch Luft, die den zu Lebzeiten vorhandenen Zellsaft ersetzt. Aus Bild 2 ist ersichtlich, wie viel Luft auch dichte Holzarten, wie beispielsweise Eiche, enthalten.

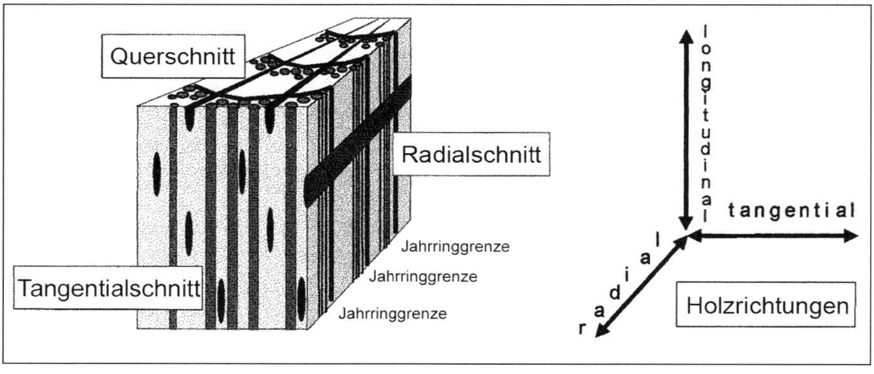

Bild 1 ▪ Die drei anatomischen Schnittebenen und Richtungen des Holzes

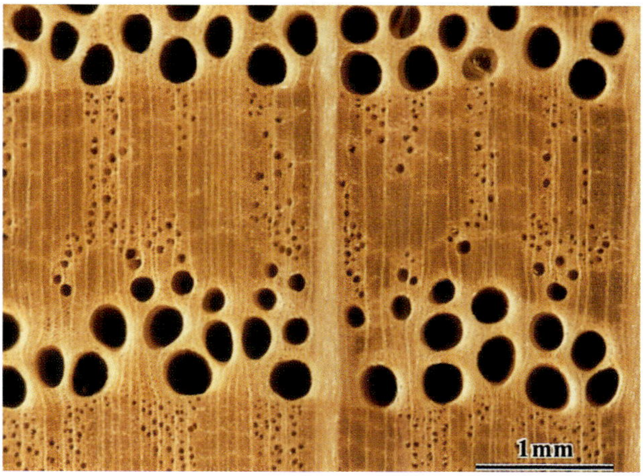

Bild 2 ▪ Querschnitt durch Eichenholz

Die Dichte der reinen Zellwandsubstanz, die sogenannte Reindichte, beträgt holzarteneinheitlich etwa 1,5 g/cm³. Aus den Anteilen von Zellwandsubstanz und Luft im Holz ergibt sich die sogenannte Rohdichte ρ. Diese gilt als wichtigste technologische Kenngröße, von der fast alle Holzeigenschaften abhängen. Anschaulich wird das am Beispiel von Balsaholz mit einer Rohdichte $\rho_0 \approx 0{,}1\ g/cm^3$ und Pockholz mit $\rho_0 \approx 1{,}2\ g/cm^3$. Entsprechend wird das leichte und doch stabile Balsaholz bevorzugt im Flugzeugbau und zu Dämmzwecken eingesetzt, das schwere Pockholz findet u. a. Verwendung als Hobelsohle und Gleitlager. Typische Parkettholzarten besitzen meist eine mittlere Rohdichte. Luft in den Zellhohlräumen verleiht einem Holzfußboden seine Trittelastizität und Fußwärme. So kühlt sich eine Fußsohle bei zehnminütiger Berührung auf Steinboden um 10 Kelvin, auf einem Holzfußboden jedoch nur um circa 2 Kelvin ab. Trotzdem ist die Wärmeleitfähigkeit von Holz noch so hoch, dass selbst 22 mm dickes Stabparkett auf Fußbodenheizung noch genügend Wärmedurchgang bietet.

1.1.3 Hygroskopizität und Dimensionsstabilität des Holzes

Cellulose, Lignin und Hemicellulosen bilden die Zellwandsubstanz. Holz besitzt eine starke Affinität zu Wasser, von dem es im lebenden Baum ständig umgeben ist. Diese Affinität bewirkt selbst in trockenem Zentralheizungsklima einen Mindestwassergehalt des Holzes, der die elektrostatische Aufladung eines Holzfußbodens wirkungsvoll verhindert. Holz besitzt die allgemein geschätzte Eigenschaft regulierend, d. h. feuchteausgleichend auf das Raumklima zu wirken. Es gibt Wasserdampf an trockenes Umgebungsklima ab und nimmt Wasserdampf aus feuchtem Umgebungsklima auf. Dieser Zusammenhang ist aus dem Sorptionsdiagramm (Bild 3) ersichtlich.

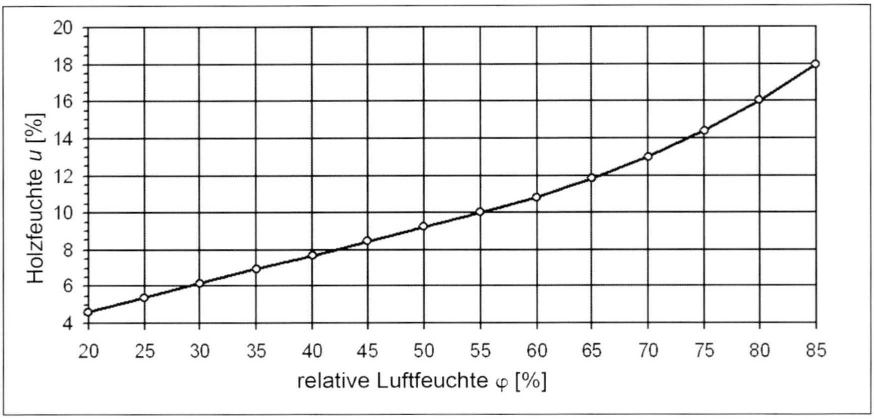

Bild 3 ▪ Sorptionsisotherme für (Fichten-)Holz bei 20 °C

Das Wechselspiel von Wasserdampfaufnahme bei hoher Luftfeuchte und Wasserdampfabgabe bei niedriger Luftfeuchte führt zur Vergrößerung bzw. zur Verkleinerung des Holzvolumens. Dies kann zu Beanstandungen wie Aufwölbungen oder Fugenbildung im Holzfußboden führen. Die Erfahrung zeigt, dass über die Hälfte aller Beanstandungen und Schäden an Holzfußböden mit dieser Dimensionsänderung, d. h. mit Quellung und Schwindung des Holzes in Zusammenhang stehen.

1.1.4 Holznebenbestandteile und Speichergewebe

Tausende von chemisch unterschiedlichen Substanzen aus den Gruppen der Mineralstoffe, Gerbstoffe, Harze, ätherischen Öle, Fette, Stärke, Zucker u. a. werden als sogenannte Holznebenbestandteile oder Holzinhaltsstoffe zusammengefasst. Obwohl sie nur wenige Prozent der Gesamtholzmasse ausmachen, bewirken sie wesentliche Eigenschaftsunterschiede zwischen den Holzarten. Geruch, Holzfarbe, unerwünschte Verfärbungen, natürliche Dauerhaftigkeit gegen Pilze und Insekten, Wasseraufnahmeverhalten, Werkzeugstumpfung, Verleimbarkeit, Lackhaftung und Trocknung sowie allergische Reaktionen bei der Verarbeitung stehen in direktem Zusammenhang mit den Holznebenbestandteilen der einzelnen Holzarten.

Das Speichergewebe zeichnet sich nicht nur durch seinen Reichtum an Holznebenbestandteilen aus, sondern auch meist durch seine charakteristische Struktur, die den einzelnen Holzarten ihr unverkennbares Erscheinungsbild verleiht. So sind beispielsweise die bei Eichenholz im Radialschnitt oft bemängelten Flecken ein Holzartcharakteristikum. Sie werden hervorgerufen durch die quer zur übrigen Faserrichtung verlaufenden hohen und breiten

Bild 4 ▪ Eichenholz im Radialschnitt, mit deutlichen Holzstrahlen (Spiegeln); links: unbehandelt; rechts: nach Aufstreichen eines Reagenzes, das die in den Holzstrahlen enthaltenen Stärkekörner schwarz färbt

Holzstrahlen (wegen der besonderen Lichtreflexion dieses Gewebes auch ›Spiegel‹ genannt). Hier ist u.a. die für den Baum lebensnotwendige Stärke gespeichert (Bild 4).

Die Orientierung der Holzstrahlen quer zur übrigen Faserrichtung ruft nicht nur optische Effekte hervor, sondern bei Feuchteschwankungen auch Spannungen. So können eventuelle Risse oder Aussplitterungen in einem Holzfußboden oft an breiten Holzstrahlen auftreten.

1.2 Holzartspezifische Eigenschaften

1.2.1 Eignungsvoraussetzungen

Nachdem in Kapitel 1.1 überwiegend die generellen Eigenschaften von Holz für Fußböden betrachtet wurden, werden hier Holzeigenschaften erläutert, die zwischen einzelnen Holzarten differieren. Von den über 20.000 Baumarten = Holzarten der Erde werden in Europa circa 600 bis 1.000 Arten in nennenswerten Mengen gehandelt. Nur ein geringer Prozentsatz dieser Hölzer hat sich für die Verwendung für Holzfußböden als geeignet erwiesen und durchgesetzt. Ausschlaggebend für die Eignung einer Holzart für Holzfußböden ist letztlich die Kombination weniger nachfolgend erläuterter Holzeigenschaften.

1.2.2 Dimensionsstabilität

Eine gute oder hohe Dimensionsstabilität einer Holzart bedeutet, dass Feuchteänderungen des Umgebungsklimas nur geringe Änderungen der Abmes-

Tabelle 1 ▪ Differenzielle Schwindmaße *V* einiger Holzarten für Fußböden nach DIN 68100 [62] bzw. nach [120], sofern mit * gekennzeichnet

Holzart	differenzielles Schwindmaß *V* in % pro 1 % Holzfeuchteänderung			
	radial	tangential	mittel	tangential / radial
Afrormosia	0,18	0,32	**0,25**	1,78
Afzelia = Doussie	0,11	0,22	**0,17**	2,00
Ahorn*	0,15	0,26	**0,21**	1,73
Birke*	0,21	0,29	**0,25**	1,38
Bongossi (Azobé)	0,31	0,40	**0,36**	1,29
Buche	0,20	0,41	**0,31**	2,05
Douglasie (Oregon Pine)	0,15	0,27	**0,21**	1,80
Eiche	0,16	0,36	**0,26**	2,25
Esche	0,21	0,38	**0,30**	1,81
Fertigparkett (3-lagig abgesperrt)	0,03	0,03	**0,03**	1,00
Fichte	0,19	0,39	**0,29**	2,05
Iroko = Kambala	0,19	0,28	**0,17**	1,47
Khaya-Mahagoni	0,12	0,22	**0,17**	1,83
Kiefer	0,19	0,36	**0,28**	1,89
Kirschbaum*	0,17	0,29	**0,23**	1,65
Lärche	0,14	0,30	**0,22**	2,14
Makoré	0,22	0,27	**0,25**	1,23
Meranti, gelbes	0,12	0,43	**0,28**	3,58
Meranti, rotes	0,11	0,25	**0,18**	2,27
Muhuhu	0,25	0,40	**0,33**	1,60
Niangon	0,18	0,33	**0,26**	1,83
Nussbaum	0,18	0,29	**0,24**	1,61
Sapelli-Mahagoni	0,24	0,32	**0,28**	1,33
Sipo-Mahagoni (Utile)	0,20	0,25	**0,23**	1,25
Sperrholz	0,02	0,02	**0,02**	1,00
Tanne	0,14	0,28	**0,21**	2,00
Teak	0,16	0,26	**0,21**	1,63
Rüster = Ulme*	0,19	0,28	**0,24**	1,47
Wengé	0,22	0,34	**0,28**	1,55

sungen eines Holzelementes hervorrufen. Die Dimensionsstabilität wird bestimmt durch:

- das differenzielle Schwindmaß,
- die Feuchtewechselzeit,
- das Stehvermögen.

1.2.2.1 Differenzielles Schwindmaß

Das differenzielle Schwindmaß ist die prozentuale Breitenänderung eines Holzelements je 1 % Holzfeuchteänderung. Daher wird die Einheit des differenziellen Schwindmaßes in Prozent pro Prozent (%/%) angegeben, d. h. % Breitenänderung pro % Holzfeuchteänderung. Je **kleiner** das differenzielle Schwindmaß, desto weniger ›arbeitet‹, d. h. quillt oder schwindet das Holz (Tabelle 1).

1.2.2.2 Feuchtewechselzeit

Feuchtewechselzeit und Feuchteangleichzeit sind Synonyme; lange Feuchtewechselzeit ist gleichbedeutend mit geringer Feuchteangleichgeschwindigkeit. Die Ermittlung dieser holzartenspezifischen Kenngröße ist in keiner Norm definiert. Sinngemäß ist es die Zeit, welche verstreicht, bis ein Holz-

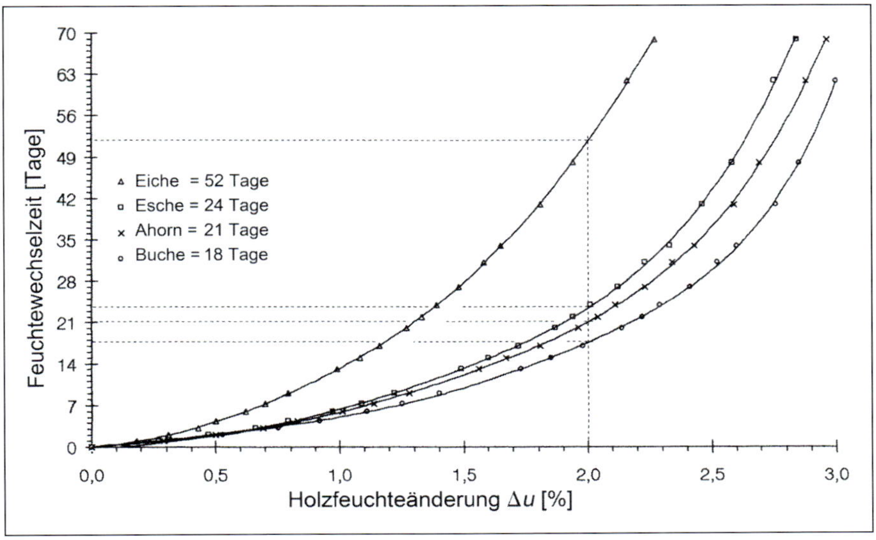

Bild 5 ▪ Holzfeuchteverhalten von Stabparkettböden bei Änderung der relativen Luftfeuchte um $\Delta \varphi = 25\,\%$; als Beispiel sind die Feuchtewechselzeiten für eine Holzfeuchteänderung von $\Delta u = 2\,\%$ eingetragen

fußboden auf einen Luftfeuchtewechsel **deutlich** durch Holzfeuchtewechsel reagiert. Ideal für Parkett sind Holzarten mit langer Feuchtewechselzeit. Eine Phase schädlichen Extremklimas geht bei solchen Holzarten häufig vorüber, **bevor** so viel Wasserdampf aufgenommen oder abgegeben wird, dass es zum Schaden kommt. In der Praxis quellen und schwinden deshalb Holzfußböden aus Holzarten mit langer Feuchtewechselzeit und nur mittlerem differenziellem Schwindmaß weniger, als solche mit günstigerem differenziellem Schwindmaß und kurzer Feuchtewechselzeit. Aus Bild 5 ist der Feuchtewechsel von Parkettböden aus verschiedenen Holzarten ersichtlich.

1.2.2.3 Stehvermögen

Holzarten mit gutem Stehvermögen, d. h. mit guter Formstabilität, behalten bei Quellung oder Schwindung ihre geometrische Grundform, obwohl sich deren Größe ändert. Holzarten mit schlechtem Stehvermögen neigen bei Feuchteänderungen zur Schüsselung (Kapitel 4.2) und zum Verwerfen = Verziehen = Verwinden (Bild 6).

Formänderungen entstehen immer dann, wenn in einem Holzelement Bereiche vorhanden sind, die bei Feuchtewechsel unterschiedlich stark quellen und schwinden. Dementsprechend wird das Stehvermögen durch drei Faktoren bestimmt:

1. Schwindungsanisotropie
   Als Schwindungsanisotropie wird das Verhältnis von differenziellem Schwindmaß tangential zu radial bezeichnet. Innerhalb eines Parkettelements sind die Jahrringe selten nur radial (stehend) oder nur tangential (liegend) orientiert. Eine möglichst geringe Schwindungsanisotropie gilt als ideal (Tabelle 1).
2. Faserabweichungen
   Faserabweichungen entstehen z. B. durch Drehwüchsigkeit und Wechseldrehwüchsigkeit sowie durch schrägen Einschnitt im Sägewerk.

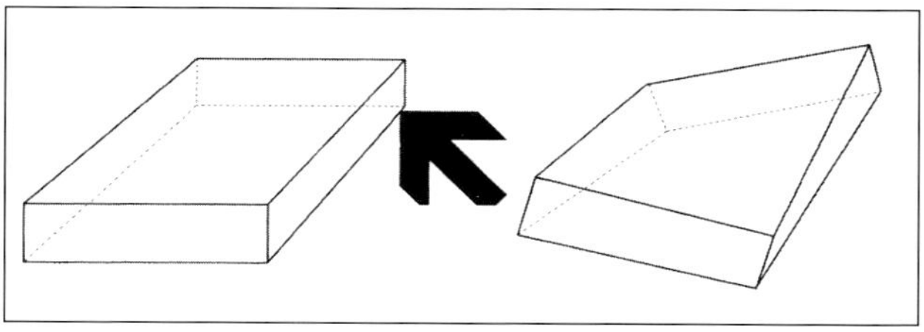

Bild 6 ▪ Verwerfen von Holzelementen bei Feuchteänderung

3. **Anteil an juvenilem Holz = Jugendholz**
   Es ist in der Jugend des Baumes entstanden und besitzt stärkere Wuchsspannungen und ein anderes Quell-/Schwindverhalten als das danach gebildete Holz. Je nach Holzart bestehen die ersten 5 bis 30 Jahrringe im Stamminneren aus juvenilem Holz. Besonders hohe Anteile finden sich in Durchforstungsholz und Holz aus Plantagen.

1.2.3 Härte und Abriebwiderstand

Holzfußböden werden mit Füßen betreten. Die Härte bestimmt deshalb wesentlich den Einsatzbereich einer Holzart. Damit soll aber nicht gesagt werden, dass eine Holzart mit geringer Härte grundsätzlich ungeeignet sei. Der sinnvolle Einsatz ›weicher Holzarten‹ beschränkt sich jedoch auf gering beanspruchte Böden, beispielsweise im Schlafzimmer, oder auf rustikale Böden, wie Dielenböden, in deren Gesamtbild auch größere Eindrücke nicht störend auffallen.

Im Gegensatz zur Härte hängt der Abriebwiderstand nicht vom Holzgefüge der oberen 3 bis 5 mm ab, sondern nur von der obersten, meist durch die Versiegelung gebildeten Schicht. Vereinfacht ausgedrückt, bestimmt der Abriebwiderstand ›wie schnell sich ein Fußboden abläuft‹, die Härte dagegen ›wie groß die auftretenden Eindrücke ausfallen‹.

1.2.4 Beanspruchungsbereiche und Holzeigenschaften

Die oben erläuterten Holzeigenschaften entscheiden im **normal beanspruchten Wohnbereich** in folgender Priorität über die Eignung für Holzfußböden:

1. Dimensionsstabilität,
2. Härte,
3. Verarbeitbarkeit.

Eine untergeordnete Rolle spielt hier der Abriebwiderstand des Holzes, da nur die Versiegelung, nicht jedoch das Holz begangen wird.

In **hoch gehbeanspruchten Bereichen** wie Tanzflächen, Gaststätten, Schulen, Kaufhäusern, Ladengeschäften usw. wird bei fehlender Versiegelung das Holz direkt mechanisch beansprucht. Es ergibt sich deshalb eine andere Prioritätenfolge der notwendigen Holzeigenschaften:

1. Härte und Abriebwiderstand,
2. Dimensionsstabilität,
3. Verarbeitbarkeit.

Eine Holzart, die gleichermaßen für alle Beanspruchungsfälle und Arten von Holzfußböden ideal wäre, existiert nicht, da verschiedene Eigenschaften einander entgegenwirken. So ist beispielsweise eine besonders hohe Härte aufgrund des hohen Anteils quellender und schwindender Zellwandsubstanz mit geringerer Dimensionsstabilität verbunden. In der Praxis stehen sich, besonders bei der Verwendung inhaltsstoffreicher Exotenhölzer, eine große Härte und eine problemlose Verarbeitbarkeit entgegen.

Die Wahl der optimalen Holzart ist abhängig von der zu erwartenden Beanspruchung und außerdem von der Art des Holzfußbodens.

2 Entwicklung und Arten der Holzfußböden

2.1 Entwicklung der Holzfußböden

Holzfußböden werden seit über drei Jahrtausenden genutzt. Bekanntestes Beispiel hierfür ist der Tempel des hebräischen Königs Salomon.

Der Einsatz von Holzfußböden in Mitteleuropa gewann nach der Erfindung der Sägemühle im 13. Jahrhundert stetig an Bedeutung [128]. Fichten-, Tannen- und Kiefernhölzer wurden zu einfachen **Dielenböden** verarbeitet. Es spricht für die Zeitlosigkeit dieses Bodens, dass einfache Dielen aus Massivholz bis zur heutigen Zeit verwendet werden.

Im 16. Jahrhundert wurde begonnen, den Dielenboden in Felder zu gliedern. Später wurden in diese gegliederten Dielenböden Kartuschen unterschiedlicher Geometrie und gestalterisch zur Decke korrespondierende Formen eingearbeitet.

Nach dem Dreißigjährigen Krieg wurden Holzfußböden zunehmend aus Parkettstäben und Parketttafeln hergestellt. So wie das Schloss von Versailles zum Vorbild zahlreicher Barockschlösser mitteleuropäischer Fürsten wurde, dienten auch die darin verlegten **Tafelparkette** als Mustervorlagen für die Parkettböden. Die überwiegend aus quadratischen Grundelementen bestehenden Tafelparkettmuster erweisen sich auch heute noch als Gestaltungselemente repräsentativer Holzfußböden. Zum Einsatz kommen hierbei sowohl einschichtige als auch mehrschichtige Tafeln aus Stabparkett, Lamparkett und Fertigparkett.

Holzintarsien sind bereits im alten Ägypten ausgeführt worden. Mit der Erfindung der Laubsäge in der zweiten Hälfte des 16. Jahrhunderts fand in Mitteleuropa die Entwicklung von Intarsienböden ihren Anfang, die im Rokoko zu den aufwendigsten Gestaltungen von Holzfußböden führte. Schmückende florale Ornamente, Wappen oder Logos sind einige der Einsatzgebiete für **Intarsienböden** in der heutigen Zeit.

Mitte des 19. Jahrhunderts wurden die ersten Maschinen für eine industrielle Fertigung von Parkettstäben konstruiert. Die rationelle Herstellung bereitete dem **Stabparkett** den Weg vom repräsentativen Bau zum bürgerlichen Wohnungsbau, wo es aufgrund seiner von anderen Parkettarten nie erreichbaren Solidität von anspruchsvollen Bauherren auch weiterhin verlangt wird. Die am Beginn des 20. Jahrhunderts einsetzende Substitution der Holzbalkendecke durch die Betondecke führte dazu, dass Stabparkett nicht nur auf Holzunterböden vernagelt, sondern auch auf den Untergrund geklebt wurde. Dies erfolgte zunächst mit Heißasphaltklebstoffen direkt auf die Betondecke. Sie wurden von Heißbitumenklebstoffen und später von kalt streichbaren Bitumenklebstoffen abgelöst, die auf einen hierfür erforderlichen Verbundestrich aufgebracht wurden [23]. Als Parkettunterlage wurde in der Regel eine Bitumenpappe eingesetzt. Diese wirkte dampfbremsend, glich Unebenheiten aus und wirkte während des späteren Einsatzes unter hartplastischen Kunstharzklebstoffen entkoppelnd.

1935 wurde das fugenlose **Mosaikparkett** patentiert, 1944 begann die industrielle Produktion. Ab Mitte des 20. Jahrhunderts verbreitete sich das im Vergleich zum Stabparkett billigere Mosaikparkett, wozu die für die schubfeste Verklebung entwickelten Kunstharzklebstoffe und die Reinigung und die Pflege erleichternden Versiegelungen beitrugen. Die Mosaikparkettlamellen wurden durch oberseitig aufgeklebtes Papier zu Verlegeeinheiten verbunden. Dieses Papier musste nach der Verlegung gewässert und abgezogen werden. In den 1960er-Jahren ging man dazu über, die Mosaikparkettlamellen durch unterseitig aufgeklebtes Lochpapier, Vlies oder Netz zu verbinden.

In den 1950er-Jahren wurden bereits circa 10 mm dicke Parkettstäbe produziert [92]. Die produzierte Menge war sicherlich nicht unerheblich, da ihre Verlegung als sogenanntes Dünnparkett im seinerzeitigen Akkordtarifvertrag für Parkettleger eine eigene Tarifposition bildete. Dieses auch 10-mm-Stabparkett oder 10-mm-Massivparkett genannte Produkt wird in der europäischen Normung mit anderen dünnen, massiven Parkettlamellen unter dem Begriff **Lamparkett** subsumiert.

Mehrschichtiges Tafelparkett und Intarsienparkett sind seit über 400 Jahren in Mitteleuropa bekannt. 1941 wurde ein Mehrschichtparkett in Schweden patentiert, das als Vorläufer der heutigen Fertigparkett-Elemente angesehen wird. Ab 1950 wurden in Deutschland mehrschichtige Parkettdielen produziert, deren Nutzschicht aus Mosaikparkettlamellen bestand [129, S. 175 bis 184]. Der Anteil der **Fertigparkett-Elemente** am Parkettverbrauch in Deutschland betrug nach Angaben des Verbandes der deutschen Parkettindustrie im Jahr 1990 bereits 50 % und steigerte sich bis zum Jahr 2000 auf 80 %. Im Jahr 2008 lag er bei 92 %. Während zunächst die dreischichtigen Fertigparkett-Elemente in Dielenform dominierten, steigt seit 1998 die Menge an zweischichtigen Fertigparkett-Elementen in Stabform immens.

Die Geschichte des **Holzpflasters** reicht wie die von Dielen und Parkett ebenfalls Jahrhunderte zurück. Über 15 cm hohe Klötze wurden im Sandbett als Belag von Straßen, Brücken und insbesondere im Hufbeschlagplatz von Schmieden eingesetzt. Der Einsatz in Werkhallen begann mit der Industrialisierung. Der Sandverlegung folgte die Heißklebung auf Teerpechbasis [15]. Durch Lättchen erzeugte Fugen zwischen den Klötzen wurden vergossen. Später wurden die Klötze dicht aneinandergelegt verklebt, wie es bis heute üblich ist, nun allerdings nicht mehr mit Teerpechklebemassen. Die Entwicklung geeigneter Kunstharzklebstoffe führte ab circa 1960 dazu, dass auch in Werkstätten, in öffentlichen Gebäuden und im Wohnbereich Holzpflaster eingesetzt wurde und noch wird.

2.2 Arten der Holzfußböden

2.2.1 Kategorisierung der Holzfußböden

Alle hier betrachteten Fußböden bestehen überwiegend oder sogar ausschließlich aus Holz, dennoch können ihre Erscheinungsformen sehr vielfältig sein. Holzfußböden werden nicht aus Bahnen abgerollt, sondern aus einzelnen Elementen zusammengesetzt. Hierbei handelt es sich z. B. um Bretter, Stäbe, Lamellen, Riemen, Klötze oder Fertigparkett-Elemente, die nach unterschiedlichen Kriterien geordnet werden können.

Ausgehend vom Rohstoff bietet es sich zunächst an, zu unterscheiden, ob ein Element aus nur einer Schicht gewachsenen Holzes, also aus Vollholz oder Massivholz, besteht oder aus mehreren Schichten gleicher oder unterschiedlicher Hölzer oder Holzwerkstoffe (Tabelle 2). Die unteren Schichten bestehen häufig aus Holzwerkstoffen. Es gibt allerdings auch Elemente, bei denen für sämtliche Schichten Massivholz verwendet wird.

Tabelle 2 ▪ Einteilung der Holzfußböden

Holzfußböden			
einschichtig		mehrschichtig	
glattkantig	profiliert	zweischichtig	dreischichtig
Mosaikparkettlamelle	Parkettstab	Einstabfertigparkett	Fertigparkett-Elemente
Hochkantlamelle	Parkettriemen	Mosaikfertigparkett	Landhausdielen
Breitlamelle	Tafelparkett	Tafelparkett	Massivboden
Lamparkettelement	Lamparkettriemen		Tafelparkett
Modulklotz	Massivholzdiele		Furnierboden
Fußbodenbrett	Parkettdiele		(Laminatboden)
Holzpflasterklotz			

Die Vollholzelemente können in glattkantige und profilierte Elemente eingeteilt werden. Bei dieser Unterteilung werden auch lediglich gefaste und unterseitig genutete Elemente zu den glattkantigen gezählt (Bild 7).

Es gibt sieben Gruppen glattkantiger Vollholzelemente mit einem Holzfaserverlauf in Richtung der Längsachse des Elementes. Das wesentliche Unterscheidungsmerkmal ist ihr Querschnitt.

Mosaikparkettlamellen sind 8 mm dick und bis zu 35 mm breit (Kapitel 2.2.3.2).

Hochkantlamellen sind auf eine Schmalseite gestellte Mosaikparkettlamellen (Kapitel 2.2.3.2).

Breitlamellen sind so breit wie Mosaikparkettlamellen, aber bedeutend dicker.

Lamparkettelemente sind überwiegend 10 mm dick und bedeutend breiter als Mosaikparkettlamellen (Kapitel 2.2.3.3).

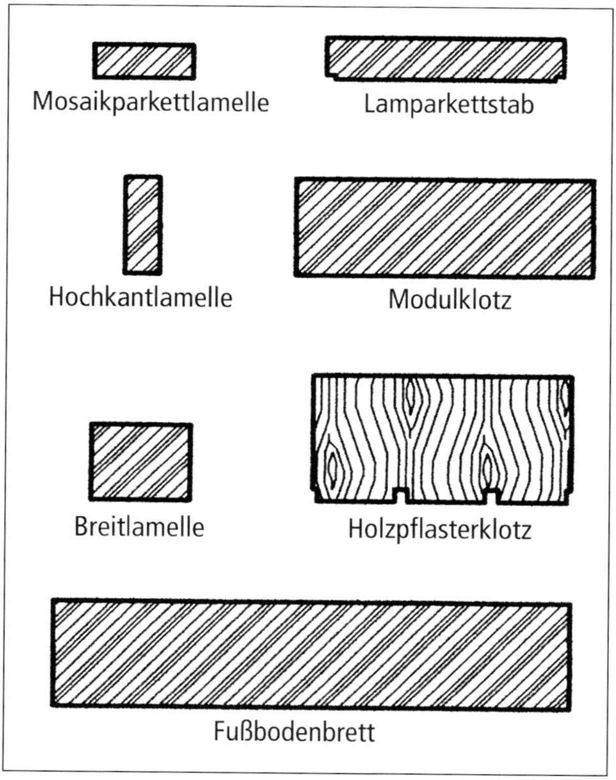

Bild 7 ▪ Glattkantige Vollholzelemente im Querschnitt

Ein **Modulklotz** ist so dick, wie eine Mosaikparkettlamelle breit ist und so breit wie ein Lamparkettelement oder ein Parkettstab.

Ein für einen Fußboden einzusetzendes **Brett** sollte mindestens 22 mm dick sein. Ein Brett mit einer Dicke von mehr als 40 mm wird auch Bohle genannt [64].

Verlaufen die Holzfasern senkrecht zur Längs- und zur Querachse des Vollholzelementes, wird es als **Holzpflasterklotz** bezeichnet (Kapitel 2.2.3.6).

Profilierte Vollholzelemente besitzen an ihren senkrechten Schmalseiten entweder eine umlaufende Nut oder auf einer Seite eine Nut und auf der anderen Seite eine hierzu passende, angehobelte Feder (Bild 8). Der Begriff angehobelte Feder hierfür wird in der DIN 280 verwendet. Für ein Verbindungssystem mit Nut und Feder hat sich das Kürzel N/F eingebürgert, für das System mit umlaufender Nut und loser Feder das Kürzel N/N.

Ein **Parkettstab** ist gemäß der DIN 280 22 mm dick und mit einer umlaufenden Nut versehen, gemäß der DIN EN 13226 ist er mindestens 14 mm dick (Kapitel 2.2.3.4).

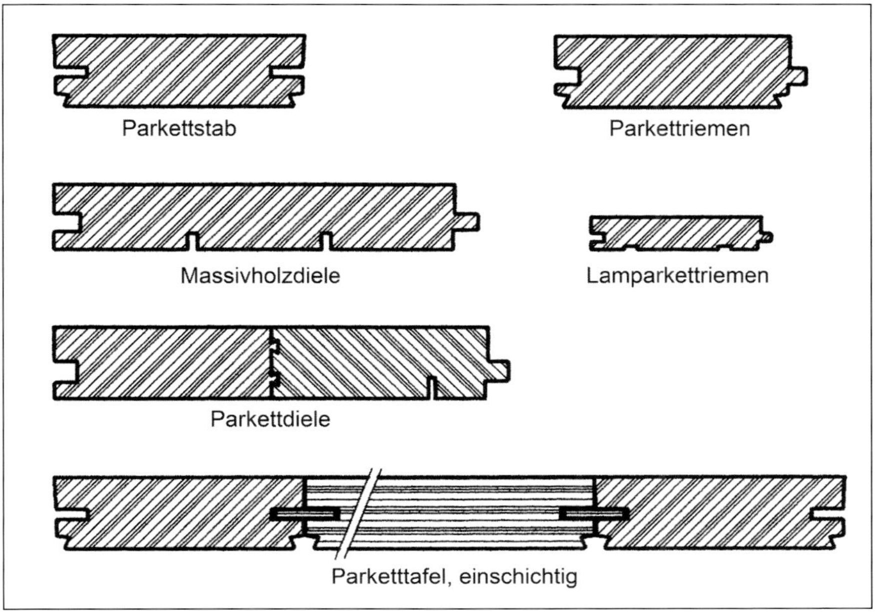

Bild 8 ▪ Profilierte Vollholzelemente im Querschnitt

Ein **Parkettriemen** ist ein Parkettstab mit angehobelter Feder (Kapitel 2.2.3.4).

Massive, einschichtige **Parketttafeln** werden zumeist aus für das jeweilige Muster zugeschnittenen Parkettstäben werkseitig verleimt.

Lamparkettelemente mit Nut und Feder sind so dick und breit wie unprofilierte Produkte, aber meistens länger. In der DIN EN 13228 werden sie **Massivholz-Overlay-Parkettstäbe** genannt [78].

Werden Parketthölzer aus Vollholz in Länge und Breite so miteinander verbunden, dass sie eine Dielenform ergeben, und ihre Seiten mit Nut und Feder versehen, ergibt sich eine **Massiv-Parkettdiele**.

Massivholzdielen sind breiter und länger als Parkettstäbe. Sie besitzen zumeist ein Verbindungssystem aus Nut und Feder. Massivholzdielen gibt es allerdings auch mit umlaufender Nut, in die, wie im Parkettstab, eine lose Feder einzuschlagen ist.

Einschichtige Verlegeelemente aus anderen Stoffen als Holz, die häufig mit dem Wort Parkett verbunden werden, bestehen aus Kork und Bambus.

Die ältesten Formen mehrschichtiger Parketthölzer sind furnierte Tafeln für Tafelparkett, die zweischichtig oder dreischichtig hergestellt werden.

Mehrschichtige **Parkettdielen** und **Parkettplatten** sind Verlegeeinheiten aus Parketthölzern, die auf Unterlagen so aufgeleimt werden, dass sie eine Dielen- oder Plattenform ergeben. Sie sind nicht oberflächenbehandelt und mit N/N- oder N/F-Verbindungen versehen.

Fertigparkett-Elemente sind bereits werkseitig fertig oberflächenbehandelt [54]. Fertigparkett-Elemente in Dielenform oder als Tafelparkett sind zumeist dreischichtig. Zweischichtige Fertigparkett-Elemente gibt es mit einer oberen Schicht aus Mosaikparkettlamellen oder mit einer stabparkettähnlichen Deckschicht. Letztere werden auch Einstab-Fertigparkett-Elemente genannt (Bild 9). Da Fertigparkett-Elemente auch ohne Oberflächenbehandlung geliefert werden, wird in der europäischen Norm der Begriff **Mehrschichtparkett-Elemente** verwendet [80].

Die Holzwerkstoff-Tragschichten der mehrschichtigen Verlegeelemente können auch mit anderen Materialien als Holz versehen werden. So gibt es Nutzschichten aus Kork, Bambus, Kokos, Linoleum und die mengenmäßig bedeutendsten Kunststoffbeschichtungen der Laminatfußbodenelemente.

Eingehendere Beschreibungen zu den wesentlichen Parketthölzern, zu ihrer Verlegung und Normung finden sich in den Kapiteln 2.2.3 und 2.2.4.

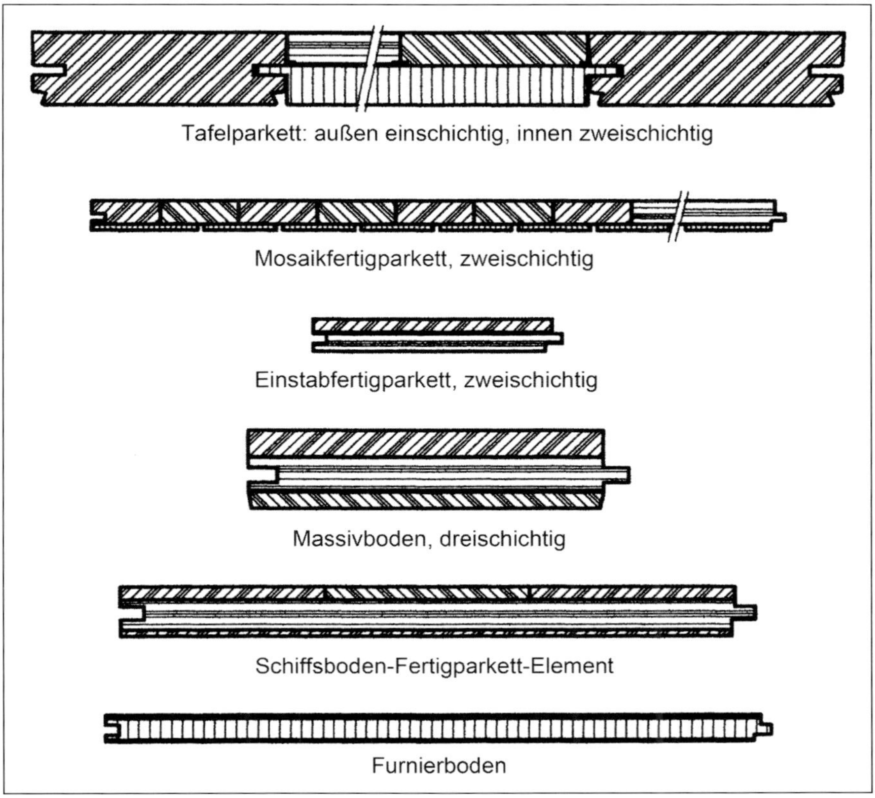

Bild 9 ▪ Mehrschichtige Holzfußbodenelemente

2.2.2 Verlegemethoden

Die Methoden der Verlegung von Parketthölzern lassen sich zunächst unterteilen in:

1. eine kraftschlüssige Verbindung zum Untergrund (Bild 10),
2. eine schwimmende Verlegung ohne Verbindung zum Untergrund (Bild 11).

Auf eine hierfür geeignete Unterkonstruktion können Parketthölzer mit Nägeln oder Schrauben befestigt werden. Das Befestigungsmittel wird entweder durch die Oberfläche geführt oder verdeckt, schräg seitlich eingetrieben oder eingeschraubt.

Parketthölzer werden auf einem hierfür geeigneten Untergrund verklebt. Bereits im 17. Jahrhundert wurden Marketerien aus Furnieren auf Holzunterkonstruktionen mit Glutinleimen verklebt. Im 19. Jahrhundert wurden kleine Parketthölzer als Mosaik auf Holzunterböden verleimt. Vor circa einhundert

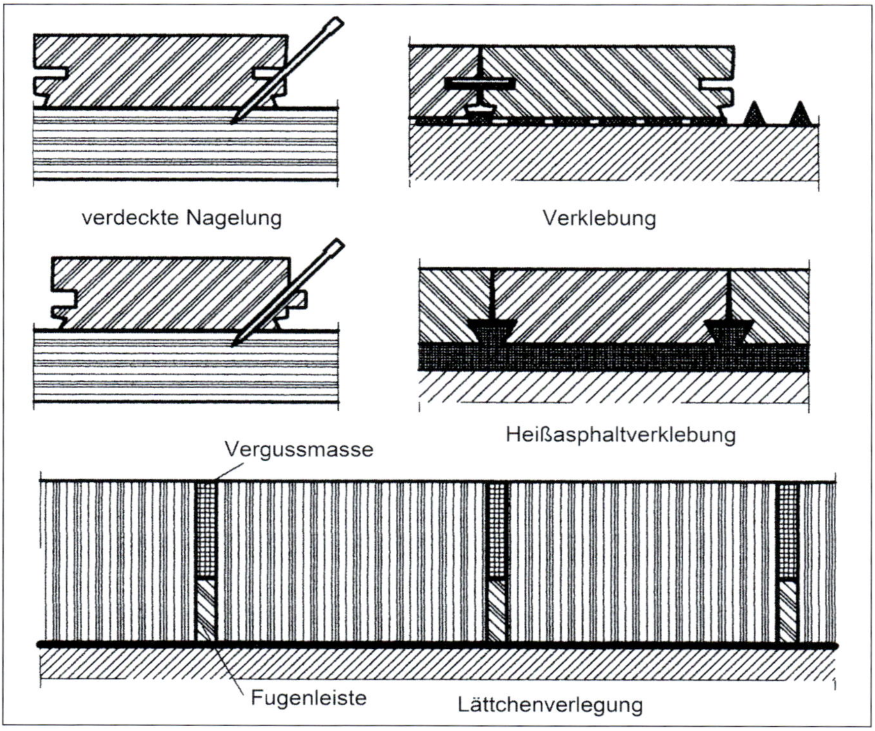

Bild 10 ▪ Prinzipielle Methoden der Holzfußbodenverlegung (nicht schwimmend)

Jahren setzte man Heißasphalt ein, um Parkettstäbe auf Betondecken zu verkleben. Diesem folgten Bitumenklebstoffe in gelöster und in emulgierter Form. Heute sind die fünf wesentlichen Parkettklebstofftypen:

- Lösemittelklebstoffe,
- Dispersionsklebstoffe,
- Polyurethanklebstoffe und
- Pulverklebstoffe
- MS-Polymer-Klebstoffe.

Ein Zusammenhalt der nebeneinanderliegenden Verlegeelemente bei der schwimmenden Verlegung ist auf unterschiedliche Art und Weise zu erreichen. Es gibt zwei Gruppen von Methoden, die sich darin unterscheiden, ob lediglich mechanische Hilfsmittel oder Klebstoffe verwendet werden.

Seit Jahrzehnten bekannt ist die sogenannte Bügelverlegung von Parkettdielen. Nebeneinanderliegende N/F-Dielen werden durch quer zur Verlegerichtung verlaufende Metallklammern, deren senkrechte Schenkel in unterseitig in die Dielen gefräste Nuten greifen, zusammengehalten. Ein ähnliches Wirk-

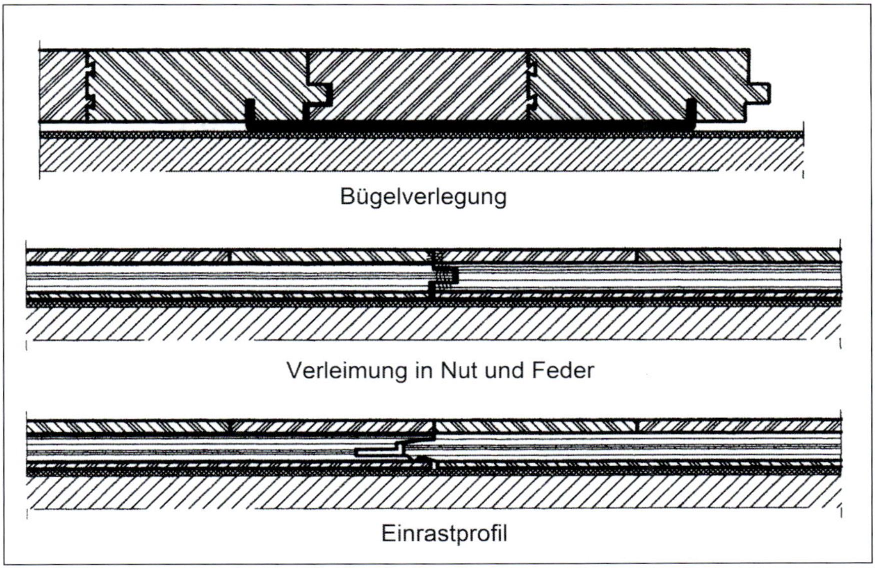

Bild 11 ▪ Prinzipielle Methoden der schwimmenden Holzfußbodenverlegung

prinzip besitzen Spanngurte mit Metallkrallen, die in die unterseitigen Nuten greifen.

Eine weitere Möglichkeit eine Fußbodenfläche zu halten ist, sie von außen zusammenzudrücken. Dies erfolgt im Randbereich mit vorgespannten Holz- oder Metallbügeln, deren Flexibilität das Arbeiten der Holzbodenfläche zulassen soll.

Für Holzpflasterklötze großer Höhe gibt es im industriellen Bereich die Verlegung mit Fugenleisten ohne Verklebung und ohne N/F-Verbindung. Die bewusst erzeugten Fugen zwischen den Klotzreihen werden vergossen. Der Zusammenhalt der Fläche wird durch gegenseitige Abstützung der Klötze gewährleistet. Die Verlegung von Holzpflasterklötzen im Außenbereich macht sich dieses Prinzip ebenfalls zunutze.

Mehrschichtige Verlegeelemente mit Einrastprofilen an den Längskanten werden leimfrei verlegt. Durch das Ineinandergreifen der Profilkonturen entstehen formschlüssige Verbindungen. Diese Verbindungen wurden zunächst für Laminatböden entwickelt und sind auch bei Fertigparkettdielen die am häufigsten vorkommende Verbindung bei schwimmender Verlegung. Sie wird auch Klickverbindung genannt.

Davor überwog bei schwimmend verlegten Fertigparkettdielen und Laminatfußbodenelementen der kraftschlüssige Verbund. In der längs- und kopfseitigen Nut/Feder-Verbindung werden hierbei nebeneinanderliegende Elemente miteinander verleimt.

Wenn nicht vollflächig verklebt werden kann, geben viele Handwerker der Verleimung in Nut und Feder gegenüber der leimfreien Klickverbindung den Vorzug. Nicht zuletzt wegen der höheren Beanspruchbarkeit. Aus diesem Grund empfehlen namhafte Fertigparketthersteller eine zusätzliche seitliche Verleimung der Klickverbindung für Räume mit erhöhter Beanspruchung, aber auch bei nicht einfachen Grundrissen, beispielsweise in L-Form.

Holzspanplatten mit Nut/Feder-Profilen lassen sich gegenseitig verleimt schwimmend verlegen. Auf diese Verlegespanplatten können bei entsprechender Dimensionierung Parketthölzer geklebt werden. So entsteht aus Parketthölzern, die für die Verklebung konzipiert sind, eine schwimmende Verbundkonstruktion aus Holz und Holzwerkstoffen.

2.2.3 Einschichtige Holzfußböden (Vollholzböden)

2.2.3.1 Dielen

Einer der einfachsten Holzfußböden besteht aus glattkantigen Brettern, die auf Lagerhölzer genagelt werden. Ein besserer Halt wird durch eine seitliche Nut/Feder-Verbindung erreicht. Die in der DIN 4072 [56] für gespundete Nadelholzbretter aufgelisteten Abmessungen gelten für eine Messbezugsfeuchte von vorzugsweise 16 bis 18 %.

Die **Messbezugsfeuchte** ist die Feuchte des Holzes, bei der die genormten Maße vorhanden sein müssen. Sie braucht also nicht dem Feuchtegehalt des Holzes bei Lieferung, Verarbeitung oder Einbau zu entsprechen. Das missverständliche Gleichsetzen von Messbezugsfeuchte und Einbaufeuchte ist Ursache von Schadensfällen.

Seit 2004 gibt es eine europäische Norm für massive Nadelholz-Fußbodendielen [83]. Es werden Abmessungen für die Messbezugsfeuchten 9 % und 17 % aufgelistet. Für geheizte Innenräume müssen laut Norm die Fußbodendielen mit einem Feuchtegehalt von (9 ± 2) % geliefert werden. Für Fichte, Tanne, Kiefer und Lärche werden Sortierungen genormt, wobei bis zu 5 % der Menge einer Lieferung in die nächstniedrige Sortierung fallen dürfen.

Die DIN EN 13629 trägt durch einen Übersetzungsfehler fälschlicherweise den Titel MASSIVE LAUBHOLZDIELEN [81]. In dieser Norm werden zusammengesetzte Massiv-Parkettdielen geregelt, die bis 1990 im Teil 4 der DIN 280 behandelt wurden [53]. Eine europäische Norm für massive Laubholzdielen wird wahrscheinlich im Jahre 2010 erscheinen.

2.2.3.2 Mosaikparkett

Mosaikparkettlamellen sind bis 2003 im Teil 2 der DIN 280 genormt gewesen [52]. Seitdem gibt es eine europäische Norm für Mosaikparkett [79]. Die Lamellen sollen 8 mm dick, maximal 35 mm breit und höchstens 165 mm lang sein. Sie werden aus Parkettrohfriesen hergestellt, die eine Nenndicke von 26 mm aufweisen. Durch das Auftrennen mit Mehrblattsägen senkrecht zur Friesbreite ergibt sich eine Lamellenbreite, die kleiner als die Friesdicke sein muss (Bild 12). Die Abstände der Sägeblätter betragen 8 mm und bestimmen die Lamellendicke. Die Oberflächen der breiten Lamellenseiten sind somit produktionsbedingt nicht gehobelt, sondern gesägt.

Das ursprüngliche Verlegemuster für Mosaikparkett ist ein schachbrettartiges Würfelmuster (Bild 13). Die Lamellenlänge muss hierbei ein ganzzahliges Mehrfaches der Lamellenbreite sein. Es wurden zahlreiche unterschiedliche Würfelgrößen hergestellt, z. B. 110 mm, 112 mm, 115 mm, 120 mm, 138 mm, 144 mm, 150 mm, 154 mm, 160 mm, 161 mm und 180 mm. Die Mehrzahl der heutigen Mosaikparkette wird mit einer Würfelgröße von 160 mm produziert. Aufgrund der geringen Abweichung ist bei Reparatur- und Anlegearbeiten darauf zu achten, ob mit Würfeln von 160 mm oder 161 mm gearbeitet wurde, um kumulierende große Versätze zu vermeiden. Die Vielfalt der Würfelgeometrien wird durch unterschiedliche Lamellenbreiten bei glei-

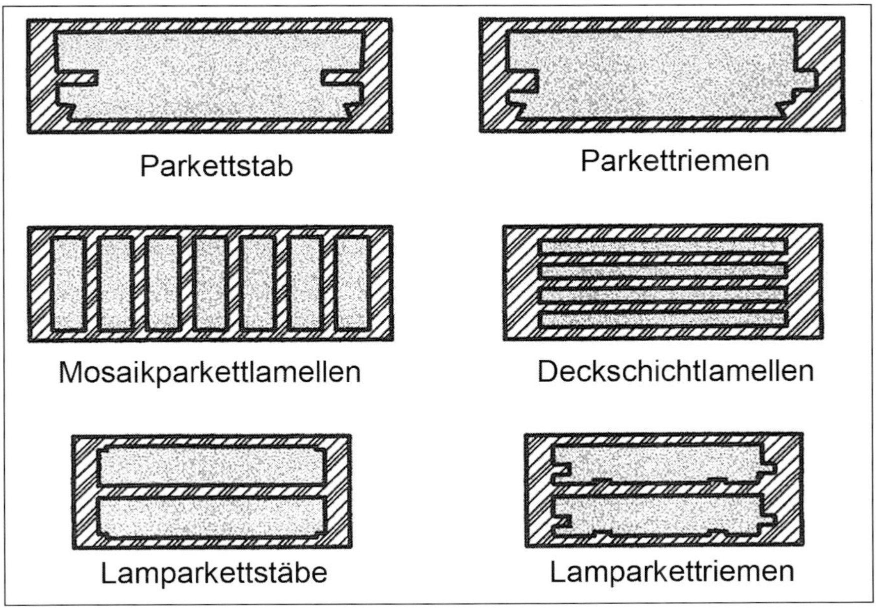

Bild 12 ▪ Vom Rohfries zum Parkettholz

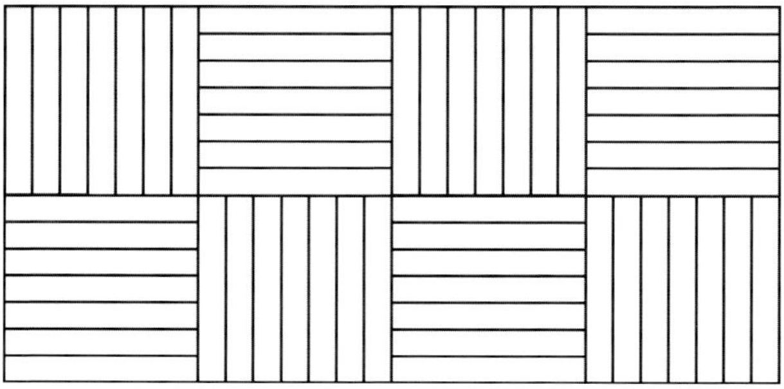

Bild 13 ▪ Mosaikparkett im Würfelmuster

cher Würfelkantenlänge noch erhöht. Werden nicht ausgehobelte Abschnitte der Friese in einem zweiten Durchgang auf eine geringere Dicke ausgehobelt, entstehen schmalere Lamellen gleicher Länge. Würfel mit 160 mm oder 161 mm Kantenlänge besitzen standardmäßig sieben Lamellen, können als sogenannte Nachläufer aber auch aus acht Lamellen bestehen. Analog gibt es bei Würfeln mit 138 mm und 144 mm neben den üblichen mit sechs Lamellen auch solche mit sieben Lamellen.

Die Lamellen werden nicht einzeln verlegt, sondern in Form von Verlegeeinheiten. Mehrere Würfel wurden in der Anfangszeit der Mosaikparkettherstellung durch oberseitig aufgebrachtes Papier verbunden. Der Parkettleger konnte somit die Oberfläche des Holzes nicht sehen. Der Einsatz einer durchsichtigen Folie anstelle von Papier konnte sich nicht durchsetzen. Verdrängt wurde der oberseitige Papierverbund in den 1960er-Jahren durch unterseitig aufgebrachte Lochpapiere, Vliese und Kunststoffnetze. Letztere sind heutzutage marktbeherrschend. Das Netz verbindet bei Würfelmustern zwei Reihen von jeweils vier Würfeln zu einer Verlegeeinheit, die auch Platte genannt wird. Das Würfelmuster kann durch eine diagonale Verlegung wie bei Fliesen gestalterisch aufgewertet werden. Es gibt zudem auch Verlegeeinheiten aus Mosaikparkettlamellen, die andere Muster, wie z. B. Verband, Fischgrät oder Carbochon, darstellen.

In der DIN 280-2 werden drei Sortierungen für Mosaikparkett aus Eiche genormt. Sie besitzen zwar die gleichen Namen wie die Sortierungen von Stabparkett aus Eiche in der DIN 280-1, aber ihre Merkmale unterscheiden sich teilweise erheblich von diesen (Tabelle 3). Die europäische Normung für Massivparkett kennzeichnet die Sortierungen mit den Symbolen Kreis, Dreieck und Quadrat (○, △, □). In dieser Reihenfolge entsprechen die Sortierungen für Eiche ungefähr den alten Sortierungen ›Natur‹, ›Gestreift‹ und ›Rustikal‹.

Der **Feuchtegehalt** der Mosaikparkettlamellen liegt gemäß der europäischen Norm zwischen 7 und 11 % [79]. Für in Mitteleuropa zu verlegendes Parkett sollte der in der DIN 280-2 vorgeschriebene Feuchtegehalt der Lamellen

Tabelle 3 ▪ Vergleich der genormten Sortierungen für Eiche

Eiche-	DIN 280-1 Parkettstäbe, Parkettriemen und Tafeln für Tafelparkett [51]	DIN 280-2 Mosaikparkettlamellen [52]
Natur	Die Parketthölzer müssen auf der Oberseite riss- und splintfrei sein. Ihre Farbe ist durch das natürliche Wachstum gegeben. Besonders auffallende grobe Struktur- und Farbunterschiede sind unzulässig. Gesunde, fest verwachsene Äste bis 8 mm größtem Durchmesser sind zulässig. Schwarze Äste bis 1 mm sind zulässig, wenn sie nicht in Gruppen auftreten.	Die Mosaikparkettlamellen sind auf der Oberseite ast-[1)], riss- und splintfrei. Ihre Farbe ist durch das natürliche Wachstum gegeben. Besonders auffallende grobe Struktur- und Farbunterschiede sind unzulässig.
Gestreift	Die Parketthölzer müssen auf der Oberseite rissfrei sein. Fester Splint, Farbe und Struktur ergeben das lebhafte Gesamtbild dieser Sortierung. Besonders auffallende, grobe Strukturunterschiede sind unzulässig. Gesunde, festverwachsene Äste bis 10 mm Durchmesser sind zulässig.	Die Mosaikparkettlamellen sind auf der Oberseite ast-[1)] und rissfrei. Fester Splint prägt den lebhaften Charakter dieser Sortierung. Besonders auffallende, grobe Strukturunterschiede sind unzulässig.
Rustikal	Der Charakter dieser Sortierung wird durch betonte Farben, Äste und eine lebhafte Struktur bestimmt. Fester Splint, gesunde, festverwachsene Äste und Lagerflecken sind zulässig, schwarze Äste jedoch nur bis 15 mm Durchmesser.	Der Charakter dieser Sortierung wird durch betonte Farben, Äste und lebhafte Struktur bestimmt. Die Äste müssen fest sein und dürfen die Haltbarkeit der Lamellen nicht beeinträchtigen.

[1)] Gesunde Äste bis 2 mm Durchmesser sind zulässig. Schwarze Äste mit weniger als 1 mm Durchmesser sind dann zulässig, wenn sie nicht in Gruppen auftreten.

(9 ± 2) % betragen [3, S. 107]. Diese Aussage ist für die Beurteilung von Schäden aufgrund zu trocken oder zu feucht eingebauten Holzes wichtig, da gelegentlich die Angabe 9 % ± 2 % derart interpretiert wird, dass der Mittelwert des Feuchtegehaltes zwischen 7 und 11 % liegen darf. Dies ist genauso falsch wie die Ansicht, dass 9 % lediglich ein Mittelwert ist, der sich unter

Umständen aus einer großen Anzahl sehr trockener und einer großen Anzahl sehr feuchter Lamellen errechnen darf. Im Extremfall würde dies bedeuten, dass eine Menge Lamellen zur Hälfte aus 7 % trockenen und zur anderen Hälfte aus 11 % feuchten Elementen besteht, was einen arithmetischen Mittelwert von 9 % ergibt.

Mosaikparkett muss schubfest verklebt werden. Der Klebstoffauftrag erfolgt mit Zahnspachteln, durch die Klebstoffwülste auf dem Untergrund erzeugt werden (Bild 10). Die Klebstoffmenge wird wesentlich durch die Geometrie der Zahnung bestimmt (Kapitel 4.4.2). Die Verklebung von Mosaikparkett wird als ausreichend angesehen, wenn die Klebstoffbenetzung 60 % beträgt [3, S. 113].

Mosaikparkettlamellen können mithilfe von in unterseitig eingefräste Nuten eingebrachtem Draht zu Fertigparkett-Elementen verbunden werden, die bereits werkseitig versiegelt werden. Es gibt zudem auf Bitumenpapier verklebtes Mosaikfertigparkett aus überwiegend asiatischen Produktionen. Ein sehr stabiles, quadratisches Fertigparkett-Element entsteht durch einen zweischichtigen Aufbau von 7 mm dicken Lamellen in vier Würfeln auf einer 2 mm dicken Holzspanplattenschicht. Nut und Feder befinden sich hierbei im Bereich der Hartholzschicht. Durch die angehobelte Feder ergibt sich eine Seitenlänge, die kleiner ist als die 2 × 160 mm des rohen Vormaterials. Mosaikfertigparkett ist wie Mosaikparkett schubfest zu verkleben.

Links in der Mitte von Bild 12 ist im Querschnitt skizziert, wie Mosaikparkettlamellen aus einem Parkettrohfries durch mehrere parallele Sägeblätter geschnitten werden. Wird jedes zweite Sägeblatt entfernt, ergeben sich Lamellen, die so dick sind wie zwei Mosaikparkettlamellen zuzüglich der Breite eines Sägeschnittes. Sie heißen Breitlamellen und besitzen gemäß der europäischen Norm eine Nenndicke von 8 bis 35 mm und eine Nennbreite von 11 bis 23 mm [85].

Lässt man zwischen den beiden äußeren Sägeblättern sämtliche innen liegenden Sägeblätter weg, so entsteht aus dem Parkettrohfries nur eine extrem breite Lamelle. Diese heißt Modulklotz und besitzt gemäß der europäischen Norm eine Nenndicke von 23 mm und eine Nennbreite von 60 bis 80 mm [85].

Werden auf der schmalen Längsseite stehende Mosaikparkettlamellen nebeneinander angeordnet, entsteht Hochkantlamellenparkett, abgekürzt auch ›Hokala‹ genannt. Die Dicke des Parketts ist deshalb gleich der Breite der Mosaikparkettlamellen und beträgt somit meistens mehr als 2 cm. Die Hochkantlamelle besitzt nach der europäischen Norm eine Nenndicke von 8 bis 35 mm und eine Nennbreite von 6 bis 10 mm [85]. Die Lamellen werden mit

Klebestreifen zu rechteckigen Verlegeelementen verbunden, die etwa zweimal so lang wie eine Lamelle sind. Der unterseitige Klebestreifenanteil verbleibt im Klebstoffbett, der oberseitige wird durch das Abschleifen des Parketts entfernt. Hochkantlamellenparkett wird ebenfalls schubfest verklebt. Die Klebstoffmenge sollte jedoch bedeutend höher sein als bei Mosaikparkett [55].

Hochkantlamellenparkett ist entstanden als Kuppelprodukt bei der Mosaikparkettfertigung. Nicht den Normsortierungen genügende Mosaikparkettlamellen oder Lamellen mit nicht vollständig rechteckiger Fläche gelangen so nicht ins Restholz, sondern werden verwertet. Die Auswahl der noch zu verwertenden Mosaikparkettlamellen unterliegt werkseitigen Kriterien, was zur Folge hat, dass sehr unterschiedliche Qualitäten am Markt vorhanden sind.

Hochkantlamellenparkett wird auch bezeichnet als Mehrzweckparkett und als Industrieparkett. Der Begriff Industrieparkett wird oft fälschlicherweise so verstanden, dass es sich um ein besonders hartes Parkett handelt. Im Gegensatz zum Holzpflaster mit seinen stehenden Holzfasern ist die Härte des Hochkantlamellenparketts aufgrund der liegenden Holzfasern auch nicht größer als die anderer Parkettarten.

Während für die Breitlamelle und den Modulklotz Sortierungen (○, △, □) genormt sind, gibt es für Hochkantlamellen keine Sortierregeln in der Norm [85].

2.2.3.3 Lamparkett

Eine deutsche Norm für Lamparkett hat es bisher nicht gegeben. Für Massivholz-Lamparkettprodukte wurde eine europäische Norm erstellt [77]. Typisch für diese Produkte sind die großen Breiten- und Längenabmessungen in Relation zur geringen Elementdicke. In Deutschland ist Lamparkett seit den 1950er-Jahren bekannt und wird üblicherweise mit einer Dicke von 10 mm hergestellt. Dieser Wert ergibt sich durch Auftrennen der Parkettrohfriese parallel zur Friesbreite (Bild 12). Das Parkett wird deshalb auch Dünnparkett oder 10-mm-Massivparkett genannt.

Bei der möglichst rationellen Produktion hoher Stückzahlen werden die Friese in ungeminderter Brettdicke getrocknet, danach gehobelt und letztendlich aufgetrennt. Diese Lamparkettelemente weisen deshalb eine sägeraue Oberfläche auf. Um spannungsärmere Elemente zu erzeugen, werden die Parkettrohfriese vor der technischen Trocknung bereits aufgetrennt, in einer Dicke von circa 12 mm getrocknet und danach vierseitig gehobelt. Diese Methode ist jedoch bedeutend aufwendiger und wird deshalb nur sehr selten angewandt. Insbesondere bei Holzarten, die sich nicht so ›gutmütig‹ wie die Eiche verhalten, werden die Unterschiede zu den nach der technischen Trocknung aufgetrennten Elementen deutlich.

Die am weitesten verbreitete Größe der 10 mm dicken Elemente hat eine Breite von 50 mm und eine Länge von 250 mm. Mengenmäßig an zweiter Stelle stehen in Deutschland 55 mm breite und 220 mm lange Lamparkettelemente. Aufgrund der über fünfzigjährigen Geschichte dieser Parkettart sind zahlreiche unterschiedliche Elementgrößen produziert worden und werden es teilweise noch.

Ihre Größen werden nachfolgend in Breite × Länge [mm] angegeben:

42 × 210, 44 × 220, 45 × 185, 45 × 225, 45 × 270, 50 × 200, 50 × 250, 55 × 220, 55 × 275, 60 × 240, 60 × 300, 69 × 138.

In anderen europäischen Ländern werden auch bedeutend größere, glattkantige Elemente hergestellt. Diese heißen laut Norm ›Große Lamparkettelemente‹ und ›Maxi-Lamparkettelemente‹ [77]. Es gibt zudem größere Elemente mit angehobelter Feder, also dünne Parkettriemen. Sie werden in der Norm ›Overlay-Parkettstäbe‹ genannt [78].

Lamparkettelemente wurden zunächst einzeln verlegt. Von vielen Parkettverlegern wird die Einzelstabverlegung weiterhin präferiert, da sie zum einen bei den einfachen Mustern risikoärmer ist und zum anderen die Lagerhaltung vereinfacht. Ähnlich wie bei Mosaikparkett wurden Verlegeelemente entwickelt, die unterseitig mit Lochpapier oder überwiegend mit Kunststoffnetzen verbunden werden. Bei den Tafelmustern stellen die Verlegeelemente eine große Erleichterung für den Verleger dar, bei Verbandmustern bescheren sie ihm allerdings zusätzliche Risiken. Das Netz folgt nicht einem durch Klebstoff oder Luftfeuchte erzeugten Verbreitern der Lamparkettelemente und kann das Verlegeelement aufwölben.

Lamparkettelemente und Stabparkett besitzen ein ähnliches Aussehen, daher sind alle Verlegemuster, in denen Stabparkett verlegt wird, auch bei Lam-

Bild 14 ▪ Einige Tafelmuster für Lamparkett

parkett üblich (Bild 15). Es sind nahezu beliebig viele Formen von Tafelparkett möglich (Bild 14).

Zudem sind die Gestaltungsmöglichkeiten äußerst vielfältig und mit glattkantigen Elementen einfacher herzustellen als mit Parkettstäben. Es können verschiedene Holzarten kombiniert und Bordüren, Rand- und Zwischenfriese sowie Adern eingebaut werden. Da eine Holzdicke von 10 mm recht gut für das Schneiden mit einer Dekupiersäge geeignet ist, lassen sich massive Intarsien jeglicher Form erzeugen.

Neben den zahlreichen Werkssortierungen wurden als genormte Sortierungen bevorzugt diejenigen für Stabparkett [51] verwendet, da ein Lamparkettelement mehr einem Parkettstab als einer Mosaikparkettlamelle ähnelt. In der europäischen Norm sind für zahlreiche Holzarten Sortierregeln aufgeführt [77].

Lamparkett wird schubfest verklebt. Der Klebstoffauftrag erfolgt mit Zahnspachteln, durch die Klebstoffwülste auf dem Untergrund erzeugt werden, die höher stehen sollen als diejenigen für Mosaikparkett. Die Klebstoffmenge ist etwas größer als bei Mosaikparkett [55], sollte aber geringer sein als bei Stabparkett, da ansonsten bei ›nervösen Holzarten‹ und Verlegeelementen im Verbandmuster Schäden möglich sind.

2.2.3.4 Stabparkett

Das hochwertigste massive Parkett besteht aus Parkettstäben, die in der DIN 280-1 und DIN EN 13226 genormt sind. Die 22 mm dicken Stäbe werden aus Parkettrohfriesen mit einer Nenndicke von 26 mm hergestellt (Bild 12). Die oberen und unteren Stabseiten werden gehobelt, die Kanten gefräst. **Parkettstäbe** sind ringsum genutet und werden bei der Verlegung mit Querholzfedern von 3 mm Dicke und 18 mm Länge verbunden. Parketthölzer mit angehobelter Feder werden **Parkettriemen** genannt (Bild 8). Sie waren im Teil 3

Tabelle 4 ▪ Abmessungen des Parkettstabes nach DIN 280-1 für Laubhölzer seit 1955; die Nuthöhe beträgt gleichbleibend 3 mm

Maße in mm	1955		1962		1970	1990
Dicke	18	23	18	22	22	22
Oberwange	9	11	9	11	11	10
Nut-Unterkante	3	5	3	5	5	5
Grat	3	4	3	3	3	4
max. Breite	110		100		80	80

der DIN 280 genormt. Seit 1990 finden sich Parkettstäbe und Parkettriemen gemeinsam im Teil 1 der DIN 280 [51]. Die genormten Abmessungen der Stäbe wurden in den letzten fünfzig Jahren einige Male geändert (Tabelle 4).

Seit 1990 reichen die genormten Breiten von 45 mm bis zu 80 mm und die Stablängen von 250 mm bis zu 1.000 mm. Längen und Breiten sind zwar in der Norm gestaffelt, jedoch ist es zulässig und üblich, dass auch Zwischengrößen produziert werden. Beträgt die Länge ein ganzzahliges Vielfaches der Breite, kann ein sogenanntes Würfelmuster aus quadratischen Grundformen verlegt werden (Bild 15). Man spricht in diesem Fall von Würfelabmessungen. Jahrzehntelange Erfahrungen haben gezeigt, dass es für die Würfelverlegung von Vorteil ist, die Stablänge um mehrere zehntel Millimeter größer als die theoretische Seitenlänge des Würfels zu wählen. Ähnliches gilt bei der Herstellung von Stäben für ein Flechtbodenmuster. Diese Erfahrungswerte sind bei einer Beurteilung von Parkettstäben zu beachten, da hierbei die Grenzabmaße der DIN 280-1 überschritten werden.

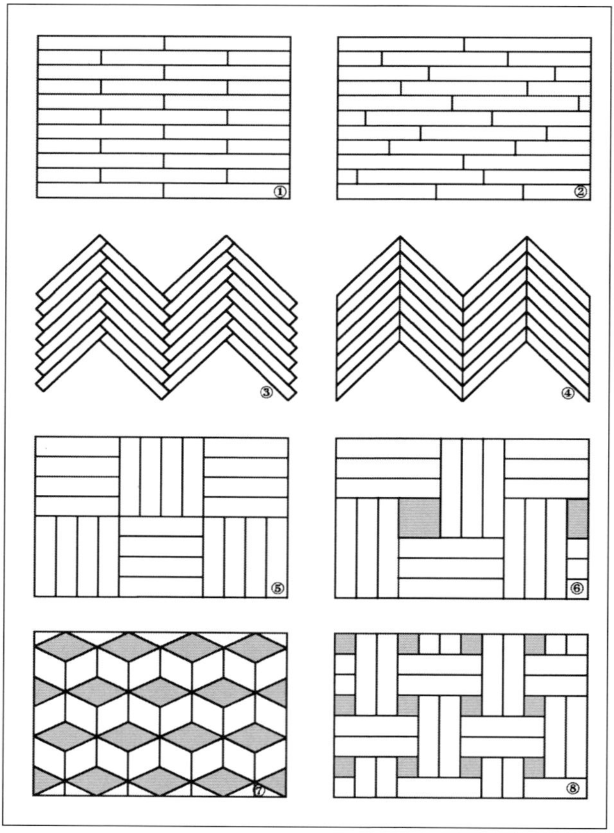

Bild 15 ▪ Klassische Parkettgrundmuster: ① = regelmäßiger Verband oder englischer Verband oder Halbverband, ② = unregelmäßiger Verband oder wilder Verband oder Schiffsboden, ③ = Fischgrat oder Fischgrät, ④ = französischer Fischgrat oder Kapuzinerboden, ⑤ = Würfel, ⑥ = Würfelflechte, ⑦ = Rautenboden, ⑧ = Flechtboden

In der europäischen Norm heißen Parkettstäbe und Parkettriemen Massivholz-Elemente [76]. Die Abmessungen der **Massivholz-Elemente** werden nur durch untere Grenzwerte geregelt. Die Mindestdicke ist 14 mm, die Mindestlänge 250 mm und die Mindestbreite 40 mm. In der Norm gibt es keine oberen Grenzwerte, so werden von ihr auch die massiven Laubholzdielen erfasst. Da diese Norm dafür nicht konzipiert wurde, soll im Jahr 2010 eine eigene Norm für massive Laubholzdielen erscheinen.

In der europäischen Normung für Holzfußböden werden drei verschiedene Arten der Krümmung eines Elementes geregelt (Bild 16). Die Querkrümmung (Schüsselung) eines Massivholz-Elementes darf maximal 0,5 % der Breite des Elementes betragen (Kapitel 4.2.1). Der Grenzwert für die Längskrümmung der Breitseite beträgt 0,5 % der Elementlänge. Der Grenzwert für die Längskrümmung der Schmalseite (Kantengeradheit) 0,5 ‰ der Elementlänge.

In der DIN 280-1 werden drei Sortierungen für Stabparkett aus Eiche genormt. Sie besitzen zwar die gleichen Namen wie die Sortierungen von Mosaikparkett aus Eiche, aber ihre Merkmale unterscheiden sich teilweise erheblich von diesen (Tabelle 3). Bis zum Jahre 1990 waren noch die Sortierungen ›Exquisit‹ und ›Standard‹ genormt. Die auch heute noch gelegentlich anzutreffenden Bezeichnungen 1. Wahl und 2. Wahl sind seit 1962 nicht mehr genormt. Die europäische Normung für Massivparkett kennzeichnet die Sortierungen mit den Symbolen Kreis, Dreieck und Quadrat (○, △, □). In dieser Reihenfolge entsprechen die Sortierungen für Eiche ungefähr den alten Sortierungen ›Natur‹, ›Gestreift‹ und ›Rustikal‹.

Die im Kapitel 2.2.3.2 getroffenen Aussagen zum Feuchtegehalt von Lamellen gelten genauso für Massivholz-Elemente.

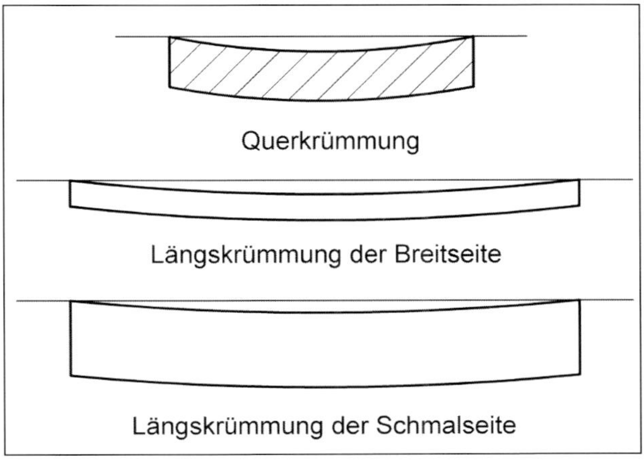

Bild 16 ▪ Bezeichnungen der Krümmungen von Fußbodenelementen

Parkettstäbe und Parkettriemen können verklebt und auf hierfür geeigneten Untergründen vernagelt werden (Bild 10). Die Nagelung erfolgt nicht von oben durch die Oberseite, sondern seitlich schräg durch die Nut des Parkettstabs und seitlich schräg durch die Feder des Parkettriemens [3, S. 111]. Als Untergrund eignen sich z. B. Lagerhölzer, Blindböden oder im Renovierungsbereich wiederaufgearbeitete Dielenböden. Auf Betondecken ist ein klebstofffreier Aufbau mit einem Nagelparkett auf Blindboden und Lagerhölzern als Alternative zu üblichen Estrichkonstruktionen möglich. Bei genagelten Parkettstäben ist eine ausreichende Federung erforderlich. Diese soll drei Viertel der Nutlänge betragen [46].

Stabparkett kann ebenso wie Mosaik- und Lamparkett vollflächig verklebt werden. Der flächenspezifische Klebstoffverbrauch ist jedoch größer [55]. Die Verklebung von Stabparkett wird als ausreichend angesehen, wenn die Klebstoffbenetzung 40 % beträgt. Die Norm verlangt zwar bei der Verklebung von Parkettstäben wie bei der Vernagelung eine Federung von drei Viertel der Nutlänge, aber in der Praxis ist eine geringere Federung ausreichend [3, S. 112].

Die Parkettstäbe werden einzeln verlegt, sodass eine Vielzahl von Verlegemustern möglich ist (Bild 15). Der Gestaltung sind kaum Grenzen gesetzt. Es können verschiedene Holzarten kombiniert und Bordüren, Rand- und Zwischenfriese sowie Adern eingebaut werden. Parkettstäbe lassen sich zudem zu Verlegeeinheiten in Form einschichtiger Parketttafeln verbinden.

2.2.3.5 Europäische Normung von Parkett im Überblick

Die drei Hauptabmessungen und die Querschnittsprofile der in DIN EN-Normen geregelten Parkettelemente sind in der Tabelle 5 aufgelistet. Die Normen legen keine vergleichbaren Abmessungen und Profile für Mehrschichtparkett und Furnierböden fest.

2.2.3.6 Holzpflaster

Während bei allen anderen Massivholzböden die Holzfaser parallel zur Bodenfläche verläuft, steht sie bei Holzpflasterklötzen senkrecht dazu. Bei gleicher Holzart ist deswegen bei Holzpflaster die Oberflächenhärte circa doppelt so groß. Die Wärmeleitfähigkeit ist ebenfalls fast doppelt so groß wie bei anderen Massivholzböden.

Parkett wird in der Qualitätsnorm DIN 280 bzw. in den europäischen Normen wie z. B. DIN EN 13226 beschrieben, die Parkettverlegung in der Dienstleistungsnorm DIN 18356, die zum Teil C der VOB gehört. Die Dienstleistungsnorm VOB/C ATV DIN 18367 für Holzpflasterarbeiten hingegen ver-

Tabelle 5 ▪ Profile und Abmessungen der massiven Parkettelemente in den europäischen Normen

DIN EN	Produkt	Profil	Dicke [mm]	Breite [mm]	Länge [mm]
13226	Massivholz-Element N/N		≥ 14	≥ 40	≥ 250
	Massivholz-Element N/F				
13227	Lamparkettelement		9–11	30–75	120–400
	Großes Lamparkettelement		6–10	60–180	≥ 400
	Maxi-Lamparkettelement		13–14	60–80	350–600
13228	Massivholz Overlay-Parkettstab		8–14	40–100	200–2.000
	Parkettblock		≥ 13	40–80	200–400
13488	Mosaik-parkettlamelle		8	≤ 35	115–165
13629	Parkettdiele		≥ 10	≥ 110	≥ 900
13990	Nadelholz-Fußbodendiele		18–34	63–181	≥ 1.500
14761	Hochkantlamelle		8–35	6–10	115–320
	Breitlamelle	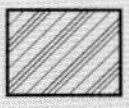	8–35	11–23	115–320
	Modulklotz		23	60–80	115–165

weist hinsichtlich der Verlegung von Holzpflasterklötzen zusätzlich auf die Qualitätsnorm DIN 68702. Diese Norm beschreibt seit 2001 sowohl Holzpflaster RE, das bereits in der vorherigen Normausgabe enthalten war, als auch Holzpflaster GE, das zuvor in der nunmehr entfallenen DIN 68701 [65] genormt worden war.

Holzpflaster GE ist gedacht für den industriellen und gewerblichen Bereich mit besonderen Anforderungen durch Fahrzeuge oder Flurförderzeuge. Die hierbei auftretenden Kippmomente werden durch gegenseitiges Abstützen der recht hohen Klötze aufgefangen. Genormte Klötze sind 60 bis 140 mm lang, 60 bis 80 mm breit und 50 bis 100 mm hoch.

Holzpflaster WE, das bis 2001 RE-W genannt wurde, ist für Werkräume und gleichartig beanspruchte Räume ohne große Klimaschwankungen vorgesehen. Bei Klotzhöhen ab 40 mm aufwärts, Klotzlängen bis 100 mm und geeigneten Klebstoffen ist das Befahren mit Fahrzeugen und Flurförderzeugen möglich. Bei geringeren Klotzhöhen sollten nur Leichttransporte stattfinden. Genormte Klötze sind 40 bis 140 mm lang, 40 bis 80 mm breit und 30 bis 80 mm hoch.

Holzpflaster RE, das bis 2001 RE-V genannt wurde, ist vorgesehen für Verwaltungsgebäude und Versammlungsstätten (z. B. Kirchen, Theatersäle, Gemeinde- und Freizeitzentren) sowie für Hobbyräume und den Wohnbereich. Genormte Klötze sind 40 bis 120 mm lang, 40 bis 80 mm breit und 22 bis 80 mm hoch.

Die Holzpflasterklötze werden durch das Ablängen von Kanthölzern und Bohlen hergestellt. Klötze RE und WE sind vierseitig zu hobeln, Klötze WE ab 100 mm Länge dürfen auch nur zweiseitig, an den beiden Längsseiten, gehobelt sein.

Die Norm gibt lediglich die drei Hauptabmessungen der quaderförmigen Klötze vor. Zusätzlich werden bei RE und WE unterseitig häufig Randfasen und Kleberhaftnuten eingefräst (Bild 17, oben). Zudem können die Kanten mit einer die Seitenverleimung verhindernden Beschichtung versehen werden. Um zu verhindern, dass aufquellende Holzpflasterflächen gegen Wände drücken, können im Abstand von circa 30 cm vor den Wänden Lamellenklötze als Sollbruchstellen eingebaut werden, die durch den Quelldruck nach oben ausbrechen (Bild 17, unten).

Die Verlegung der Klötze erfolgt im Verbandmuster. Eine Richtung wird von der Norm nicht mehr vorgeschrieben. Große Klötze werden einzeln verlegt, kleinere können auch als Verlegeeinheit aus mehreren, entlang der Längskanten mit zwei seitlichen Klebstreifen verbundenen Klötzen geliefert werden. Die Klebstoffbenetzung von Klötzen RE sollte circa 80 % betragen [3, S. 151].

Bild 17 ▪ Holzpflasterklotz mit unterseitigen Kleberhaftnuten und Randfasen sowie Lamellenklötze

Neben der Pressverlegung beschreibt die DIN 68701 für imprägnierte Klötze GE die Lättchenverlegung für den Einsatz in der Schwerindustrie und in Industriehallen mit hoher Zug- und Schubbeanspruchung, wie z. B. Hammerwerke, Gießereien, Fahrzeughallen mit abtropfendem Eis- und Schmutzwasser. Zwischen den Klotzreihen werden hierbei Fugenleisten, die 4 bis 6 mm breit und ein Drittel bis zwei Drittel der Klotzhöhe hoch sind, eingebracht. Die darüber befindlichen Fugen werden mit heißflüssiger Vergussmasse verfüllt (Bild 10). In der neuen Holzpflasternorm wird diese Verlegeart ebenso wenig erwähnt wie die Klotzimprägnierung und die heißflüssigen Verguss- und Klebemassen.

Da Holzpflasterböden bei Feuchteänderungen große Scher- und Wölbspannungen erzeugen können, muss der Festigkeit des Unterbodens besondere

Aufmerksamkeit gewidmet werden. Die DIN 68702 [67] nennt hierzu Mindestanforderungen.

Der mittlere Holzfeuchtegehalt der Klötze soll bei RE 8 bis 12 %, bei WE 8 bis 13 % und bei GE 10 bis 14 % betragen. Er ist nach dem zu erwartenden Raumluftzustand festzulegen. Für den festgelegten Mittelwert gelten dann wieder wie bei Parkett die Abweichungen von 2 % nach oben und nach unten [3, S. 149].

Spezielle Sortierungen wie bei Parkett gibt es für Holzpflaster nicht, lediglich einige Anforderungen für die verschiedenen Holzpflasterarten. Bei Holzpflaster RE dürfen keine plakatartigen Flächen mit wesentlich anderem Farbton auftreten, bei WE und GE sind größere Farbunterschiede zulässig. Eichenklötze dürfen bei WE und GE unbeschränkt Splint aufweisen, bei RE nur in geringem Umfang. Kiefernklötze dürfen bei WE und GE Bläue aufweisen, bei RE jedoch nur leicht. Gesunde, fest verwachsene Äste sowie unbedeutende Trockenrisse sind zulässig [67].

2.2.4 Mehrschichtige Holzfußböden

2.2.4.1 Dreischichtige Holzfußböden

Das Konstruktionsprinzip des dreischichtigen Aufbaus eines Bauteils für den Fußboden ist keine moderne Entwicklung, sondern wird seit Jahrhunderten bei Tafelparkett angewandt (Kapitel 2.1). Nach diesem Prinzip werden für zu restaurierende und für neue Fußböden auch heute noch Tafeln für Tafelparkett hergestellt. Aufgrund der Vielfalt an Mustern und Abmessungen findet man im Normenwerk lediglich in der DIN 280-1 die Vorschrift, dass bei furniertem Tafelparkett die begehbare Schicht aus Sägefurnier mindestens 5 mm dick sein muss [51, Abschnitt 5.4]. Diese obere Schicht wird auf eine sogenannte Blindtafel verleimt, die aus massivem Holz oder einem geeigneten Holzwerkstoff besteht. Die unterste Schicht ist ein Gegenfurnier. Gemäß DIN 280-1 soll der mittlere Holzfeuchtegehalt 9 % betragen. Bereits vor Jahrzehnten wurde ein Wert von 8 %, wie er für Fertigparkett-Elemente genormt ist, für furnierte Parketttafeln empfohlen [129, S. 137].

Vorläufer der heutigen Fertigparkettdielen waren mehrschichtige Lamellen-Parkettdielen mit einer Deckschicht von 6 bis 8 mm, die häufig aus Mosaikparkettlamellen bestand [129, S. 175 bis 184]. Bis 1990 waren in der DIN 280-4 Mehrschichten-Parkettdielen und Mehrschichten-Parketttafeln mit einer Mindestdeckschicht von 4 mm und einem Holzfeuchtegehalt von 8 % [53] genormt. Sie waren nicht fertig oberflächenbehandelt.

Da sie mengenmäßig den größten Anteil am Parkettmarkt behaupten, versteht man heutzutage unter dreischichtig aufgebautem Parkett zunächst Fertigparkett-Elemente in Dielenform mit einer Mittellage aus Massivholz oder einem Holzwerkstoff, einer begehbaren Deckschicht und einem unterseitigen Gegenzug. Die Lamellen der Deckschicht werden häufig aus Parkettrohfriesen hergestellt, woraus sich die oft anzutreffende Deckschichtdicke von 3,6 bis 3,8 mm ergibt (Bild 12). Nach DIN 280-5 muss die Dicke der begehbaren Schicht mindestens 2 mm betragen, die DIN EN 13489 legt als Mindestdicke 2,5 mm fest [80]. Der Holzfeuchtegehalt soll nach DIN 280-5 im Mittel 8 % aufweisen, die europäische Norm nennt einen Bereich von 5 bis 9 % für die Nutzschicht (Kapitel 4.3.4).

Die Mittellage besteht bei der Verwendung von Massivholz aus quer zur Längsrichtung des Elementes verlaufenden Hölzern, die mit seitlichen Abständen angeordnet sind. Diese Abstände waren schon bei historischen Blindtafeln aus nebeneinanderliegenden Leisten üblich.

Die Deckschicht besteht aus länglichen Lamellen, die zumeist in einem unregelmäßigen Verband, dem sogenannten Schiffsbodenmuster, angeordnet sind. Breiten und Längen der Lamellen liegen im Bereich der Abmessungen von Parkettstäben. Auf einem Fertigparkett-Element werden nebeneinander zwei oder drei Reihen des Verbandmusters verleimt.

Besteht die Deckschicht aus einem Furnierblatt, zeigt die Oberseite das Bild einer Holzdiele. Derartige dreischichtige Elemente werden als Landhausdielen bezeichnet. Diese übliche Benennung kann zu Verwechselungen mit Massivholzdielen führen.

Die DIN 280-5 erwähnt drei mögliche Arten der Verlegung, nämlich die Verklebung, die schwimmende Verlegung und die Vernagelung. Die Klebstoffbenetzung sollte zwischen 40 und 60 % betragen [3, S. 157]. Für die zumeist auf Lagerhölzern durchgeführte Vernagelung werden Fertigparkettdielen mit über 2 cm Dicke angeboten. Bei schwimmender Verlegung schrieb die VOB/C ATV DIN 18356 bis 2006 eine Mindestdicke der Fertigparkett-Elemente von 13 mm vor. Die Fertigparkett-Elemente werden hierbei in der Nut an Längs- und Kopfseite mit Leim verbunden. Leimlose Einrastverbindungen unterschiedlicher Form werden seit 2001 angeboten und übertreffen die zu verleimenden Elemente mengenmäßig (Bild 11).

Dreischichtige **Furnierböden** sind in der DIN EN 14354 genormt [84]. Sie sind bis zu 1 cm dick und haben Deckschichten von weniger als 1 mm. Die Mittellage ist ein Holzwerkstoff, meistens eine hochverdichtete Holzfaserplatte. Den Gegenzug zum Decklagenfurnier bildet ein unterseitig aufgeleimtes Blindfurnier. Sie sind keine Mehrschichtparkettelemente. Da ihr

Aufbau dem von Laminatfußböden ähnelt, werden sie auch als Echtholzlaminat bezeichnet.

Laminatböden sind in der DIN EN 13329 [70] genormt. Trotz des hohen Holzanteils zählen Laminatböden nicht zu den Holzfußböden [114, S. 13], die zuständige Norm der VOB ist somit die DIN 18365 [47]. Mit den elastischen Bodenbelägen werden sie hier zu den Schichtstoffelementen gezählt. Der große Holzanteil resultiert aus der Mittellage, der Kernschicht des Laminatbodens, die aus einer Spanplatte, einer mitteldichten oder einer hochverdichteten Holzfaserplatte besteht. Die Deckschicht besteht aus mit Harzen imprägnierten Papieren. Sie wird entweder als Hochdrucklaminat (HPL) vorgefertigt und dann aufgebracht oder direkt auf das Trägermaterial verpresst (DPL). Verfahrenstechnisch setzt sich zunehmend die kontinuierliche Pressung der Laminatbodenelemente durch (CPL). Zurzeit wird der Direktdruck der Oberseite entwickelt. Der Gegenzug besteht aus HPL, CPL, imprägnierten Papieren oder Furnieren. Laminatbodenelemente sind mit Nut und Feder oder Einrastprofil (Klickverbindung) versehen und für die schwimmende Verlegung konzipiert. Ausführlichere Angaben enthält das europäische Merkblatt [127]. Eine vollflächige Verklebung ist unter Umständen möglich [125], wobei zusätzlich die Verleimung in Nut und Feder wie bei der schwimmenden Verlegung erfolgen soll. Die seitliche Verleimung wurde nahezu vollständig von leimlosen, formschlüssigen Verbindungen verdrängt, wobei die nun ungeschützten Kanten hydrophobiert sein sollten.

Die Deckschicht der dreischichtigen Fertigparkett-Elemente besteht aus Holz. Das Konstruktionsprinzip eines solchen Fußbodenelementes bleibt gleich, auch wenn anstelle von Holz andere Materialien verwendet werden. So wird z. B. als Deckschicht Kork, Bambus, Kokos oder Linoleum aufgebracht. Hier lässt sich wiederum trefflich streiten, ob es sich dann noch um einen Holzfußboden handelt oder nicht. Bei der Beurteilung von Schäden ist wie bei Laminatböden eine derartige Begriffsdiskussion wenig hilfreich, da in der Mehrzahl der Fälle das hygroskopische Verhalten des Trägermaterials aus Holz bestimmend ist.

2.2.4.2 Zweischichtige Holzfußböden

Zweischichtige Holzfußböden besitzen unter der sichtbaren Deckschicht eine Trägerschicht aus quer verlaufenden Massivholzleisten oder einem Holzwerkstoff. Seitlich werden Federn angehobelt und Nuten gefräst, jedoch wird wie bei Parkettriemen diese Verbindung nicht verleimt. Da der Gegenzug fehlt, werden Zweischichtelemente vollflächig auf dem Untergrund verklebt. In der Regel ist die Oberfläche bereits werkseitig endbehandelt worden, es sind allerdings auch Elemente mit rohen Oberflächen lieferbar.

Die größten Zuwachsraten weist seit Ende des letzten Jahrhunderts das sogenannte **Einstabfertigparkett** auf. Es besteht aus Elementen, die sich in der Breite und der Länge nicht vom Parkettstab unterscheiden, sodass die verlegte Parkettfläche wie ein Stabparkettboden aussieht. Die Lamellen der Deckschicht werden häufig aus Parkettrohfriesen hergestellt, woraus sich die oft anzutreffenden Deckschichtdicken von 3,5 bis 4 mm ergeben (Bild 12). Es werden zudem Dicken bis 6,5 mm produziert.

Die Trägerschicht besteht bei Einsatz von Massivholz aus quer zur Längsrichtung des Elementes verlaufenden Hölzern, die mit seitlichen Abständen angeordnet sind. Es werden hierfür sowohl Nadelhölzer als auch Laubhölzer verwendet. Als Trägermaterial findet man zudem Sperrholz, in das zur Erzielung einer gewissen Längsflexibilität von unten quer verlaufende Entspannungsnuten eingeschnitten werden.

Neben dem weitverbreiteten Schiffsbodenmuster können Einstabfertigparkett-Elemente im Gegensatz zu dreischichtigen Fertigparkettdielen auch in anderen Mustern verlegt werden, z. B. im klassischen Fischgrätmuster. Voraussetzungen hierfür sind eine hohe Fertigungsgenauigkeit und die Lieferung rechter und linker Elemente.

Mittlerweile geht der Trend zu größeren Formaten. Es werden zweischichtige Holzfußbodenelemente produziert, die bereits die Abmessungen von Landhausdielen aufweisen. Für die notwendige Verklebung dieser Elemente sollte besonders auf die Ebenheit des Untergrundes geachtet werden.

3 Beanstandung – Mangel – Schaden

3.1 Schaden und Mangel

Auch wenn der Titel dieses Buches Schäden an Holzfussböden heißt, können nicht nur Schäden und deren mögliche Ursachen beschrieben werden, sondern auch Mängel und Unregelmäßigkeiten.

Bauschäden können durch eine mangelhafte Bauleistung verursacht werden, aber u. a. auch durch schädigendes Nutzerverhalten, Umwelteinflüsse, Alterung und Fremdeinwirkung. Wird z. B. ein Holzpflasterboden auf einen ungenügend festen Estrich verklebt, so kann sich bei durch jahreszeitlich bedingte Feuchteänderungen des Holzes der Fußboden mit dem Estrich aufwölben. Durch den Mangel am Estrich hat sich somit ein Schaden ereignet, der eine nachteilige Veränderung des Bauteils darstellt. Bei geringer Beanspruchung des Holzpflasters und nahezu konstantem Raumluftzustand wird der Fußboden schadensfrei bleiben. Aus einem Mangel muss somit nicht zwangsläufig ein Schaden entstehen. Folgerichtig dürfen nicht nur Schäden, sondern müssen auch Mängel in diesem Buch beschrieben werden.

Der Mangel kann hier als Rechtsbegriff nicht behandelt werden, dies ist den Juristen vorbehalten. Er wird deshalb in diesem Buch nur in der Weise benutzt, wie es in der technischen Baupraxis üblich ist. Allgemein kann gesagt werden, dass ein Werk dann keinen Mangel aufweist, wenn es die vereinbarte Beschaffenheit besitzt oder, strenger formuliert, die zugesicherten Eigenschaften aufweist, nicht mit Fehlern behaftet ist und den Regeln der Technik entspricht.

Die **zugesicherten Eigenschaften** sind werkvertragliche Individualvereinbarungen, die durch Qualitätsbeschreibungen, durch das Heranziehen von Vergleichsobjekten oder durch Proben und Muster definiert werden. Bei einem Holzfußboden ist u. a. die Holzart eine zugesicherte Eigenschaft. Wird z. B. statt einer Fichtendiele eine Eichendiele verlegt, so ist der Boden mangelhaft, obwohl das Eichenholz bedeutend wertvoller und härter ist.

Der **Fehler** einer Bauleistung kann sowohl in der Funktion als auch in der optischen Erscheinung liegen. Es ist individuell in Ansehung des vertraglich festgelegten Zwecks des Bauwerks zu beurteilen, in welchem Grad die Gebrauchsfähigkeit oder der Wert durch den Fehler gemindert werden. Es handelt sich somit um eine Rechtsfrage, die jedoch in der Praxis sehr häufig dem technischen oder dem handwerklichen Sachverständigen gestellt wird. Er sollte in diesem Fall nicht die Rolle des Richters einnehmen, sondern die für eine juristische Würdigung notwendigen fachlichen Grundlagen liefern.

Die anerkannten **Regeln der Technik** sind in der Wissenschaft als theoretisch richtig anerkannt und haben sich in den einschlägigen Fachkreisen aufgrund dauernder praktischer Erfahrungen als technisch geeignet durchgesetzt. Die hierbei eingesetzten Baustoffe, Bauteile und Bauarten sind allgemein gebräuchlich und haben sich praktisch durchgesetzt. Da bei stringenter Anwendung dieses Prinzips jeglicher Fortschritt verhindert wird, ist es zulässig und sicher auch wünschenswert, dass neue Baustoffe und Methoden eingesetzt werden können, wenn dies vertraglich vereinbart wird. Zu den anerkannten Regeln der Technik können jahrzehntealte Handwerksregeln gehören, die nicht schriftlich festgelegt sind. Es gehört zu den originären Aufgaben des handwerklichen Sachverständigen, die Informationen über die jeweiligen Regeln der Technik zu liefern, die zu einer richterlichen Konkretisierung dieses unbestimmten Rechtsbegriffs verhelfen. Hierbei ist insbesondere zu beachten, dass DIN-Normen und anerkannte Regeln der Technik nicht identisch sind. Es besteht zwar die Vermutung, dass DIN-Normen anerkannte Regeln der Technik sind, jedoch nicht die Gewissheit. Da es hierfür somit keinen Automatismus gibt, ist in jedem Einzelfall zu prüfen, welche Regelwerke anzuwenden, wie sie zu konkretisieren und um welche Regeln sie ggf. zu ergänzen sind. In diesem Zusammenhang ist z. B. im Parkettlegerhandwerk die fachliche Kommentierung der VOB/C ATV DIN 18356 und der VOB/C ATV DIN 18367 eine wertvolle Hilfe [3]. Die Einhaltung der anerkannten Regeln der Technik ist jedoch nur ein notwendiges, nicht aber ein hinreichendes Kriterium für die Mängelfreiheit. Als Beispiel hierfür wurde bereits der Eichendielenboden erwähnt, der unter Einhaltung sämtlicher Regeln anstatt eines Fichtendielenbodens eingebaut worden ist.

3.2 Mangel und Beanstandung

Beanstandungen des Auftraggebers eines Neubaus oder einer Altbaurenovierung betreffen nicht nur Mängel und Schäden, sondern auch andere Unregelmäßigkeiten sehr geringen Umfangs. Unregelmäßigkeiten lassen sich nach Oswald in drei Beurteilungsgruppen einordnen [86, S. 13]:

1. deutliche, nachzubessernde Mängel,
2. hinnehmbare Abweichungen, die durch Minderung abgegolten werden,
3. hinzunehmende Unregelmäßigkeiten.

Um zu beurteilen, ob eine Beanstandung in die letztgenannte Kategorie gehört, muss zunächst geklärt werden, ob hierzu nicht besondere Anforderungen vertraglich vereinbart wurden. Dies kann z. B. im Fußbodenbereich eine gegenüber den normativen Mindestwerten erhöhte Anforderung an die Ebenheit sein. Ist dies nicht der Fall, müssen die Regeln der Technik angewandt werden. Hierunter können DIN-Normen fallen, aber auch handwerkliche Regeln, die nicht immer schriftlich festgelegt sind. Es ist somit möglich, dass eine Unregelmäßigkeit von verschiedenen Sachverständigen hinsichtlich ihrer Hinnehmbarkeit unterschiedlich beurteilt wird. Wobei immer zu beachten ist, dass die Entscheidung, ob etwas hinzunehmen ist, letztendlich eine gerichtliche ist und nicht vom Sachverständigen getroffen werden kann. Dieser muss jedoch die technischen Grundlagen liefern oder er ist außergerichtlich tätig. Die hier getroffenen Aussagen zur Hinnehmbarkeit sind als Hilfestellung für die technische Beurteilung von Unregelmäßigkeiten gedacht, wodurch diese häufig erst gar nicht zum Gegenstand von Streitigkeiten werden.

Für die nachfolgende Aufzählung von hinzunehmenden Unregelmäßigkeiten dienten als Quellen insbesondere die jeweiligen DIN-Normen, der Fachkommentar [3] und das sich diesem Thema widmende Buch von Oswald und Abel [86], das aus einem Forschungsbericht des Bundesbauministeriums entstanden ist [87]. Eine weitere Hilfe waren die Richtlinien der Sachverständigen des Zentralverbandes Parkett und Fußbodentechnik, die sich jedoch nicht so bibliografieren lassen, dass sie jedem zugänglich sind. Sie bilden trotzdem eine wichtige Quelle, die nicht nur in der technischen [86, S. 113 und 120], sondern auch in der juristischen Literatur [19, S. 161] erwähnt wird.

Insbesondere bei durch handwerkliche Tätigkeit verursachten Unregelmäßigkeiten hat der beurteilende Sachverständige die örtlichen Gegebenheiten und Besonderheiten jedes speziellen Falles zu berücksichtigen. Dies gelingt ihm umso besser, je mehr er mit der handwerklichen Ausführung vertraut ist.

3.3 Hinzunehmende Unregelmäßigkeiten bei Holzfußböden

3.3.1 Betrachtungsweise zur Beurteilung von Fußböden

Die Beurteilung der Oberfläche eines Fußbodens geschieht in aufrecht stehender Haltung. Beobachten oder Abfühlen der Fußbodenoberfläche in kniender oder gebückter Haltung scheidet grundsätzlich für die Beurteilung aus. Auch Schräglichtbeleuchtungen und Lichtbrechungseffekte dürfen für eine Beurteilung nicht herangezogen werden, da diese Methoden der Zweckbestimmung eines Fußbodens völlig widersprechen [112].

Die störende Wirkung von Unregelmäßigkeiten ist hinsichtlich des Betrachtungsabstandes und der Beleuchtungsbedingungen unter den im Gebrauch üblichen Umständen zu beurteilen [86, S. 18 bis 19 und 24]. Hierzu gehört nur in äußerst seltenen Fällen das Streiflicht eines Scheinwerfers.

Bei der Bemessung des Grades der optischen Beeinträchtigung sollte eine übliche Möblierung berücksichtigt werden. Erfolgt die Betrachtung der Fußbodenoberfläche überwiegend sitzend, so kann der Höhenabstand bei der Begutachtung auf einen Meter gesenkt werden [28, S. 24].

3.3.2 Holzmerkmale

Nach allen Parkettnormen sind in sämtlichen Sortierungen sowohl liegende als auch stehende **Jahrringe** zulässig. Wenn nicht stehende oder halb stehende Jahrringe ausdrücklich vereinbart sind, gilt dies auch für Dielenböden. Die breite Maserung eines tangential geschnittenen und die Linierung eines radial geschnittenen Parkettholzes sind somit typische Merkmale von Holzfußböden, wobei ihr jeweiliger Anteil nicht festgelegt ist. Sie sorgen jedoch nicht nur für ein charakteristisches Aussehen, sondern beeinflussen auch das Quell- und Schwindverhalten. Ein Holzboden mit überwiegend liegenden Jahrringen arbeitet stärker als einer mit überwiegend stehenden Jahrringen. Beide erfüllen jedoch die Sortierungskriterien der Norm. Ähnlich wie bei Holzfenstern können sich nach der Lackierung Jahrringverläufe reliefartig abzeichnen [86, S. 94].

Zwischen dem rein radialen und dem rein tangentialen Schnitt sind sämtliche Zwischenformen möglich. Zudem ist **Drehwuchs** im Parkettholz erlaubt [3, S. 106], [86, S. 113].

Nach den Parkettnormen sind in sämtlichen Sortierungen **Holzstrahlen** zulässig. Diese Vorschrift hat eher einen erläuternden Charakter, da ein Parkettholz ohne Holzstrahlen nicht herzustellen ist. Man hat hierbei insbesondere an die zum Zeitpunkt der Ersterstellung der Normen den deutschen Parkettmarkt beherrschende Holzart Eiche gedacht. Ein typisches Kennzeichen des Eichenholzes sind seine sehr großen Holzstrahlen. Im Radialschnitt zeigen sie sich als charakteristische Flecken, die **Spiegel** genannt werden. Dieser Name rührt von der spiegelartigen Oberfläche der rechtwinklig zu den umgebenden Holzzellen verlaufenden Zellen der Holzstrahlen her (Kapitel 1.1.4). Dieses teilweise beanstandete Merkmal ist vielmehr ein Qualitätsmerkmal, da ein Spiegel besonders im hochwertigen, radial geschnittenen Holz auftaucht. So zeichnete sich die bis 1990 in der DIN 280-1 genormte, nahezu astfreie Sortierung ›Eiche-Exquisit‹ zwangsläufig durch zahlreiche Spiegel in der Oberfläche aus.

Die umgangssprachlich gebrauchte Bezeichnung ›astrein‹ verleitet leider dazu, **Äste** im Holz als qualitätsmindernde Bestandteile anzusehen. Dies mag für die Festigkeit tragender Balken eine Rolle spielen, jedoch nicht für die Nutzbarkeit eines Fußbodens. Hier stellt ein Ast lediglich eine optische Unregelmäßigkeit dar. Massivholzdielen weisen je nach Holzart in unterschiedlichem Ausmaß und in unterschiedlicher Größe Äste als typisches Merkmal eines rustikalen Bodens auf. In den Parkettnormen sind die zulässigen Astgrößen genormt, jedoch nicht ihr zahlenmäßiges Auftreten. Jedes Element darf also im Extremfall den maximal zulässigen Astdurchmesser aufweisen. Für den Endverbraucher ist es zudem sehr verwirrend, dass es in der DIN 280 eine Sortierung ›Eiche-Natur‹ gibt, die bei Stabparkett Äste bis zu 8 mm Durchmesser zulässt [51], bei Mosaikparkett jedoch nur bis zu einem Durchmesser von 2 mm [52]. Bei Mosaikparkett gilt einschränkend, dass schwarze Äste nur bis zu einem Durchmesser von 1 mm zulässig sind, wenn sie nicht in Gruppen auftreten. Ab einer Anzahl von drei bilden Äste eine Gruppe [19, S. 161]. Die Sortierung ›Rustikal‹ zeichnet sich durch ihre Asthaltigkeit aus (Tabelle 3). Parkettstäbe dieser Sortierung dürfen **Stock- und Lagerflecken** aufweisen [51, Abschnitte 4.2.3 und 4.3.2]. Die europäische Normung der Holzfußböden enthält bedeutend mehr Sortierregeln für wesentlich mehr Holzarten als die DIN 280. Es ist somit erforderlich, bei Unstimmigkeiten über die Sortierung die Normen genau zu studieren.

Die äußere Zone des Holzes, die im stehenden Baum lebende Zellen enthält, wird **Splint** genannt [72, Abschnitt 7.1]. Das Splintholz ist häufig heller als das Kernholz. Es besitzt nicht die natürliche Dauerhaftigkeit des Kernholzes gegen Pilze und Insekten, was bei der Außenverwendung von Holz zu beachten ist. Man begegnet deswegen manchmal der Meinung, der Splint sei minderwertig. Da mit Ausnahme der natürlichen Dauerhaftigkeit zwischen den wichtigsten physikalischen und technologischen Eigenschaften des Kern- und Splintholzes der europäischen Eiche keine wesentlichen Unterschiede bestehen [37], kann Splintholz für im Innenbereich verlegte Holzfußböden eingesetzt werden. Aufgrund der zumeist hellen Splintstreifen nennt sich die Splintsortierung des Parketts ›Gestreift‹. Entgegen einer ebenfalls manchmal vertretenen Meinung darf auch in der Sortierung ›Rustikal‹ Splint enthalten sein [51]. Bei Holzpflaster WE und GE aus Eiche ist gesunder Splint unbeschränkt zulässig, bei Holzpflaster RE in geringem Umfang. Letzteres bedeutet einen Umfang von maximal 5 % des Einzelklotzes und maximal 3 % der Gesamtfläche [67].

Eine von Pilzen verursachte hellblaue bis schwarze Verfärbung, die keine Verminderung der Festigkeit bewirkt, ist die **Bläue** [73, Abschnitte 10.8 und 10.9]. Bei Holzpflaster WE und GE aus Kiefer ist Bläue zulässig, bei RE nur leichte Bläue. Letzteres bedeutet einen Umfang von maximal 5 % des Einzelklotzes und maximal 3 % der Gesamtfläche [67].

Wie bei anderen Merkmalen auch, ist bei der Beurteilung einer Parkettfläche hinsichtlich ihrer Sortierung zu berücksichtigen, dass die Anforderungen der Produktionsnormen für unverlegte Parketthölzer gelten. Werden roh verlegte Holzböden geschliffen und oberflächlich behandelt, wird sich das Aussehen nach dem Versiegeln oder Wachsen verändern, Ungleichmäßigkeiten werden verstärkt [3, S. 104]. Die grundsätzliche Aussage der DIN 280, dass 2 % der Parketthölzer die Merkmale der nachfolgenden Sortierungen haben dürfen, gilt somit ebenfalls für den verlegten Boden [3, S. 104]. Dies bedeutet z. B. bei Stabparkett, dass von 100 Stäben der Sortierung ›Eiche-Natur‹ zwei aus der Sortierung ›Eiche-Gestreift‹ stammen dürfen. In der europäischen Normung für Parkett beträgt dieser Wert 3 % [80], bei Nadelholzdielen sogar 5 % [83].

Aufgrund der auch in den Normen erwähnten Farb- und Strukturunterschiede im natürlichen Werkstoff Holz werden die Parketthölzer einer Fläche hinsichtlich Farbe und Struktur unterschiedlich sein. Diese sind im für die jeweiligen Normsortierungen festgelegten Umfang zulässig. Hieraus können flächige farbliche Abgrenzungen innerhalb des verlegten Parketts entstehen. Diese werden in Kapitel 4.8.5 behandelt.

3.3.3 Oberfläche des Fußbodens

Sowohl die Massivparkettnormen als auch die Fertigparkettnorm erlauben in gewissem Umfang den Einsatz von **Holzkitt** bei Fehlstellen des Fußbodenelementes: *»Kleine Trockenrisse in Ästen und Haarrisse auf der Oberseite dürfen mit Füllstoffen behandelt werden«* [51, Abschnitt 5.1], [52, Abschnitt 5.1], [54, Abschnitt 6.1]. Dieser Satz ist so in den europäischen Normen nicht zu finden, die jahrzehntealte Regel wird dadurch allerdings nicht außer Kraft gesetzt. Entstehen bei der Verlegung zwischen den Fußbodenelementen Spitzfugen, so dürfen diese verkittet werden, sofern sie keinen störenden Gesamteindruck bewirken [86, S. 113]. Bei der Beurteilung sind die Schwierigkeiten durch eine komplizierte Raumgeometrie und insbesondere durch das Verlegemuster zu berücksichtigen. Neu verlegte Parkettböden werden überwiegend vollflächig mit einer durch Schleifstaub eingedickten Fugenkittlösung abgespachtelt [3, S. 122]. Treten Quellspannungen zwischen den Parkettelementen auf, kann die dort befindliche Fugenfüllmasse hochgepresst werden. Diese Erscheinung ist aufgrund des Arbeitens des Holzes materialbedingt. Der hochgedrückte Kitt kann mit geringem Aufwand entfernt werden.

Zwischen den verlegten Parketthölzern und der Wand wird ein Abstand von 10 bis 15 mm eingehalten [3, S. 109]. Die so entstehende Wandfuge wird zumeist mit Fußleisten abgedeckt. Sockelleisten sind gemäß der Norm mit Stahlstiften an der Wand zu befestigen [46]. Die zugehörigen Vorlegeleisten und die heutzutage überwiegend eingesetzten Profilleisten, wie z. B. Hohlkehlleisten, werden mit Drahtstiften am Parkett befestigt [3, S. 116]. In beiden Fällen kann als besondere Leistung eine sogenannte unsichtbare Versenkung verlangt werden. Die durch das Versenken der Nägel entstandenen Löcher werden hierbei verkittet. Je nach Holzart macht diese Verkittung die Löcher mehr oder weniger, aber nicht vollständig ›unsichtbar‹, was ähnlich wie bei Glasleisten nicht möglich ist [86, S. 94].

Gezimmerte Holzfußböden nach VOB/C ATV DIN 18334 bestehen aus gehobelten Brettern und Bohlen und dürfen sichtbar befestigt werden. Sie müssen somit nicht geschliffen werden, lediglich vorstehende Kanten sind zu beseitigen [42].

Für die abtragende und glättende Bearbeitung roher, neuer oder zu renovierender, alter Holzfußböden werden üblicherweise Walzenschleifmaschinen eingesetzt. Ein völlig wellenfreier Schliff ist hiermit nicht möglich [86, S. 113]. Inwieweit eine **Wellenbildung** unvermeidbar war oder auf nachlässiger Ausführung beruht, kann am besten von einem mit diesen Arbeiten vertrauten Sachverständigen unter Berücksichtigung der Gegebenheiten des speziellen Falles beurteilt werden (Kapitel 4.9.2.1). Zahlenmäßige Grenzwerte für die Unregelmäßigkeiten sind nicht generell aufzustellen und eine statistisch signifikante Vermessung der Wellen ist nur mit unverhältnismäßig großem Aufwand möglich. Die Ebenheitstoleranzen der DIN 18202 sind in diesem Bereich kleiner Messstrecken nicht anwendbar, da sie für geschliffene Oberflächen zu groß sind [86, S. 110].

Bei der Renovierung alter Holzfußböden ist zudem zu berücksichtigen, dass das Schleifpapier durch in den Fugen befindliche, nicht erkennbare Bestandteile leicht beschädigt wird, was zu **Schleifspuren** führt, die erst nach der Lackierung erkannt werden. Diese sind in geringem Umfang unvermeidlich [3, S. 118].

Schattierungen im Bereich der Wendestellen der Schleifmaschine, den ›Umkehren‹, und an den Übergängen von den mit der Walzenschleifmaschine bearbeiteten Hauptflächen zu den mit rotierenden Schleiftellern der Randschleifmaschinen bearbeiteten Randstreifen sind nachzuarbeiten [3, S. 117 bis 118]. Sie sind jedoch nicht vollständig zu vermeiden. So sind z. B. die **Umkehren** bei einem versiegelten Holzpflaster aus Eiche fast immer zu erkennen.

Bei einer bauseits mit Bürste, Pinsel oder Rolle aufgetragenen **Versiegelung** sind in geringem Umfang Fremdkörper wie Staub und Pinselhaare zulässig [86, S. 113]. Insbesondere bei Polyurethanversiegelungen bilden Staubkörner deutlich sichtbare Pickel. Die Schutzfunktion der Versiegelung wird hierdurch nicht beeinträchtigt [3, S. 122]. Wegen der unterschiedlichen Saugfähigkeit der Parketthölzer und auch der handwerklichen Auftragsmethode ist eine gleichmäßige Filmdicke der Versiegelung nicht herstellbar. Es können zudem vereinzelt Lackverdickungen, Tränen oder Nasen auftreten [86, S. 113].

3.3.4 Geometrie des Fußbodenelementes

Bereits als mit Wirkung vom April 1961 die ATV Parkettarbeiten als DIN 18356 erstmals Bestandteil der VOB wurde, waren die Bedingungen für die Verwendung von Parkettstäben mit unterschiedlichen Maßen Bestandteil der Norm und haben sich bis heute nicht geändert. *»Nebeneinanderliegende Stäbe dürfen dabei nicht mehr als 50 mm in der Länge und nicht mehr als 10 mm in der Breite voneinander abweichen«* [46]. Die Anzahl **unterschiedlicher Abmessungen** ist bei Parkettflächen bis 30 m^2 auf drei begrenzt, darüber hinaus nicht. Für andere Holzfußböden sind in den Normen keine diesbezüglichen Angaben zu finden. Bei Mosaikparkett besteht aufgrund der üblicherweise gleichformatigen Lamellen hierfür keine Notwendigkeit. Bei Mehrschichtparkett im weitverbreiteten Schiffsbodenmuster zeigen die einzelnen Decklamellen unterschiedliche Längen bei fast gleichen Breiten. Es entstehen an den Enden des Fertigparkett-Elements oder an den Enden des Laminatbodenelements im Schiffsbodenmuster kurze Endstücke, die je nach Holzart optisch auffallen. Diese sollten bei Standardware nicht kürzer sein als eine Lamelle breit ist [94]. Da es sich lediglich um eine optische Beeinträchtigung handelt, kann diese sogenannte ›Klötzchenbildung‹ durch extrem kurze Endstücke bei entsprechender Auslobung in tiefpreisigen Sortimenten vorkommen. Bei Holzpflasterböden sollten lediglich im gehobenen Bereich nicht mehr als zwei Breiten Verwendung finden, wobei die Breitenunterschiede nicht mehr als 5 mm betragen dürfen [3, S. 152].

Werden gespundete, fertig oberflächenbehandelte Fußbodenelemente verlegt, entsteht an den Kanten ein **Höhenunterschied**. Er darf gemäß DIN 280-5 bei Fertigparkett höchstens 0,2 mm betragen [54]. Dieser Wert gilt in der europäischen Normung auch für Mehrschichtparkett [80]. Angaben zu Höhenunterschieden bei Laminatböden und deren Messung finden sich in der DIN EN 13329. Auf einer ebenen Fläche werden acht Laminatbodenelemente lose zusammengefügt und an 13 festgelegten Punkten die Höhenunterschiede gemessen. Der Mittelwert darf nicht größer als 0,10 mm und der

Maximalwert nicht größer als 0,15 mm sein [70]. Diese Werte gelten auch für den verlegten Boden [127].

DIN EN 13329 regelt ebenfalls die Messung der **Ebenheit in der Breite** eines Laminatbodenelementes. Die Grenzwerte werden als auf die Elementbreite bezogene Größen zu 0,15 % bei konkaver und zu 0,20 % bei konvexer Verformung angegeben [70]. Bei einer Elementbreite von 200 mm errechnen sich die Toleranzen zu 0,3 mm und 0,4 mm. In der verlegten Fläche sind laut EPLF-Merkblatt Schüsselungen und Wölbungen in der Breite eines Laminatbodenelementes bis 0,25 mm zulässig [127]. Die deutsche Norm für Fertigparkett macht zur Ebenheit des Elementes keine Angaben. Die europäische Norm erlaubt bei Mehrschichtparkett einen maximalen, auf die Elementbreite bezogenen Mittelwert von 0,2 % für dielenförmige Elemente [80]. Für ein Mehrschichtparkettelement von 180 mm Breite errechnet sich hieraus eine zulässige mittlere Querkrümmung von 0,36 mm (Kapitel 2.2.4.1). Im verlegten Boden sollte die Schüsselung nicht mehr als 0,3 mm betragen [91]. Auch bei verklebtem Massivparkett können konkave Verformungen auftreten, diese sind in gewissem Umfang als materialbedingt unvermeidlich anzusehen (Kapitel 4.2.1).

Parkettstäbe werden gemäß DIN 280-1 mit einer Unterfügung an den Längskanten hergestellt. Steigt die Holzfeuchte, entstehen Quellspannungen, wodurch die seitlichen, oberen Kanten hochgedrückt werden. In der Stabmitte zeigt sich hierbei keine Schüsselung. Durch seitlichen Quelldruck können die Kanten materialbedingt bis zu 0,3 mm hochgedrückt werden, dies ist insbesondere bei lackierten Flächen im Gegenlicht zu sehen. Eine ähnliche Erscheinung tritt bei unterfügtem Lamparkett auf. Dieser Kanteneffekt sollte nicht mit Schüsselung (Querkrümmung) verwechselt werden, da diese ohne seitlichen Quelldruck entsteht.

3.3.5 Geometrie der Fußbodenfläche

Die Unebenheiten des Untergrundes, die Fertigungstoleranzen der Elemente und die handwerkliche Verlegung führen zu Unregelmäßigkeiten im Muster, die individuell zu beurteilen sind. Würfelüberschneidungen in einer Richtung sind bei Mosaikparkett in der Größe von 4 mm und bei Stabparkett, bei dem während der Verlegung ein Nacharbeiten möglich ist, bis zu 3 mm zulässig [86, S. 113]. Das Würfelmuster des Mosaikparketts wird üblicherweise ohne Fries bis zur Randfuge eingehalten. Bei sehr kleinen Abständen eines vollständigen Würfels zur Wand können bis zu drei Mosaikparkettlamellen gleichlaufend säumend verlegt werden (Bild 18).

Bild 18 ▪ Rechts im Bild: die bis zu drei Stück zulässigen gleichlaufend säumenden Mosaikparkettlamellen

Zwischen den Elementen können sich im Laufe der Zeit **Fugen** bilden, deren Größe sich im jahreszeitlichen Wechsel ändert (Kapitel 4.1.1). In den Normen findet man lediglich bei Holzpflaster eine Zahlenangabe [67]. Bei Holzpflaster RE sind mittlere Fugenbreiten von 1 mm und bei WE von 3 mm zu erwarten. In geringem Umfang sind auch größere Fugen zu tolerieren. Bei Parkett sind Fugenbreiten bis 0,5 mm als durchaus normal anzusehen [3, S. 200 bis 201]. Fugenbreiten bis zu 1 mm sind zu tolerieren [86, S. 111]. Eine pauschale Anwendung von Grenzwerten für Fugenbreiten wird dem Werkstoff Holz nicht gerecht. Eine durch das Arbeiten des Holzes entstandene Fuge von 0,5 mm Breite in einem Holzfußboden aus überwiegend radial eingeschnittenem Teak würde z. B. bei überwiegend tangential eingeschnittener Robinie 1,2 mm groß sein. Aufgrund der immensen Anzahl möglicher Einflussgrößen muss jede Fugenbildung individuell beurteilt werden (Kapitel 4.1.1 und folgende).

Neu verlegte Laminatbodenelemente dürfen mit Leim verschlossene Fugen von 0,2 mm Breite aufweisen [127].

Ist keine bestimmte Neigung vorgegeben, muss die Unterkonstruktion für einen Holzfußboden waagerecht verlaufen. In den Ausführungsnormen für Estricharbeiten [43] und Gussasphaltarbeiten [44] werden als zulässige Abweichungen die in der DIN 18202 genormten Toleranzen genannt, worin für die Waagerechte oder eine vorgegebene Neigung Grenzwerte für **Winkelabweichungen** benutzt werden (Tabelle 6). Sie wurden in den Vorgängernormen Winkeltoleranzen genannt.

Tabelle 6 ▪ Grenzwerte für Winkelabweichungen nach DIN 18202, Tabelle 2, für vertikale, horizontale und geneigte Flächen

Nennmaße [m]	bis 0,5	über 0,5 bis 1	über 1 bis 3	über 3 bis 6	über 6 bis 15	über 15 bis 30	über 30
Stichmaße [mm]	3	6	8	12	16	20	30

Die Winkelabweichung ist die Differenz zwischen Ist- und Nennwinkel und wird als Stichmaß bezogen auf ein Nennmaß angegeben. Als Messgröße dient somit nicht eine Winkelangabe, sondern das Stichmaß – der Abstand eines Punktes von einer Bezugslinie. Die Tabelle 2 der DIN 18202 gibt die maximal zulässigen Stichmaße in Abhängigkeit von den Nennmaßen der Fläche an [41]. Die Messung erfolgt üblicherweise mit einer Schlauchwaage oder mit einem Nivellierinstrument. Als Bezugsgröße für die Waagerechte bietet sich der Meterriss an. Im Abstand von jeweils 10 cm zu den beiden Rändern werden die Höhen t_1 und t_2 bis zum Meterriss gemessen (Bild 19). Die Differenz Δt der beiden Höhen ergibt den maßgeblichen Wert für die zugehörige Bauteillänge l_1 [131]. Beträgt Δt z. B. 10 mm bei einem Deckennennmaß von 4,5 m, so ist gemäß Spalte 4 der zulässige Grenzwert von 12 mm eingehalten.

Während der Parkettleger bei der Erstellung einer Unterkonstruktion aus z. B. Lagerhölzern mit Blindboden die Waagerechte oder vorgegebene Neigung zu beachten hat, gehört es nach Auffassung der hiermit befassten Fachleute nicht zu seinen Pflichten, vor der Verlegung auf einen vorhandenen Untergrund die Einhaltung der Winkeltoleranzen mit den hierfür erforderlichen, für sein Gewerk unüblichen Geräten und mit erheblichem Aufwand

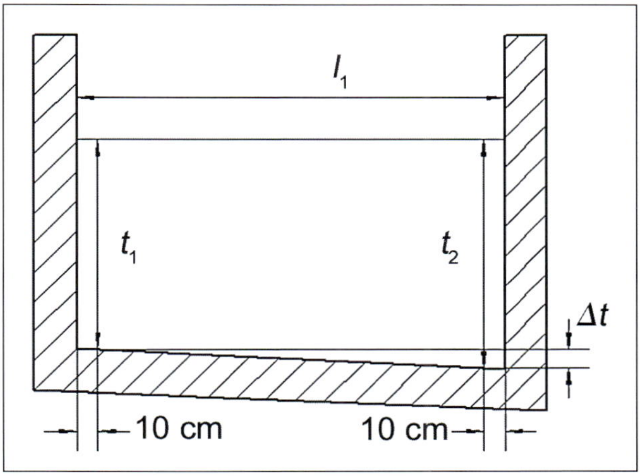

Bild 19 ▪ Ermittlung der Winkelabweichungen

zu überprüfen [3, S. 247], auch wenn vereinzelt eine gegenteilige Meinung vertreten wird [114, S. 70]. Die Ebenheit des Untergrundes hat der Parkett- und Bodenleger allerdings zu prüfen.

Die Ebenheitsabweichung ist die Istabweichung einer Fläche von einer Ebene [41]. Sie wird angegeben als Stichmaß bezogen auf einen Messpunktabstand. Die Ausführungsnormen für Estricharbeiten [43], Gussasphaltarbeiten [44], Zimmer- und Holzbauarbeiten [42], Parkettarbeiten [46], Bodenbelagarbeiten [47] und Holzpflasterarbeiten [48] verweisen alle auf die Grenzwerte der **Ebenheitsabweichungen** der DIN 18202. In den Vorgängernormen wurden sie Ebenheitstoleranzen genannt. Wenn keine erhöhten Anforderungen vereinbart wurden, gilt die Zeile 3 der Tabelle 3 dieser Norm. Diese gibt zulässige Stichmaße t in Abhängigkeit vom Messpunktabstand l an (Tabelle 7).

Weitere Ausführungen zur Ebenheit finden sich in den Kapiteln 4.4.1 bis 4.4.3.

Unter anderem aufgrund der Ebenheitstoleranzen des Untergrundes kann es auch bei kleinen Elementabmessungen zu **Hohlstellen** kommen. Soweit der Holzfußboden an sich fest liegt und hohl klingende Stellen sich auf kleine Teilflächen beschränken, sind sie hinzunehmende Unregelmäßigkeiten [86, S. 110 und 113]. Weitere Ausführungen zu Hohlstellen finden sich in Kapitel 4.4.2.

Im Türdurchgang können angrenzende, unterschiedliche Bodenbeläge in der Höhe versetzt sein. Falls sie technisch überhaupt erforderlich sind, dürfen bei barrierefreiem Bauen diese Schwellen nicht größer als 20 mm sein. Sie sollten jedoch nicht als **Stolperstellen** fungieren. Im gewerblichen Bereich wird die Beurteilung von Höhenversätzen durch berufsgenossenschaftliche Vorschriften geregelt. Die BGR 181 [21] legt in ihrem Kapitel 4 unter der Überschrift WEITERE BAULICHE ANFORDERUNGEN AN FUSSBÖDEN fest: *»Fußböden dürfen keine Stolperstellen aufweisen. […] Als Stolperstellen gelten im Allgemeinen Höhenunterschiede von mehr als 4 mm.«*

Da anerkannt ist, dass die berufsgenossenschaftlichen Regelwerke den allgemeinen Stand der Technik widerspiegeln, wird auf sie auch bei privatrechtlichen Auseinandersetzungen Bezug genommen [20]. Im Wohnungsbau sind somit Schwellen bis zu einer Höhe von 4 mm hinzunehmen [86, S. 110].

Tabelle 7 ▪ Grenzwerte für Ebenheitsabweichungen nach DIN 18202, Tabelle 3, Zeilen 3 und 4

Messpunktabstände in m bis	0,1	1	4	10	15
Stichmaße in mm für flächenfertige Böden	2	4	10	12	15
Stichmaße in mm bei erhöhten Anforderungen	1	3	9	12	15

4 Schadensbilder und Beanstandungen aus der Praxis

4.1 Fugen

4.1.1 Material- und raumklimabedingte Fugen

Schadensbild

Ein Holzfußboden wies Längsfugen zwischen den einzelnen Verlegeelementen auf. Diese Fugen können aufgrund schwankender relativer Luftfeuchte während der Heizperiode breiter und im Sommer schmaler sein.

Grundlagen und Regeln

Holz gleicht seine Feuchte der umgebenden relativen Luftfeuchte an und wirkt hierdurch ausgleichend auf das Raumklima. Das bedeutet: Holz nimmt Wasserdampf aus feuchter Umgebung auf und gibt Wasserdampf an trockene Umgebung ab. Tabelle 8 zeigt, welche Holzgleichgewichtsfeuchte sich bei einem bestimmten Klima einstellt.

Beispiel: Bei einer Holztemperatur von 20 °C und einer relativen Luftfeuchte von 50 % stellt sich langfristig eine Holzgleichgewichtsfeuchte u_{gl} von 9,2 % ein. Massive Parkettelemente werden deshalb nach den einschlägigen Normen werksseitig auf $u = 9\ \%$ Holzfeuchte getrocknet.

Die vorteilhafte, klimaregulierende Wirkung des Holzes bringt jedoch auch eine weniger geschätzte Eigenschaft mit sich: Es vergrößert seine Abmessungen bei Wasserdampfaufnahme bzw. verkleinert sie bei Wasserdampfabgabe. Diese naturgemäße Dimensionsänderung bei Feuchteschwankungen ist unter der landläufigen Bezeichnung ›Arbeiten des Holzes‹ bekannt und unter Zugrundelegung von DIN 68100 [62] rechnerisch erfassbar (Gleichung 1).

Gleichung 1: $\Delta b = \Delta u \cdot V \cdot b / 100\%$

Hierbei bedeuten:
- Δb = Breitenänderung (Schwindung oder Quellung) des Holzelements [mm]
- Δu = Holzfeuchteänderung [%]
- V = differenzielles Schwindmaß der Holzart [%/%] (Tabelle 1)
- b = Breite des Holzelements [mm]

Tabelle 8 ▪ Holzgleichgewichtsfeuchte u_{gl} in % für Fichte* bei unterschiedlicher relativer Luftfeuchte und Temperatur; nach [26], verändert (* Einige Exotenhölzer haben deutlich abweichende Holzgleichgewichtsfeuchten.)

relative Luftfeuchte der Holzumgebung in %	Holztemperatur			
	10 °C	20 °C	30 °C	40 °C
20 %	4,7	4,6	4,3	4,0
25 %	5,5	5,4	5,1	4,8
30 %	6,3	6,2	5,9	5,6
35 %	7,1	7,0	6,7	6,3
40 %	7,9	7,7	7,5	7,1
45 %	8,7	8,5	8,3	7,8
50 %	9,4	9,2	9,0	8,5
55 %	10,2	10,0	9,7	9,3
60 %	11,1	10,8	10,6	10,2
65 %	12,1	11,8	11,5	11,0
70 %	13,3	13,0	12,7	12,1
75 %	14,7	14,4	14,0	13,4
80 %	16,2	16,0	15,6	15,0
85 %	18,3	18,0	17,5	16,9

Durch Multiplikation des differenziellen Schwindmaßes *V* (Tabelle 1) mit der **Holzfeuchteänderung** ergibt sich die prozentuale Breitenänderung, d. h. Schwindung bzw. Quellung, des Holzes.

Im Laufe eines Jahres schwankt die relative Luftfeuchte φ in Innenräumen im Sommerhalbjahr zwischen 50 und 70 % und im Winterhalbjahr zwischen 30 und 55 % [29], [32]. Bild 20 zeigt für Innenräume die gemittelten jahreszeitlichen Verläufe von relativer Luftfeuchte und Holzfeuchte. Die Kurven stellen Mittelwerte aus hunderten von Einzelmessungen dar [10], [32], die an versiegelten Holzfußböden in Mitteleuropa (ohne Küstengebiete) über mehrere Jahre erfasst wurden.

Ursachen und Vermeidung von Fugen

Fugen sind bei Parkett aufgrund von Feuchteschwankungen unvermeidbar und zu tolerieren, sofern sie sich im üblichen Rahmen bewegen. Aus Bild 20 wird deutlich, dass die Holzfeuchte versiegelter Holzfußböden durchschnittlich um circa $\Delta u = 4\,\%$ im Jahresverlauf natürlich schwankt. Daraus ergeben sich im ungünstigsten Fall für Verlegeelemente mit liegenden Jahrringen folgende Breitenänderungen nach Gleichung 1:

Exemplarische Berechnungen der zu erwartenden Fugen bei verschieden breiten Verlegeelementen:

200 mm breite Eichendielen:	$\Delta b = 4 \cdot 0{,}36 \cdot 200 / 100$	$= 2{,}9$ [mm]
70 mm breite Eichenstäbe:	$\Delta b = 4 \cdot 0{,}36 \cdot 70 / 100$	$= 1{,}0$ [mm]
22 mm breite Eichenmosaiklamellen:	$\Delta b = 4 \cdot 0{,}36 \cdot 22 / 100$	$= 0{,}3$ [mm]

Fugen bis zu 1 mm Breite werden allgemein als naturgegebene Eigenheit eines ›arbeitenden Holzfußbodens‹ angesehen, aber die exemplarischen Berechnungen zeigen, dass die auftretenden Fugen wesentlich von der Breite eines Verlegeelementes abhängen. Je nach Parkettart, Stabbreite und Holzart kann das übliche zu tolerierende Fugenmaß jedoch auch deutlich über 1 mm liegen. Das heißt ebenfalls, dass bei breiteren Parkettelementen auch breitere Fugen toleriert werden müssen.

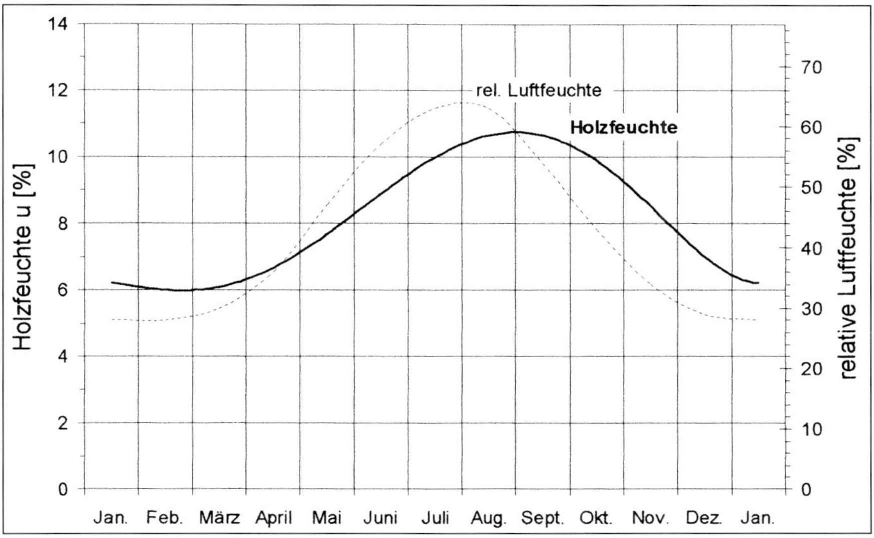

Bild 20 ▪ Mittlere Holzfeuchte *u* und relative Luftfeuchte φ im Jahresverlauf, gemessen an versiegelten Holzfußböden in Innenräumen [10], [32]

Wird ein Absinken der relativen Luftfeuchte während der Heizperiode auf unter 50 % durch das Betreiben von Luftbefeuchtungsgeräten konsequent vermieden, so halbiert sich auch die jährliche Luftfeuchteschwankung. Gemäß Bild 20 halbiert sich entsprechend auch die Holzfeuchteschwankung und damit verbunden die Breitenschwankung des Holzes. Die auftretenden Fugenbreiten können somit durch das Betreiben von Luftbefeuchtungsgeräten während der Heizperiode um die Hälfte reduziert werden. Die vollständige Vermeidung von Fugen ist nur durch ganzjährige Vollklimatisierung der Räume, wie beispielsweise in Museen, möglich.

In der Praxis treten während langer Quellphasen in zwei Bereichen erhebliche **plastische Verformungen** auf (vgl. auch Kapitel 4.1.5):

1. **in der Klebstoffschicht:**
   Der Boden ›wächst‹ insgesamt in voller (Zimmer-)Breite, die äußeren Holzelemente verschieben sich dabei zu den Wänden hin.
2. **im Holz:**
   Ein bedeutender Teil der Quellspannung, die durch behinderte Quellung auftritt, wird langfristig durch plastische Verformung des Holzes (Quetschungen) abgebaut.

Beide Anteile der plastischen Verformung sind irreversibel. Dies bedeutet, dass ein in der Quellphase zur Wand hin verschobenes Holzelement (siehe oben 1.) in der Schwindphase dort verbleibt und die nahezu volle Schwindung des Einzelelements – von Maximalfeuchte bis Minimalfeuchte – als Fuge auftritt. Aber auch der plastisch zusammengedrückte Teil (siehe oben 2.) des Parkettelements tritt als zusätzliche Fuge auf. Das Holzelement schwindet stärker als es zuvor gequollen war. Als Ergebnis zeigt sich bei wieder erreichter Einbaufeuchte ein schmäleres Holzelement als im Einbauzustand.

Je nach Einstellung des Klebstoffs überwiegt eine der Verformungen. Plastische Verklebungen verursachen eine plastische Verschiebung des Holzelements zur Wand hin (siehe oben 1.), kriechfeste (unplastische) Verklebungen verursachen einen erhöhten Anteil plastischer Verformung im Holzelement (siehe oben 2.).

Bedingt durch beide oder nur eine plastische Verformung bestimmt nahezu die volle jahreszeitliche Feuchteschwankung von circa $\Delta u = 4\,\%$ das auftretende Fugenmaß und **nicht** die (halbe) Feuchteschwankung aus Einbauholzfeuchte und winterlicher Minimalholzfeuchte. Praxiserfahrungen und wissenschaftliche Untersuchungen [17] belegen, dass Fugen bei Holzfußböden mit niederer Einbaufeuchte im gleichen Maße auftreten. Diese Fugen werden erst verspätet in der zweiten Trockenphase, **nach** einer vorausgegangenen, sommerlichen Quellungsphase, sichtbar.

Daraus ergibt sich für die Praxis als Richtwert, dass Fugen an Holzfußböden in zentralbeheizten Räumen mit maximalen Breiten bis zu

- circa 3,0 mm bei Dielenböden,
- circa 1,0 mm bei Stabparkett,
- circa 0,3 mm bei Mosaikparkett,

durch jahreszeitliche Feuchteschwankungen bedingt sind und toleriert werden müssen.

Instandsetzung und Sanierung

Jahreszeitlich und raumklimatisch bedingte Fugen sind grundsätzlich zu tolerieren, sie dürfen nicht während der Heizperiode geschlossen werden. Falls doch, kann dies zu Schäden in Form von Aufwölbungen des Fußbodens in der folgenden Sommerperiode führen. Breite Fugen, die auch im Spätsommer noch vorhanden sind, können jedoch durch das Einleimen von passenden Holzstreifen, das sogenannte Ausspänen, oder mit geeigneten Kittmassen gefüllt werden. Im Zweifelsfalle können Fugen auch mit (Bienen-)Wachs geschlossen werden, das wieder aus der Fuge gedrückt werden könnte, wenn es zu erneutem Quelldruck im Holz kommt.

4.1.2 Fugen bei Parkett auf Fußbodenheizung

Schadensbild

Ein Parkettboden wies in der Hälfte eines insgesamt 62 m² großen Wohnzimmers zahlreiche Fugen mit teilweise über 2 mm Breite auf, während in der anderen Hälfte keine auffälligen Fugen vorhanden waren (maximal 0,5 mm breit). Zusätzliche Heizkörper waren nicht vorhanden. Die Messung ergab eine Oberflächentemperatur von ϑ_o = 31 °C und circa u = 4 % Holzfeuchte in der beheizten Zimmerhälfte, in der unbeheizten Hälfte wurden eine Parkettoberflächentemperatur von ϑ_o = 19 °C und circa u = 7 % Holzfeuchte gemessen. Die Raumluft besaß φ = 35 % relative Luftfeuchte bei ϑ = 20 °C.

Grundlagen und Regeln

Die Praxis und Berechnungen [102] zeigen, dass in Räumen mit Fußbodenheizung nahezu doppelt so große Quell- und Schwindbewegungen und damit Fugen an Holzfußböden auftreten wie in zentralbeheizten Räumen. Die Ursache für dieses Phänomen ist das bauphysikalisch bedingte Absinken der relativen Luftfeuchte in unmittelbarer Nähe der erwärmten Fußbodenfläche (Bild 21), wodurch das Parkett im Winter stärker austrocknet. Es ergibt sich eine jahreszeitliche Holzfeuchteschwankung, die nahezu doppelt so groß ist wie bei unbeheizten Fußböden (Bild 22).

Aufgrund der doppelt so großen jahreszeitlichen Holzfeuchteschwankungen im Vergleich zu zentraler Beheizung ist bei Parkett auf Fußbodenheizung grundsätzlich mit verstärkter Fugenbildung zu rechnen. Die in Kapitel 4.1.1 angegebenen zu tolerierenden Fugenbreiten sind daher für Parkett auf Fußbodenheizung **zu verdoppeln**.

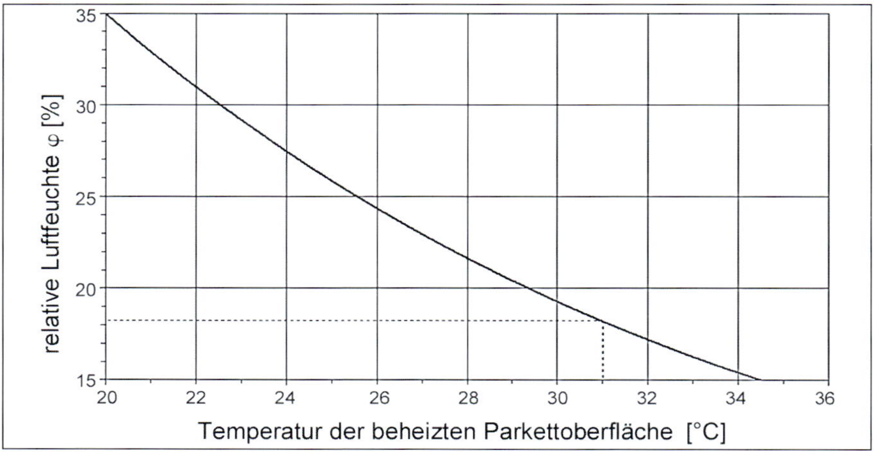

Bild 21 ▪ Abfall der relativen Luftfeuchte an der beheizten Parkettoberfläche in Abhängigkeit von der Parketttemperatur bei konstantem Raumklima $\vartheta = 20\,°C$ und $\varphi = 35\,\%$; Beispiel: die relative Luftfeuchte $\varphi = 35\,\%$ fällt an einer auf $\vartheta_0 = 31\,°C$ beheizten Parkettoberfläche auf $\varphi = 18\,\%$ ab

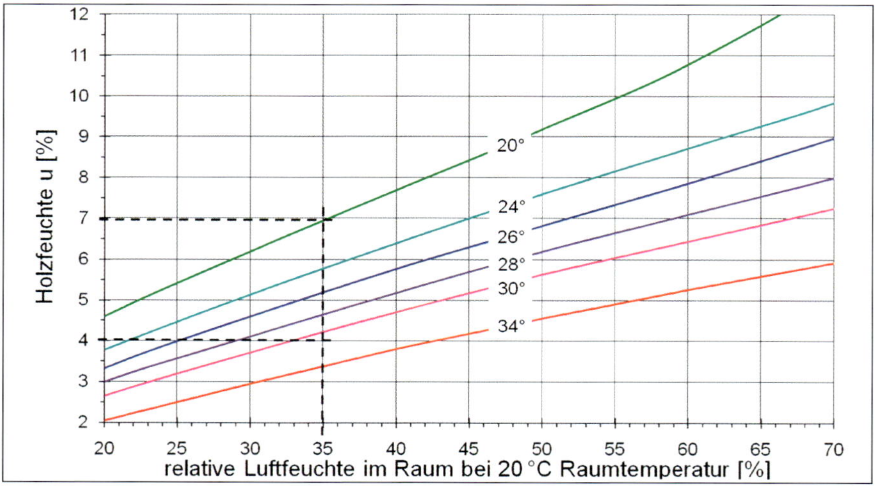

Bild 22 ▪ Holzfeuchte von Parkett in Abhängigkeit von der Raumluftfeuchte und Oberflächentemperatur $\vartheta_0 = 20$, 24, 26, 28, 30 und 34 °C bei einer konstanten Raumtemperatur von 20 °C; Beispiel: im Winter stellt sich bei $\varphi = 35\,\%$ rLF am unbeheizten 20 °C warmen Parkettboden eine Holzfeuchte von $u = 7\,\%$ ein; am 31 °C warmen Parkettboden jedoch bei gleicher rLF nur 4 % Holzfeuchte

Ursachen und Vermeidung

Die gemessene und hier exemplarisch dargestellte Parkettoberflächentemperatur von 31 °C ist zu hoch, es ist somit nicht verwunderlich, dass die verstärkte Fugenbildung nur am fußbodenbeheizten Teil des Parkettbodens aufgetreten ist. Sehr hohe Temperaturen der Fußbodenheizung bewirken extrem starke Trocknung und damit Schwindung des Holzes. Die Fußbodentemperaturen waren im beschriebenen Fall zu hoch, weil eine kleine beheizte Fläche den gesamten doppelt so großen Raum beheizen musste. Dies ist nur durch eine sehr hohe Fußbodentemperatur der kleinen Heizfläche möglich. Weiterhin ist darauf zu achten, dass es nicht zum Wärmestau unter ausgelegten Teppichen und damit zu ähnlich hohen Temperaturen (wie in dem genannten Beispiel) kommt.

Um dies zu vermeiden, sind alle zur Verfügung stehenden Heizkreise gleichmäßig zu betreiben (vgl. Kapitel 4.5.14). Zur Begrenzung der Fugenbildung ist vom Benutzer eines Parkettbodens auf Fußbodenheizung mehr noch als bei Parkett in zentralbeheizten Räumen darauf zu achten, dass durch ausreichende Luftbefeuchtung die Raumluftfeuchte φ nicht wesentlich unter 50 % absinkt. Durch intensive Raumluftbefeuchtung in Kombination mit geringer Oberflächentemperatur lässt sich die jahreszeitliche Holzfeuchteschwankung und Fugenbildung etwa auf das Maß von zentralbeheizten Räumen ohne winterliche Luftbefeuchtung reduzieren, jedoch nicht völlig vermeiden.

An beheizten Fußbodenkonstruktionen dürfen Oberflächentemperaturen von 29 °C **nicht** überschritten werden [4]. Dort heißt es wörtlich unter Abschnitt 2.3.2 Oberflächentemperatur und Wärmedurchlasswiderstand des Bodenbelags:

»Die zulässige Oberflächentemperatur beheizter Fußbodenkonstruktionen richtet sich nach den materialspezifischen Eigenschaften und ist seitens der Planung zu berücksichtigen, um Schäden an den verlegten Bodenbelägen zu vermeiden. Nach DIN 1264-2 darf die Oberflächentemperatur max. 29 °C betragen. Allgemeingültige Aussagen zu Oberflächentemperaturen sind auf Grund der Vielzahl unterschiedlicher Oberbodenbeläge nicht möglich. Bei den zu verarbeitenden Bodenbelägen, insbesondere bei Holzfußböden, ist zu überprüfen, ob das Material für die vorgesehene Oberflächentemperatur vom Hersteller freigegeben ist. Die Verwendung kritischer Holzarten und -konstruktionen kann problematisch sein. Besonders zu beachten sind ältere Fußbodenheizungen mit höheren Vorlauftemperaturen und daraus resultierender höherer Oberflächentemperatur. Ist bei Renovierungsarbeiten ein Belagwechsel vorgesehen, muss bauseits vorher die Eignung des neuen Belags für die vorhandene Fußbodenheizung überprüft werden.«

In der DIN 4725-3 WARMWASSER-FUSSBODENHEIZUNG werden 29 °C als maximal zulässige Oberflächentemperatur genannt. Lediglich an Außenwänden ist in einem schmalen Randbereich für die Berechnung der Dimensionierung einer Fußbodenheizung der Ansatz einer Maximaltemperatur von 35 °C zulässig.

Vom Verband der Deutschen Parkettindustrie (VDP) werden 25 bis 27 °C als maximale Oberflächentemperatur von Parkett genannt. Diese Werte sind umstritten, weisen jedoch klar auf die bestehende Problematik von zu hohen Oberflächentemperaturen hin.

Der Planer sollte daher vor Verlegung die Problematik bedenken, dass das Ausmaß der späteren Fugenbildung durch die Auswahl von ›gutmütigen‹ Materialien reduziert werden kann. Materialien, die weniger auf Feuchteschwankungen reagieren, sind beispielsweise:

1. Parkettarten mit kurzen und **schmalen** Holzelementen, die einzeln schwinden, u. a. Mosaikparkett,
2. bestimmte **mehrschichtig** verleimte Parkette,
3. wenig kantenverleimend wirkende Oberflächenbehandlungen (Kapitel 4.1.3),
4. Holzarten mit mittleren bis geringen differenziellen Schwindmaßen und langen Feuchtewechselzeiten, wie Eiche, Iroko/Kambala, Afzelia/Doussié, Merbau, Teak (Tabelle 1).

Holzfußböden auf Fußbodenheizung besitzen einen überproportional hohen Anteil an Schadensfällen, die vermeidbar sind. Deswegen wurde vom Bundesverband Flächenheizungen e. V., in Zusammenarbeit mit allen beteiligten Gewerken, das Merkblatt SCHNITTSTELLENKOORDINATION BEI BEHEIZTEN FUSSBODENKONSTRUKTIONEN [134] herausgegeben. Es regelt die Verantwortlichkeiten zwischen den verschiedenen Gewerken, dem Bauherrn und dem Planer und es enthält Prüfprotokolle für Auftraggeber und Auftragnehmer.

Sanierung

Eine Sanierung erfolgt, wenn überhaupt, wie in Kapitel 4.1.1 beschrieben.

4.1.3 Abrissfugen

Schadensbilder

In einem Holzfußboden traten, insbesondere während der Heizperiode, in unregelmäßigen Abständen mehrere Millimeter breite Längsfugen auf, deren Verlauf meist unregelmäßig war [137]. Diese Fugen werden als Abrissfugen, Blitzfugen, Schollenbildung oder Zickzackfugen (Bild 23) bezeichnet.

Mosaikparkettlamellen sind schmale Parketthölzer und werden deshalb dann empfohlen, wenn nur eine geringe Fugenbildung erwünscht ist (Kapitel 4.1.2). In einem Mosaikparkettwürfel zeigten sich trotzdem ein oder zwei sehr breite Fugen (Bild 24).

Breite Abrissfugen traten nicht nur zwischen den Parketthölzern auf, in seltenen Fällen setzte sich die Fuge innerhalb des von ihr getrennten Parkettholzes fort (Bilder 25 bis 27).

Bild 23 ▪ Schadensbild Abrissfugen, Blitzfugen, Zickzackfugen, Schollenbildung

Bild 24 ▪ Abrissfuge in einem Mosaikparkettwürfel aus Buche von 16 cm Kantenlänge; links sind vier und rechts drei Lamellen miteinander verleimt

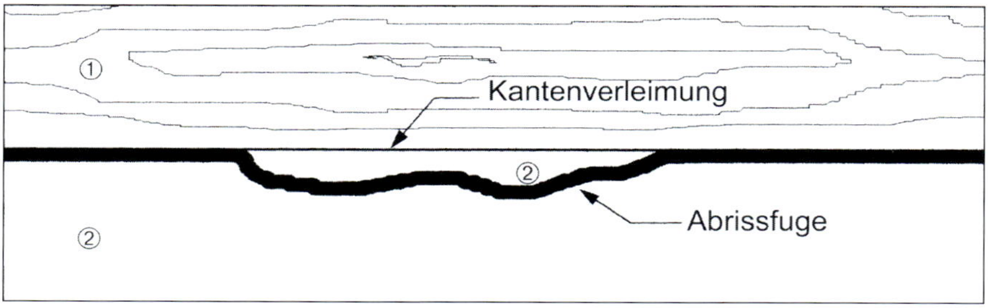

Bild 25 ▪ Ausgerissene Kante im Holz von Element ②, infolge Kantenverleimung zwischen Element ① und ②

Bild 26 ▪ Abrissfuge mit ausgerissener Kante innerhalb einer 69 mm breiten Lamelle aus 10 mm dickem, massivem Ahorn

Bild 27 ▪ Abrissfuge zwischen Nadelholzdielen durch Seitenverleimung mit Wasserlack

Grundlagen, Regel und Ursachen

Lacke enthalten Kunststoffe als Bindemittel. Diese verhalten sich teilweise ähnlich wie Klebstoffe. Wenn Lack zwischen einzelne Verlegeelemente läuft, ergibt sich daraus eine kantenverleimende Wirkung. Wenn die Kanten- oder auch Seitenverleimung stärker als die Fixierung der Verlegeelemente auf dem Unterboden ist, werden mehrere Dielen, Stäbe, Lamellen oder Klötze seitlich zu einer breiten Einheit verleimt.

Generell lassen sich folgende Ursachen für Abrissfugen nennen:

1. Das Holz schwindet sehr stark.
2. Das Holz wurde zu feucht verarbeitet.
3. Das Holz wurde in enorm trockenem Raumklima verlegt.
4. Das Holz hat nach der Verlegung Feuchte aufgenommen.
5. Der Klebstoff hat zu langsam abgebunden.
6. Es wurde der falsche oder zu viel Klebstoff verwendet.
7. Der neu verlegte Holzfußboden wurde zu zeitig abgeschliffen.
8. Das Holz wurde mit einem ungeeigneten Lack beschichtet.
9. Die Wartezeiten zwischen den Versiegelungsgängen waren zu kurz.

Aus den gerade beschriebenen Ursachen lassen sich drei Hauptfaktoren der kantenverleimenden Wirkung unterscheiden und in einer schematischen Darstellung veranschaulichen (Bild 28).

Kantenverleimende Elemente schwinden wie ein breites Holzstück. Aufgrund der Verleimung können sich keine kaum störenden schmalen Einzelfugen bilden, sondern die Schwindmaße haben sich zu einer breiten Fuge summiert.

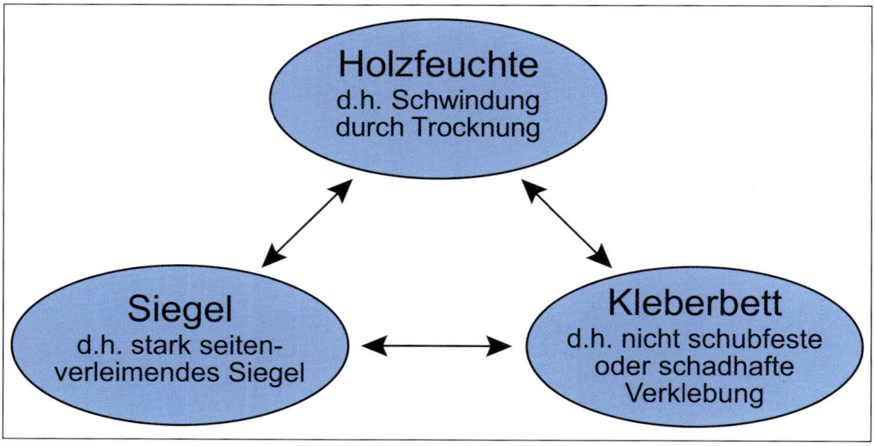

Bild 28 ▪ Faktoren der kantenverleimenden Wirkung

Die Verleimung kann so stark sein, dass die Abrissfuge nicht entlang der Kanten der Parkettstäbe oder Dielen verläuft, sondern in das Holz hinein reißt (Bild 25).

Wirksamkeit von Grundierungen zur Reduzierung der Seitenverleimung

Mit speziellen Grundierungen soll die starke Kantenverleimung von Wasserlacken reduziert werden können.

Durch lichtmikroskopische Untersuchungen kann mit speziellen Reagenzien nachträglich eine Unterscheidung zwischen Grundierung und Versiegelung erfolgen. Die Materialien nehmen verschiedene Farbstoffe aus einer Mischung selektiv auf und färben sich hierbei unterschiedlich an. So wird z. B. bei einer violetten Farbmischung aus Methylenblau und Eosinrot, Blau vom sauren Lack und Rot vom basischen Grund selektiv aufgenommen. Im Idealfall ist eine klare Unterscheidung sichtbar. Mithilfe solcher Methoden ist es möglich, den tatsächlichen Schichtenaufbau festzustellen (Bild 29).

Der gezeigte Mikroschnitt stammt aus einem Fußboden mit starken Abrissfugen durch Seitenverleimung. Unter der Versiegelung wurde zweifellos die Grundierung (rot) zur Reduzierung der Kantenverleimung aufgetragen. Dies belegt die unter Praxisbedingungen eingeschränkte Wirksamkeit von derartigen Grundierungen.

Eine weitere häufige Schadensursache tritt bei Hochkantlamellenparkett auf. Um das Parkett auf der Baustelle schnell verarbeiten zu können, bündelt der Hersteller circa 40 hochkant stehende Lamellen mit einem Klebeband zu Verlegeeinheiten. Nach dem Verlegen wird der Boden vollflächig geschliffen. Das

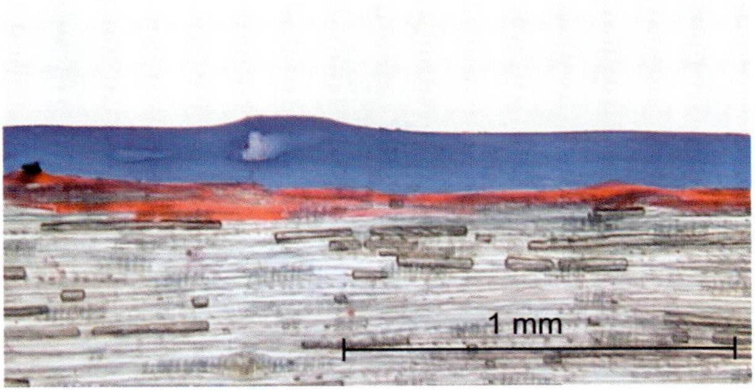

Bild 29 ▪ Tangential-Mikroschnitt 100-fache Vergrößerung nach Anfärbung mit Eosinrot und Methylenblau; unten Holz (farblos), darüber die Grundierung (rot) und der Decklack (blau)

Bild 30 ▪ Abrissfugen zwischen den durch Klebeband gebündelten Verlegeeinheiten der Parkettstäbe

an der Oberseite sichtbare Klebeband wir dabei entfernt, aber es bleibt dreiseitig bestehen. Diese dreiseitige Bündelung mit Klebeband verursacht bei der Schwindung ein unregelmäßiges Fugenbild (Bild 30). Unterstützend wirken hierbei die Verwendung von stark seitenverleimenden Versiegelungen, wie beispielsweise 2K-PUR-Lacke (häufig DD-Lacke genannt), und die Aufnahme von flüssigem Wasser.

Vermeidung

Nicht alle Oberflächenbehandlungssysteme wirken gleich stark kantenverleimend. Langjährige Praxiserfahrungen mit Öl-Kunstharzsiegeln zeigen, dass bei dieser Versiegelung nur eine geringe Kantenverleimung und keine Abrissfugen auftreten. Laboruntersuchungen [89], [93] stützen diese Erfahrungen zusätzlich. In Versuchen wurde gezeigt, dass Wasserlacke eine um 500 bis 900 % höhere Kantenverleimung als Öl-Kunstharzversiegelungen besitzen. Tabelle 9 gibt einen Überblick über verschiedene Oberflächensysteme hinsichtlich ihrer kantenverleimenden Wirkung und ihrer Neigung zu Abrissfugen.

Tabelle 9 ▪ Stärke der Kantenverleimung von verschiedenen Oberflächenbehandlungssystemen

nicht/kaum verleimend	mäßig verleimend	stark verleimend
Heißwachsbehandlung Ölen und Wachsen Öl-Kunstharzsiegel	Rein-Acrylat-Wasserlacke* spez. Grundierung + Lack modifiz. Imprägniersiegel	PUR-Wasserlacke* säurehärtende Lacke 2K-PUR = DD-Lacke
keine Abrissfugen	**kaum Abrissfugen**	**Neigung zu Abrissfugen**

***Hinweis:** Aufgrund der häufigen Modifizierung von PUR-Wasserlacken und der großen Verschiedenheit von Acrylaten ist eine allgemeingültige Kategorisierung heute kaum noch möglich.

In folgenden Fällen kann der Einsatz von Versiegelungen, die zu Kantenverleimung neigen, zu Schwierigkeiten führen:

1. bei Parkett, das mit Bitumenklebstoffen oder anderen ›nicht schubfesten‹ Klebstoffen verlegt wurde (Bitumenklebstoffe, erkennbar an der schwarzen Farbe, waren bis in die 1960er-Jahre üblich, daher ist bei Renovierungen in Altbauten darauf zu achten, dass grundsätzlich nur wenig kantenverleimende Oberflächenbehandlungen eingesetzt werden.),
2. bei genagelten Holzfußböden (Dielen, Stäbe, Tafeln),
3. bei Holzpflaster,
4. bei historischen Holzfußböden,
5. nach Einbau einer Zentralheizung in zuvor nicht oder ofenbeheizten Räumen,
6. bei Buchenholz und anderen Holzarten mit starker Reaktion auf Feuchtewechsel,
7. bei Parkett auf Fußbodenheizung.

Die Liste ist nach absteigender Dringlichkeit gereiht. Daher wird heute häufig auch Parkett gemäß den Punkten 6 und 7 mit Wasserlacken versiegelt.

Trotz der bekannten Nachteile von Wasserlacken sind diese normalerweise aus Umweltgesichtspunkten und nach den Technischen Regeln für Gefahrstoffe anderen lösemittelhaltigen Lacken vorzuziehen. Dies gilt insbesondere, wenn die gegebenen Bedingungen für die Verarbeitung der umweltfreundlicheren Wasserlacke geeignet sind. Sofern kritische Bedingungen vorliegen, die verstärkte Fugenbildung erwarten lassen, wie z. B. Holzpflaster, Dielenböden, nicht schubfest verklebtes Parkett oder Parkett auf Fußbodenheizung, so wird meist auf den Einsatz von Wasserlacken zugunsten der in dieser Hinsicht problemloseren Öl-Kunstharzsiegel verzichtet.

Eine seitliche Beschichtung der Verlegeelemente vor der Verlegung durch den Hersteller kann die Kantenverleimung verringern. Luftbefeuchtung während der Heizperiode reduziert die Fugenbildung erheblich (Kapitel 4.1.1) und schafft ein gesundes Wohnklima.

Sanierung

Die Sanierung erfolgt wie in Kapitel 4.1.1 beschrieben. Bei einzelnen, sehr breiten Abrissfugen führt das Auskitten zu keiner dauerhaften Lösung. Hier sind ein Ausspänen (Einleimen von Holz) und ein anschließendes vollflächiges Abschleifen des Bodens notwendig. Bei der Neuversiegelung ist ein wenig oder zumindest mäßig kantenverleimendes Oberflächenbehandlungssystem einzusetzen.

4.1.4 Fugen durch zu hohe Einbaufeuchte von Holz und Bambus

Schadensbild

Ein Holzfußboden zeigte bereits einige Wochen nach der Verlegung starke Fugenbildung, obwohl kein zu trockenes Raumklima herrschte.

Grundlagen und Regeln

Holzfeuchtebereiche von Bauholz und Holz für Innenräume mit Heizung

In älteren Ausgaben der Schnittholznormen DIN 4074 und DIN 68365 wurde Bauholz mit einer Holzfeuchte von $u \leq 20\,\%$ als trocken bezeichnet. Unterhalb dieser Feuchtegrenze findet kein Befall durch holzzerstörende oder holzverfärbende Pilze statt. Holz, das in beheizten **Innenräumen** Verwendung findet, ist mit einer Holzfeuchte zwischen 8 und 12 % als trocken zu bezeichnen, was z. B. durch folgende Normen festgelegt wird: DIN EN 13226 [75], DIN EN 13228 [78], DIN EN 13488 [79], DIN EN 13990 [83], DIN EN 14761 [85], DIN 1052 [38], VOB/C ATV DIN 18355 [45], DIN 68100 [62] und DIN 68702 [67]. Die Werte sind in Tabelle 12 aufgelistet.

Holzfeuchte bei Lieferung und Verlegung

Aus Bild 20 geht hervor, dass unter normalen Bedingungen das Mittel aus jahreszeitlichen Holzfeuchteschwankungen in Wohnräumen bei circa $u = 9\,\%$ liegt. Die oben erwähnten DIN EN-Produktionsnormen legen deshalb eine Feuchte von massivem Parkett zum Zeitpunkt der Lieferung von 7 bis 11 % fest (Tabelle 12). Bei Mehrschichtparkett gilt entsprechend $u = 5$ bis 9 % [80]. VOB/C ATV DIN 18356 [46] schreibt für die Parkettverlegung die in den Produktnormen genannten Feuchtegehalte vor. Dem Parkettleger obliegt die Pflicht zur Prüfung des von ihm eingesetzten Materials auf geeignete Feuchte. Diese Prüfpflicht besteht selbst dann, wenn das Holz vom Auftraggeber geliefert wird (VOB/B ATV DIN 1961 § 4 Nr. 3 [50]).

Holzpflaster RE soll laut DIN 68702 eine Feuchte von (8…12) ± 2 % aufweisen (siehe Kapitel 2.2.3.5). Der mittlere Feuchtegehalt ist hierbei nach dem zu erwartenden Raumklima festzulegen [67].

Die VOB/C ATV DIN 18334 [42] schreibt einen Maximalwert von 12 % für die Holzfeuchte von Fußböden und Fußleisten aus gehobelten Brettern und Bohlen vor.

Ursachen und Vermeidung

Holz sollte mit derjenigen Feuchte eingebaut werden, die sich langfristig während der späteren Nutzung einstellt. Die Differenz Δu zwischen zu hoher Verlegefeuchte und sich später einstellender normaler Holzfeuchte bewirkt eine Schwindung (Gleichung 1), die als Fuge zusätzlich zu den natürlichen Fugen (Kapitel 4.1.1) auftritt. Gründe für zu hohe Einbaufeuchte der Holzelemente können beispielsweise sein:

Nicht ausreichende Trocknung bei der Herstellung

Dies ist besonders bei massiven Dielen verbreitet. Das Material kommt in diesen Fällen nur luftgetrocknet aus den Säge- und Hobelwerken. Der Schaden tritt ein, obwohl das Sägewerk gemäß dem Auftrag des Innenausbauers ›trockenes Holz‹ geliefert hat. Wie oben gezeigt, wird der Begriff ›trocken‹ sogar in Übereinstimmung mit den jeweils geltenden Regeln im Außenbau und Innenausbau anders verstanden. Durch eine Holzfeuchtemessung im Rahmen der Erfüllung der Prüfpflichten des Auftragnehmers kann der Schaden vermieden werden. Fußbodendielen aus Nadelholz müssen gemäß DIN EN 13990 und Laubholzdielen gemäß DIN EN 13226 mit einer Holzfeuchte von u = 9 % ± 2 % eingebaut werden.

Feuchteaufnahme während Transport oder Lagerung des Materials

Holzfußbodenelemente mit richtiger Holzfeuchte bei der Herstellung nehmen je nach Verpackung bei Lagerung in feuchtem Klima Wasserdampf auf. Experimentelle Untersuchungen [34] zum Feuchteaufnahmeverhalten von Stabparkettmaterial in der üblichen 20er-Bündelung zeigten, dass sich in den ersten Tagen der Lagerung in feuchtem Klima die Holzfeuchte besonders stark erhöht (Bild 31). Esche, Ahorn und insbesondere Buche reagieren deutlich rascher als Eiche.

Alle Räume mit nicht wohnraumähnlichem Klima sind für die Lagerung von Holzfußbodenelementen für länger als 48 Stunden ungeeignet. Dies gilt besonders für Garagen, Treppenhäuser in feuchten Neubauten, Kraftfahrzeuge, viele Lagerhallen des Holzhandels, die meisten Kellerräume und einige Holz- und Baustoffabteilungen der Baumärkte.

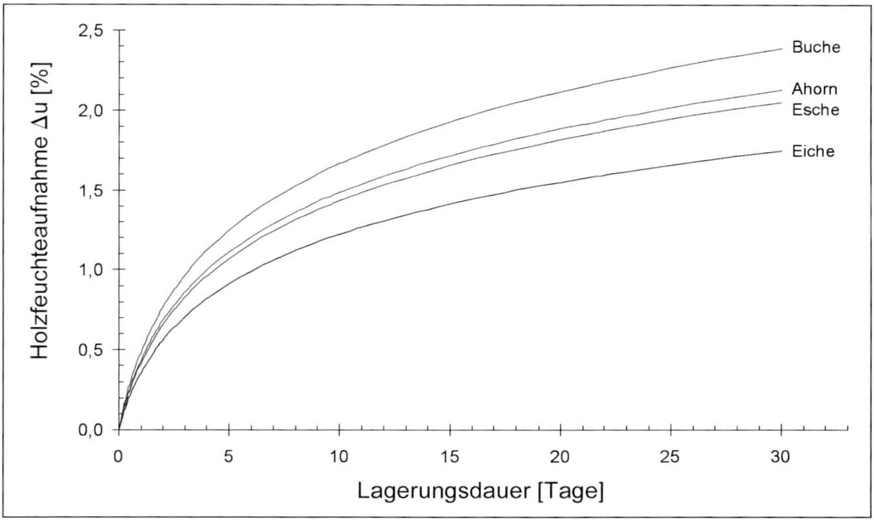

Bild 31 ▪ Holzfeuchtezunahme von mit Draht gebündeltem Stabparkettmaterial bei einer um $\Delta\varphi = 25\,\%$ zu hohen relativen Luftfeuchte ($\varphi = 75\,\%$ statt $\varphi = 50\,\%$)

Abweichende Gleichgewichts-Holzfeuchten einiger exotischer Holzarten

Die in den Bildern 3 und 22 sowie in der Tabelle 8 dargestellten Gleichgewichtsfeuchten gelten genau genommen nur für die Holzart Fichte. Die meisten Holzarten aus gemäßigten Breiten haben jedoch ein ähnliches Sorptionsverhalten, d. h. bei einer bestimmten relativen Luftfeuchte und Temperatur pendelt sich ihre Holzfeuchte bei einem ähnlichen Wert ein wie bei Fichte. Die Unterschiede der Gleichgewichtsfeuchten u_{gl} von Fichte, Buche, Esche, Eiche und anderen einheimischen Holzarten bei $\varphi = 50\,\%$ Luftfeuchte und $\vartheta = 20\,°C$ sind so gering, dass sie in der Praxis nicht berücksichtigt werden. Anders verhält es sich bei einigen Tropenhölzern, die aufgrund besonderer Inhaltsstoffe deutlich abweichende Gleichgewichtsfeuchten aufweisen können (Bild 32).

Wird eine Holzart mit einer deutlich niedrigeren Gleichgewichtsfeuchte als Fichte – beispielsweise Guayacan – mit $u = 9\,\%$ verlegt, so kommt es zu Fugen, da bei dieser Holzart 9 % Holzfeuchte nicht einer relativen Luftfeuchte von $\varphi = 49\,\%$ entspricht, sondern $\varphi = 68\,\%$. Aus Bild 32 ist ersichtlich, dass $\varphi = 68\,\%$ bzw. 9 % Holzfeuchte bei Guayacan etwa mit einer Holzfeuchte von knapp 13 % (!) bei Fichte vergleichbar ist. Guayacan muss mit einer Holzfeuchte von $u = 6{,}6\,\%$ und Afrormosia mit $u = 7{,}9\,\%$ verlegt werden, da dies $\varphi = 49\,\%$ relativer Luftfeuchte bzw. 9 % Holzfeuchte bei Fichte entspricht. Die Sorptionsisotherme von Bambusparkett liegt zwischen Guayacan und Afrormosia.

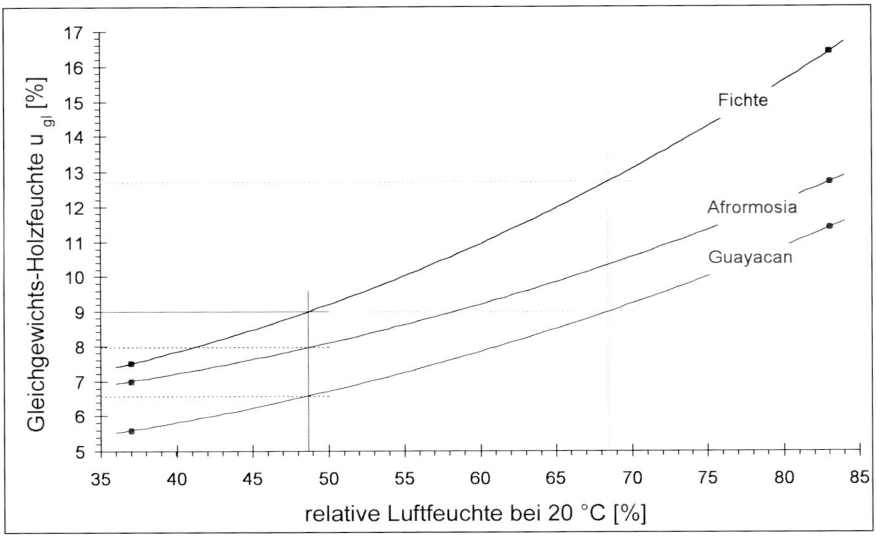

Bild 32 ▪ Gleichgewichtsfeuchten von Afrormosia und Guayacan im Vergleich zu Fichte; nach [27], verändert

Nach DIN 280 sind die Parketthersteller verpflichtet, diese Besonderheit zu berücksichtigen. Dort heißt es im Zusammenhang mit der für europäische Parketthölzer vorgeschriebenen Holzfeuchte von $u = 9\ \% \pm 2\ \%$: »*Abweichende Gleichgewichts-Holzfeuchten einiger überseeischer Hölzer sind entsprechend zu berücksichtigen*«. Für den Handwerker oder Architekten ist die Prüfung eines gelieferten Exotenholzes auf richtige Holzfeuchte besonders schwierig und im Grunde nicht zumutbar, da die Sollholzfeuchten für viele exotische Holzarten unbekannt sind. Es existieren teilweise widersprüchliche Angaben zu Gleichgewichts-Holzfeuchten für circa 100 Holzarten [27], [62]. Im Bedarfsfall kann sich der Prüfwillige bzw. Prüfpflichtige jedoch wie nachfolgend beschrieben selbst behelfen.

Messung der Gleichgewichts-Holzfeuchte von exotischen Hölzern

Da nicht die Holzfeuchte an sich entscheidend ist, sondern die der Holzfeuchte entsprechende Luftfeuchte, sollte im Zweifelsfall letztere gemessen werden. Hierzu werden einige Verlegeelemente des zu prüfenden Holzes zusammen mit einem Gerät zur Messung der relativen Luftfeuchte in einen Plastiksack mit möglichst wenig Luft dicht eingeschlossen. Es wird so lange gewartet, bis sich der Messwert nicht mehr ändert. Erfahrungsgemäß reichen hierfür 24 Stunden, wenn die Folie dicht am Holz anliegt. Der gemessene Wert sollte circa 50 % relative Luftfeuchte betragen. Eine Abweichung von 5 % relativer Luftfeuchte entspricht etwa 1 % Holzfeuchteabweichung von der 9 %-Marke europäischer Hölzer (55 % Gleichgewichtsluftfeuchte in einem dichten Plastiksack, gefüllt mit unbekanntem Exotenholz, entspräche beispielsweise einer Holzfeuchte von circa 10 % bei Fichte oder Eiche). Noch genauer geht es, wenn kleine Proben (maximal 1 cm lang) in eine Klimakammer mit dem Sollklima (z. B. 20 °C und 50 % rLF) gelegt werden. Die Proben werden zu Beginn und nach 24 Stunden Lagerung gewogen. Sie sollen innerhalb der 24 Stunden maximal 0,5 % schwerer bzw. leichter werden.

Messung der Holzfeuchte von Hölzern mit flüchtigen Inhaltsstoffen

Ist jedoch die Gleichgewichtsfeuchte der Holzart und damit die Sollholzfeuchte genau bekannt, so kann eine Holzfeuchtebestimmung nach dem Darrverfahren DIN EN 13183-1 [60] durchgeführt werden. Es ist zu beachten, dass sich hierbei für Holzarten mit einem großen Anteil an flüchtigen Inhaltsstoffen, wie beispielsweise Pitch-Pine, Red-Pine, Carolina-Pine, aber auch heimische Kiefer oder Muhuhu falsche (zu hohe) Messwerte ergeben. Die Feuchtebestimmung ist bei diesen Holzarten normalerweise sehr aufwendig (Karl-Fischer-Titration) oder langwierig (Trocknung über Phosphorpentoxid). Für Reihenuntersuchungen behelfen sich deshalb Forschungseinrichtungen seit Jahren mit einem einfachen Messverfahren, das auch vom prüfwilligen bzw. prüfpflichtigen Hersteller und Verleger angewendet werden kann. Das nachfolgend beschriebene Messverfahren basiert im Grunde auf dem Darrverfahren nach DIN EN 13183-1 und ist mit leichten Abwandlungen für Holzarten mit flüchtigen Inhaltsstoffen einsetzbar:

1. Es sind Proben von 1 cm Länge in Faserrichtung herzustellen, d. h. die Querschnittsflächen oder Hirnenden sollen 1 cm voneinander entfernt sein.
2. Die Proben werden mit einer Waage gewogen, die eine Bestimmung der Masse m_1 auf 0,1 % Genauigkeit ermöglicht.
3. Die Holzproben werden einige Tage bei 60 °C (nicht 103 °C nach DIN EN 13183-1) bis zur Gewichtskonstanz im Trockenschrank gedarrt (meist drei bis fünf Tage).
4. Anschließend ist noch genau zwei Stunden bei 103 °C weiter zu darren.
5. Nach Abkühlen der Holzproben im Exsikkator wird die Darrmasse m_0 durch Wiegen ermittelt.
6. Die Holzfeuchte u wird dann wie üblich errechnet nach der Formel: $u = (m_1 - m_0) / m_0 \cdot 100\,\%$.

Die Erfahrung zeigt eine sehr gute Übereinstimmung der so gewonnenen Werte mit den durch mehrmonatige Trocknung über Phosphorpentoxid bei 20 °C Temperatur erzielten Werten.

Sanierung

Auch die durch zu hohe Einbaufeuchte entstandenen Fugen sollten nicht während der Heizperiode, sondern während der Sommerperiode geschlossen werden. Eine Missachtung kann zu Schäden in Form von Aufwölbungen des Fußbodens in der folgenden Sommerperiode führen. Bei auf Estrich, Trockenestrich oder Spanplatten schubfest verklebten Holzfußböden können zum Schließen der Fugen geeignete Kittmassen eingesetzt werden. Bei anderen Unterkonstruktionen, insbesondere bei Renovierungen in Altbauten sowie bei besonders breiten Fugen ist ein Absacken und Ausbrechen der Kittmasse im Laufe der Zeit zu befürchten. In diesen Fällen sind die Fugen durch Einleimen von passenden Holzstreifen zu schließen, dem sogenannten ›Ausspänen‹. In der Regel sind danach ein vollflächiges Abschleifen und ein Aufbringen einer neuen Oberflächenbehandlung erforderlich.

4.1.5 Fugen durch Feuchteaufnahme nach der Verlegung

Schadensbild

Der in einem Neubau verlegte Holzfußboden wies Fugen auf, obwohl kein zu trockenes Raumklima herrschte und das Holz zum Zeitpunkt der Verlegung und nach Eintritt der Fugen die gleiche korrekte Holzfeuchte besaß.

Grundlagen und Regeln

Zunächst mag es verwunderlich erscheinen, dass durch Wasser**aufnahme** Fugen entstehen können. Natürlich führt Wasseraufnahme zunächst nicht zu Fugen, sondern zu Quellung, manchmal bis hin zur Aufwölbung von Holzfußböden (Kapitel 4.3). Wenn der Boden diese Feuchtphase zunächst schadlos übersteht, zeigen sich die Auswirkungen erst nach Wasserdampfabgabe in Form von breiten Fugen. Die Ursache dieser Fugenbildungen sind plastische Verformungen in der Klebstoffschicht und/oder im Holz.

Plastische Verformung in der Klebstoffschicht

In den ersten Tagen lassen viele Parkettklebstoffe, besonders neuere Kunstharzlösungsmittelklebstoffe mit langen Abbindephasen, eine nahezu unbehinderte Quellung zu. Der Boden ›wächst‹ insgesamt in voller Zimmerbreite. Hierbei verschieben sich die äußeren Verlegeelemente zu den Wänden hin, ohne bei Schwindung wieder in Richtung Zimmermitte zurückzukehren. Vielmehr schwinden die Elemente des insgesamt ›gewachsenen‹ Bodens an ihrem neuen Ort einzeln ab und zwischen ihnen entstehen Fugen.

Plastische Verformung des Holzes

Liegt eine wenig plastische Verklebung oder eine Einspannung der Verlegeelemente vor, so können sich diese bei Holzfeuchtezunahme nicht zu den Wänden hin ausdehnen und verschieben. Ein erheblicher Teil der Quellspannung wird dann langfristig durch eine plastische Verformung des Holzes (Quetschungen) abgebaut. Der plastisch zusammengedrückte Teil des Parkettelements tritt als Fuge auf, wenn nach Ende der Feuchtphase die Schwindung einsetzt. Als Ergebnis bleibt bei wiedererreichter Einbaufeuchte ein schmaleres Holzelement als im Einbauzustand zurück. Im Bereich der Hirnenden der Parkettelemente tritt die plastische Verformung verstärkt auf, da über das Hirnholz schneller Feuchte aufgenommen wird als über die Längsseiten.

Ursachen und Vermeidung

Nach experimentellen Untersuchungen [31], [98], [118] treten plastische Verformungen ab einer Feuchtezunahme von mehr als 2,5 %-Punkten über der Feuchte der Verlegung auf. Konsequenterweise müssen alle Feuchteamplituden, die über 11,5 % Holzfeuchte hinausgehen, vermieden werden. Geschieht dies nicht, treten nicht reversible Fugen durch plastische Verformung auf.

Zur Vermeidung einer schädlichen Wasserdampfaufnahme, die bei nachfolgender Abgabe zu Fugen führt, müssen mögliche Feuchtequellen bekannt sein, um sie soweit wie möglich ausschließen zu können. Nachfolgend werden typische Feuchtequellen vorgestellt.

1. Bei hoher sommerlicher Luftfeuchte an schwülen Tagen in einem zusätzlich feuchteabgebenden, frisch tapezierten Neubau, reagiert das ungeschützte Holz in den Tagen zwischen Verlegung und Versiegelung besonders empfindlich. Danach wird die Feuchteaufnahme aus der Raumluft in Abhängigkeit der Oberflächenbehandlungsart teilweise erheblich verzögert [34].
2. Wasser aus Dispersionsklebstoffen und Wasserlacken führt unter normalen Umständen, bei fachgerechter Anwendung, nicht zum Schaden. Kommen jedoch mehrere der nachfolgend genannten ungünstigen Faktoren zusammen, kann das zusätzliche Wasser aus Dispersionsklebstoff und Wasserlack schadensauslösend wirken:
   - wenig saugender Untergrund,
   - geringe Holzdicke von nur 8 bis 12 mm,
   - eine Holzart, die rasch und stark auf Wasser reagiert,
   - unter 1. beschriebenes, feuchtes Raumklima.

   Der Schaden zeigt sich dann als Aufwölbung innerhalb der ersten Tage nach der Verlegung oder in Form später auftretender breiter Fugen.

3. Wasserdampf aus einem lokal feuchten Estrich; dies kann durch Gewerke verursacht werden, die nach dem Estrichleger und vor dem Parkettleger tätig sind; möglich Beispiele sind:
   - Zementmörtel, der auf dem Estrich angemacht wurde (von Plattenleger, Ofensetzer u. a.),
   - Wasser, das auf dem Estrich verschüttet wurde (beispielsweise bei Tapezierarbeiten),
   - Folie, die längere Zeit auf dem Estrich lag und eine Austrocknung an dieser Stelle verhinderte,
4. Wasserdampf aus einem feuchten, d.h. insgesamt nicht belegreifen Estrich (Kapitel 4.3.6),
5. Wasserdampf, der aus nicht ausgetrockneten Betondecken bei fehlender Folie zwischen Betondecke und Estrich nach oben in das Parkett diffundiert (Kapitel 4.3.11),
6. flüssiges Wasser aus
   - Leckagen an der Gebäudehülle, bei Schlagregen offen gebliebenen Fenstern, undichten Regenrinnen und Installationsleitungen,
   - Rohrbrüchen, Leckagen an Wasch-, Spül- und Trockenmaschinen, Klimageräten, Luftbefeuchtern und anderen Haushaltsgeräten,
   - übergelaufenen Kondensationstrocknern zur Raumluftentfeuchtung oder Wäschetrocknung,
   - unbemerkt umgestürzten Blumenvasen und Eimern oder verschüttetem Blumengießwasser,
   - Blumentöpfen und Bodenvasen ohne wasserdampfdichte Untersetzer,
   - Kondenswasser von nicht ausreichend wärmegedämmten Kaltwasserleitungen, Klimaanlagen, Glasscheiben oder kalten Bauteilen,
   - Einwirkung von flüssigem Putzwasser (anstatt Wischen mit einem stark ausgewrungenen ›nebelfeuchten‹ Tuch),
   - unbemerkt umgestürzten Gefäßen oder Tapetenkleister von anderen Gewerken, das während der Wartezeit zwischen Verlegung und Oberflächenbehandlung auf den rohen Parkettboden einwirkte.

Der letztgenannte Punkt wird nachfolgend vertiefend erläutert. Da flüssiges Wasser über die Hirnenden bis zu 100-mal schneller eindringt als über die Längsseiten, findet hier eine stärkere plastische Verformung als im Restelement statt, was im Bereich der Hirnenden später zu breiteren Fugen führt. Die Verlegelemente sind dann nach Trocknung an den Hirnenden deutlich schmaler als in der Mitte (Bild 33), obwohl bei Herstellung, Verlegung, und Begutachtung die gleiche Holzfeuchte an jeder Stelle des Stabes herrscht. Dieses charakteristische Bild lässt sich als doppelt konische Verformung beschreiben.

Bild 33 ▪ Doppelt konisch verformte Parkettstäbe infolge plastischer Verformung des Holzes im Bereich der Hirnenden durch lokale Wassereinwirkung

Kleine Teilflächen mit plastisch verformten Parkettelementen in einem ansonsten normal aussehenden Holzfußboden deuten auf vorausgegangene Wasserschäden hin. Sie treten häufig unter Fenstern in Dachschrägen, vor Terrassentüren, unter Warmwasserheizkörpern und kreisförmig an Stellen, wo ein undichtes Pflanzenbehältnis gestanden hat, auf (Bild 34).

Auch Decklagen mehrschichtiger Fertigparkett-Elemente, die mit niedrigeren Holzfeuchten als Massivparkett verlegt werden, können sich durch behinderte Quellung aufgrund starken Feuchteeinflusses plastisch verformen und nach Trocknung die hierfür typischen Fugen aufweisen [96]. Bild 35 zeigt das typische Bild von konischen Fugen am Ende eines Dreischicht-Parkettelements.

Bild 34 ▪ Kreisförmiger Bereich mit typischer, plastischer Verformung in einem Lamparkettboden aus 10 mm dicker Rotbuche

Bild 35 ▪ Beispiel des Schadensbildes einer Verquellung = Quetschung = Stauchung = plastischen Verformung der Stabenden mit zurückbleibender verbreiterter Fuge im Bereich der Stabenden durch vorausgegangene Einwirkung von Wasser

Bild 36 ▪ Doppelt konische Verformung an 10 mm dicken Lamparkettstäben aus Buche

Bild 37 ▪ Schwindung massiver Dreieckhölzer aus Räuchereiche in einem 22 mm dicken, einschichtigen Tafelparkettboden nach einem Wasserschaden

Zwei Beispiele plastischer Verformung bei extremen Schadensfällen ergaben sich an Parkettböden, die über mehrere Stunden vollständig unter Wasser standen und danach wieder getrocknet sind. Die auf einem angeschliffenen und vorgestrichenen Zementestrich mit Lösungsmittelklebstoff verklebten Lamparkettstäbe zeigten doppelt konische Verformung, jedoch keine Schüsselungen, und waren nach der Rücktrocknung noch fest mit dem Estrich verklebt (Bild 36). Die 22 mm dicken, einschichtigen Parketttafeln waren auf einem Blindboden verklebt und vernagelt (Bild 37). Sie wölbten sich nicht auf und wurden deshalb nicht entfernt, sondern nach über einem Jahr der Austrocknung abgeschliffen, verkittet und versiegelt.

Das Finden der Feuchtequellen und der tatsächlichen Schadensursache ist bei Fugen durch plastische Verformung für den Sachverständigen besonders schwierig. Die Unterscheidung dieses Falles zur vorher beschriebenen Schadensursache der zu hohen Einbaufeuchte (Kapitel 4.1.4) wird durch nachfolgende Tabelle 10 erleichtert.

Tabelle 10 ▪ Schadensbilder für unterschiedliche Ursachen von starken Fugen bei (wieder) korrekter Holzfeuchte (u = 9 % für heimische Holzarten)

Ursache = zu hohe Holzeinbaufeuchte	**Ursache = nachträgliche Feuchteeinwirkung mit plastischer Verformung**	
	des Holzes	**in der Klebstoffschicht**
keine Bewegung der Verlegeelemente zur Wand hin, d. h. Wandabstand ist unverändert	keine Bewegung der Verlegeelemente zur Wand hin, d. h. Wandabstand ist unverändert	**Gesamtboden** hat sich zu den Wänden hin **ausgedehnt**, d. h. Wandabstand hat sich verringert
keine typischen Spuren von Quelldruck (Kapitel 4.2.5)	typische Spuren von Quelldruck (Kapitel 4.2.5)	kaum typische Spuren von Quelldruck (Kapitel 4.2.5)
Bei Würfelmuster liegen diagonal benachbarte Würfel in Längsrichtung dicht. 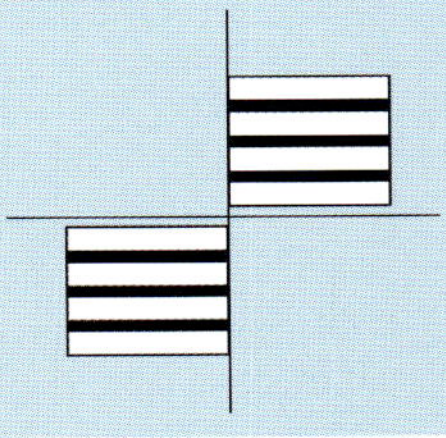	Bei Würfelmuster liegen diagonal benachbarte Würfel in Längsrichtung nahezu dicht. 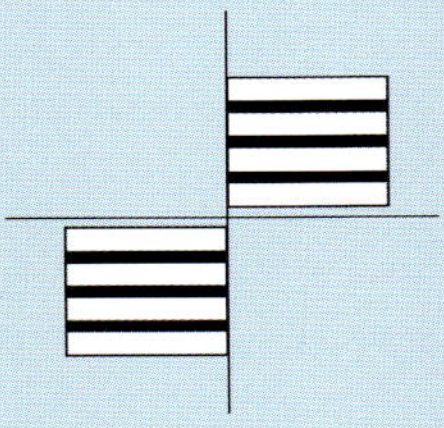	Bei Würfelmuster liegen diagonal benachbarte Würfel in Längsrichtung nicht dicht. 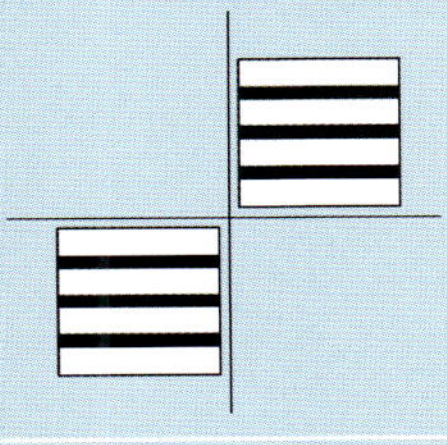
Stäbe oder Lamellen sind schmaler als im Einbauzustand	Stäbe oder Lamellen sind schmaler als im Einbauzustand	Stäbe oder Lamellen sind gleich breit wie im Einbauzustand

Die Tabelle zeigt, dass es nur wenige Hinweise zur Unterscheidung der Fälle der linken und mittleren Spalte gibt. Keinesfalls darf alleine aus dem Umstand, dass die Stäbe oder Lamellen schmaler sind als im Einbauzustand, einfach geschlossen werden, dass das Holz infolge zu hoher Einbaufeuchte abgeschwunden ist. Leider versuchen auch namhafte Sachverständige immer wieder, die Einbaufeuchte aus differenziellem Schwindmaß, Istfeuchte und Istbreiten zum Zeitpunkt der Ortsbesichtigung bis auf die Nachkommastelle zu berechnen. Der unbekannte und nur schwer abzuschätzende Anteil plastischer Verformung des Holzes wird nicht berücksichtigt, diese Rechnung ist somit falsch. Es werden oft zu hohe Einbaufeuchten errechnet, die in Wirklichkeit bei der Verlegung nicht vorhanden waren, sondern erst später aufgetreten sind. Aus der Istfugensumme pro Meter kann lediglich grob durch eine Berechnung abgeschätzt werden, welche maximale Feuchtedifferenz zur Istfeuchte irgendwann einmal vorhanden war.

Bis zu einer Zunahme der Holzfeuchte von 3 % ist der Anteil der plastischen Verformung relativ klein. Für jedes Prozent, um das die Holzfeuchte darüber hinaus zunimmt, beträgt die Größenordnung der plastischen Verformung von 10 mm dickem Lamparkett etwa 0,18 %. Dieser Wert wurde im Bereich bis 14 % Holzfeuchte für die Holzarten Eiche und Buche ermittelt [98]. Wird z. B. ein 50 mm breiter Lamparkettstab mit 9 % Holzfeuchte eingebaut, auf 14 % unter Quelldruck aufgefeuchtet und wieder zurückgetrocknet, so verbleibt hiernach eine Reduzierung der Breite um circa 0,2 mm. Bei höheren Auffeuchtungen wurden an 70 mm breiten Parkettstäben von 22 mm Dicke bleibende Breitenminderungen von bis zu 2 mm festgestellt [17].

Sanierung

Die Sanierung erfolgt wie in Kapitel 4.1.4 beschrieben.

4.1.6 Fugen an den Kopfstößen

Schadensbild

Bei einem Parkettboden aus mehrschichtig aufgebauten Elementen traten an den Stirnenden deutliche Kopffugen auf, obwohl nur unauffällige Längsfugen parallel zur Faserrichtung vorhanden waren (Bild 38).

Extrem große Kopffugen von über 4 mm Breite wurden an einem auf einen Heizestrich verlegten Fertigparkettboden aus dreischichtigen Elementen gemessen [95]. Die Längsfugen waren bis zu 1 mm breit. Die Decklamellen bestanden aus Black Cherry (Amerikanischer Kirschbaum), die Verklebung erfolgte mit einem Polyurethan-Parkettklebstoff.

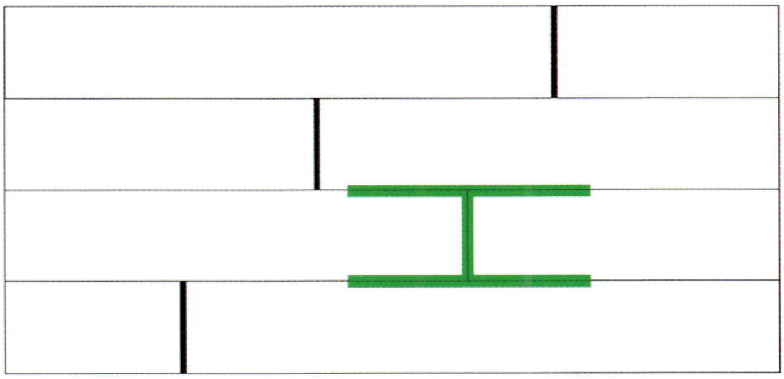

Bild 38 ▪ Fugen an Kopfstößen von mehrschichtig aufgebauten Parkettelementen; in der Bildmitte ist exemplarisch die H-Verleimung dargestellt

Grundlagen, Regeln und Ursachen

Aufgrund des anisotropen Aufbaus des Holzes (Kapitel 1.1.2) arbeitet es senkrecht zur Faserrichtung (in der Breite) 10- bis 30-mal stärker als parallel zur Faser (in der Länge). Bei Sperrholz und mehrschichtig aufgebautem Parkett wird durch kreuzweise Verleimung die Breitenschwindung erheblich reduziert, allerdings erhöht sich dadurch geringfügig die Längenschwindung. Mehrschichtige Parkettelemente haben je nach Aufbau und Verleimung ein differenzielles Schwindmaß von $V = 0{,}015$ bis 0,1 % pro %. Die Breitenschwindung eines 200 mm × 1.800 mm großen Verlegeelementes beträgt bei einer Holzfeuchteänderung von 4 % nach Gleichung 1:

$$\Delta b = 4\,\% \cdot 0{,}03\,\%/\% \cdot 200\,\text{mm} \,/\, 100\,\%$$

$$\Delta b = 0{,}24\,\text{mm}$$

und ist damit als Fuge vernachlässigbar. Für die Längenschwindung ergibt sich jedoch analog zu Gleichung 1 mit

$$\Delta l = \Delta u \cdot V \cdot l \,/\, 100\,\%$$

$$\Delta l = 4\,\% \cdot 0{,}03\,\%/\% \cdot 1.800\,\text{mm} \,/\, 100\,\%$$

$$\Delta l = 2{,}16\,\text{mm}$$

eine sichtbare Kopffuge.

Besonders große Fugen können auftreten, wenn die Fertigparkett-Elemente mit einer zu feuchten Mittellage gefertigt wurden. Nachteilig wirken sich ebenfalls sehr breite Mittellagenleisten, eine ungünstige Jahrringlage dieser Leisten und eine sehr harte Verklebung der Schichten aus [95]. Bei auf beheizten Fußbodenkonstruktionen verklebten Böden kann das unterschiedliche Ausdehnungsverhalten von Estrich und Fußboden die Kopffugenbildung unterstützen. Um diesen Effekt quantitativ abschätzen zu können, sind im Einzelfall Berechnungen unter Verwendung der jeweiligen tatsächlichen Ausdehnungskoeffizienten erforderlich [133].

Vermeidung

Das Auftreten von Kopffugen bei langen mehrschichtigen Verlegeelementen ist konstruktionsbedingt und in gewissem Rahmen zu tolerieren. Werden kürzere Elemente verwendet, treten entsprechend kleinere Kopffugen auf. Durch Luftbefeuchtung während der Heizperiode lassen sich die auftretenden Fugen verringern (Kapitel 4.1.1). Bei schwimmend verlegtem, in Nut und Feder verleimtem Fertigparkett können Kopffugen durch reichliche Leimangabe an allen vier Schmalseiten des Parkettelementes vermieden werden. Werden die Fertigparkett-Elemente auf den Untergrund geklebt, empfehlen einige Hersteller eine sogenannte zusätzliche **H-Verleimung** in Nut und Feder (Bild 38). Hierbei werden die Kopfstöße, und hiervon ausgehend jeweils circa 20 cm der Längsseiten, verleimt. Dies trägt insbesondere bei einer Fußbodenheizung zur Reduzierung der Kopffugen bei.

Sanierung

Normalerweise erfolgt keine Sanierung, die Kopffugen können jedoch mit Hartwachs geschlossen werden. Haben Mängel der Fertigparkett-Elemente zu extrem breiten Kopffugen geführt, ist nach der Fugenverfüllung eine bleibende Wertminderung zu vergüten. Im Einzelfall kann bei repräsentativen Flächen eine rechtliche Würdigung zum Austausch des Bodens führen.

4.1.7 Fugen über Stößen von Spanplattenunterböden

Schadensbild

Das Schadensbild zeigte geradlinige und rechtwinklig zueinander verlaufende Abrissfugen des Lamparketts. Die geometrische Anordnung ließ auf eine aus dem Deckenaufbau resultierende Ursache schließen. Bei weiteren Untersuchungen des Untergrunds wurden Risse zwischen den stumpf gestoßenen Spannplattenelementen entdeckt.

Grundlagen und Vermeidung

Die stumpf gestoßene Verlegung, sowie die angewendete Technik zur Verbindung der Platten (Bild 39) ist **nicht** fachgerecht. Es entspricht nicht den Regeln des Faches, die nicht kraftschlüssig miteinander verbundenen Spanplattenelemente ohne weitere Maßnahmen mit Lamparkett zu belegen. Die Konstruktion des vorhandenen Unterbodens ist ohne weitere Maßnahmen zur Aufnahme der meisten Fußböden **nicht** geeignet. Dies gilt sowohl für elastische Beläge als auch für Fliesen und für die meisten Parkettarten.

Bild 39 ▪ Stumpf gestoßene Spanplatten mit einem wirkungslosen Versuch der Verbindung durch aufgeschraubte Blechbänder

Für eine fachgerechte Verlegung hätte es folgende Möglichkeiten gegeben:

1. Verlegung eines Parketts ohne weitere Maßnahmen, d. h. direkt auf die stumpf gestoßenen Spannplattenelemente, unter Verwendung eines 22 mm dicken und mindestens 50 cm langen Stabparkettelements; der diagonal vollflächig verklebte und mit Nut und Feder verlegte Boden hätte die Kräfte aufnehmen und so die Fugen vermeiden können; eine weitere Möglichkeit sind großdimensionierte zweischichtige Fertigparkettelemente, die in Nut und Feder verleimt schwimmend verlegt werden;
2. Aufdoppelung einer weiteren, mindestens 13 mm dicken Spanplatte; dabei ist auf versetzte Stöße und eine vollflächige Verklebung mit zusätzlicher Verschraubung mit der ersten Platte zu achten; auf solch einer Konstruktion ist die Verlegung des eingesetzten Lamparketts wiederum problemlos möglich.

Bei Altbauten und wenig verbreiteten Unterböden muss die Eignung für die zu verlegende Parkettart immer geprüft werden. Bei Spanplattenelementen, im Speziellen bei stumpf gestoßenen, darf nicht ohne weitere Prüfung davon ausgegangen werden, dass diese dauerhaft kraftschlüssig miteinander verbunden sind.

Bei genauer Untersuchung der von den Autoren begutachteten Schadensfälle und anderer Berichte [126] fällt auf, dass ein Großteil der Beanstandungen durch Fugen, Rissbildung oder Abzeichnung der Unterkonstruktion im Oberboden durch eine funktionierende kraftschlüssige Verbindung der Elemente von Fertigteilestrichen vermieden worden wäre. Leider versagen häufig die Nut- und Federverbindungen bei in der Plattenebene auftretenden Zugkräften. Eine besondere Bedeutung hat hierbei ein ausreichender Fugenversatz der Platten sowie der Einsatz des richtigen Klebstoffs an der richtigen Stelle in ausreichender Menge. Unter dem Gesichtspunkt der bestmöglichen Aufnahme von Zugkräften in der Plattenebene (aus Scherbeanspruchung durch Quellung und Schwindung von Oberbelag und Unterboden) und Normalkräften (aus Verkehrslasten) hat sich die Verlegung von zwei Plattenlagen übereinander mit versetzten Stößen als am besten erwiesen. Zur langfristigen Vermeidung von Knarrgeräuschen ist eine flächige Klebstoffangabe zwischen den Plattenlagen vor dem Verschrauben empfehlenswert.

4.1.8 Fugen auf Hohlraumböden

Schadensbild

Das in einem Restaurant im Tiefparterre auf einem Flächenhohlboden aus Gipsfaserplatten verlegte Mosaikparkett zeigte in regelmäßigen Abständen breite Fugen, die auf Linien lagen, welche längs und quer zum Holz verliefen (Bild 40). Zwischen diesen Fugenlinien wies der Boden ein normales Fugenbild auf.

Bei Betrachtung der Unterseite des Flächenhohlbodens mithilfe eines Spiegels im Bereich der Bodenöffnungen fiel auf, dass genau unter den Fugenlinien des Parketts die Fugenstöße der Flächenbodenlemente lagen und diese trotz Verklebung gerissen waren (Bild 41).

Grundlagen

Der Flächenhohlboden wurde aus 32 mm dicken Gipsfaserplatten ohne Dehnungsfugen hergestellt. Die Parkettverlegung erfolgte mit Kunstharz-Lösungsmittelklebstoff faserparallel zu den Kurzseiten der 60 cm × 120 cm großen Gipsfaserplatten. Die im Parkett angelegten Kork-Dehnungsfugen finden sich nicht im Flächenhohlboden. Der Flächenhohlboden trägt zahlreiche 60 cm × 60 cm große Metallrahmen mit gelochten Quelllüftungsplatten, über welche die im 20 cm hohen Hohlraum herangeführte Luft in den Raum entweicht, diesen belüftet und im Winter beheizt. Eine Untersuchung der seitlichen Verklebung der Flächenbodenelemente ergab, dass ausreichend Klebstoff aufgetragen worden war (Bild 41), die Verklebung der Elemente allerdings trotzdem gerissen ist. Die Anordnung der breiten Fugen im Parkett zeigte deutlich, dass die Risse des Unterbodens lediglich auf das Parkett übertragen und nicht vom Parkett verursacht worden waren, da Holz in Längsrichtung nur vernachlässigbar quillt und schwindet. Die Fugenbildung im Parkett wurde von den Quell- und Schwindbewegungen der Gipsfaserplatten hervorgerufen.

Bild 40 ▪ Deutliche Kopffugen direkt an einem Stoß der Flächenbodenelemente

Bild 41 ▪ Unteransicht des Flächenhohlbodens unter den Fugenlinien im Parkett

Ursachen

Die unter dem Flächenhohlboden herrschenden relativen Luftfeuchten liegen **deutlich außerhalb** der vom Hersteller vorgegebenen hygrothermalen Nutzungsbedingungen des Werkstoffes. Der Flächenhohlboden ist gemäß Hersteller für einen Nutzungsbereich von 35 bis 75 % relative Luftfeuchte freigegeben. Bei den Ortsbesichtigungen wurden allerdings tatsächliche Nutzungsbedingungen von 26,8 und 72,7 % relativer Luftfeuchte festgestellt. Unter Berücksichtigung der moderaten Außenbedingungen, die bei den beiden Ortsbesichtigungen herrschten, errechnen sich für den gesamten Jahresverlauf Nutzungsbedingungen von 11 % an kalten Tagen bis über 80 % relative Luftfeuchte im Hohlraum an heißen Tagen, die weit außerhalb des vom Hersteller zugelassenen Bereiches liegen. Da es sich bei der berechneten Luftfeuchteschwankung von circa 70 % um kurzzeitig auftretende Spitzenwerte handelt, wird von 30 % Luftfeuchteschwankung zwischen den theoretischen stationären Zuständen im Sommer und Winter ausgegangen. Ähnlich wie

Holz quellen und schwinden Gipsfaserwerkstoffe bei Klimawechsel. Der Hersteller gibt eine Längenänderung von 0,6 mm/m bei 30 % Luftfeuchteänderung an. Hieraus errechnet sich für die vorliegende Raumlänge von circa 20 m: 0,6 mm/m × 20 m = 12 mm Längenänderung des Unterbodens. Da jedoch keine Dehnungsfugen im Flächenhohlboden angelegt wurden, tritt diese Schwindung von 12 mm am Stück auf, d. h. der zu einer Scheibe verklebte Flächenhohlboden schwindet im Winter als Ganzes. Wenn diese Verkürzung im vorliegenden Fall durch feste Einbauten wie Treppen und Säulen behindert wird, kommt es zur Rissbildung an den Stößen der Flächenbodenelemente.

Vermeidung

Die Planung der Belüftung (= Beheizung und ggf. Kühlung) muss so ausgelegt werden, dass die zu erwartenden relativen Luftfeuchten im Flächenhohlraum innerhalb der vom Hersteller vorgegebenen Nutzungsbedingungen des Materials liegen. Bei den auftretenden Schwankungen der relativen Luftfeuchte, dem eingesetzten Gipswerkstoff und der vorliegenden Flächengröße müssen Dehnungsfugen im Flächenhohlboden vorgesehen und ausgeführt werden. Weiterhin muss ein ausreichender Abstand zu feststehenden Bauteilen (Treppen, Säulen, Wänden) eingehalten werden, damit die verklebten Einheiten des Flächenhohlbodens unbehindert quellen und schwinden können.

4.2 Schüsselung oder auch Querkrümmung

4.2.1 Einleitung Schüsselung

Unter der Schüsselung von Parkett wird eine Wölbung im Querschnitt der **Einzelparkettstäbe** verstanden. Dies ist nicht mit einer Aufwölbung zu verwechseln, bei der sich mehrere Stäbe zusammen bogenförmig abheben. Der Begriff der Schüsselung entstammt keiner Norm, in DIN EN 13226, DIN EN 13227, DIN EN 13228, DIN EN 13489 und DIN EN 13629 wird von Querkrümmung gesprochen. Da der Begriff Schüsselung in der Parkettfachwelt weit verbreitet ist, wird er auch im Folgenden benutzt. Wie zahlreiche Schadensfälle zeigen, haben Schüsselung, Fugenbildung und Aufwölbungen oft ähnliche Ursachen und treten häufig gemeinsam auf. Es wird daher explizit auf die Kapitel 4.1 und 4.3 verwiesen. Dort wird Wesentliches zu Ursachen, fachlichen Hintergründen und zur Vermeidung beschrieben.

Schadensbild

Eine Schüsselung, also die Welligkeit der Einzelelemente des Holzfußbodens, wurde bei dem Darüberstreichen mit der Handfläche spürbar und bei der Betrachtung im Streiflicht oder bei Auflegen eines geraden Gegenstands (z. B. Lineal) (Bild 43) sichtbar. Entsprechend der Wölbungsrichtung der Elemente ließen sich eine Konkav-Schüsselung (= Einwölbung der Oberseite) und eine Konvex-Schüsselung (= Auswölbung der Oberseite) unterscheiden (Bild 42).

Grundlagen und Regeln

Eine leichte Schüsselung, die mit der Hand kaum spürbar und nur im Streiflicht sichtbar ist, stellt keinen Mangel dar; sie ist bedingt durch wechselnde Jahrringlage, Quellungsanisotropie des natürlichen Werkstoffes Holz (Kapitel 1.1.2) und natürliche Feuchteschwankungen (vgl. Kapitel 4.1.1). Aus Bild 42 ist ersichtlich, dass die Schüsselung eine Folge unterschiedlicher Ausdehnung von Elementunterseite und Elementoberseite ist. Die Konkavseite (einge-

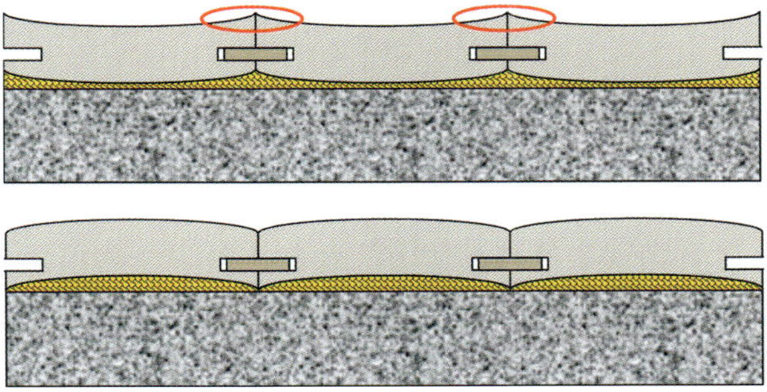

Bild 42 ▪ Schüsselung von Verlegeelementen; oben Konkav-, unten Konvex-Schüsselung

Bild 43 ▪ Deutlich erkennbare Querkrümmung (Konkav-Schüsselung) einer Bambusdiele

wölbte Seite) ist in der Breite gegenüber dem Herstellungszustand geschwunden bzw. die Konvexseite in der Breite gewachsen. Es ist auch möglich, dass beide Seiten das Gleiche tun, d. h. entweder beide quellen oder beide schwinden, jedoch unterschiedlich stark.

Ursachen und Vermeidung

Die Ursachen für Schüsselung lassen sich wie folgt unterteilen:

1. einseitige Einwirkung von Quellmitteln auf Ober- oder Unterseite (Kapitel 4.2.2),
2. unsymmetrischer Mehrschichtaufbau von Fußbodenelementen (Kapitel 4.2.3),
3. unterschiedliche Jahrringlage an Ober- und Unterseite (Kapitel 4.2.4).

Durch Zu- oder Abgang von Quellmitteln (meist Feuchte) können Parkettelemente schüsseln, d.h. sich in ihrem Querschnitt verwölben (Bild 42). Bis Juli 2009 war nach DIN EN 13226 (Ausgabe 2003) [75] für Massivholzparkettstäbe ab Werk eine Schüsselung (Querkrümmung) von 0,7 % der Dielenbreite zulässig. Seitdem gilt der in DIN EN 13226:2009-09 [76] genannte Grenzwert von 0,5 %.

Zu diesem ab Werk zulässigen Lieferabmaß ist eine zusätzliche Schüsselung, die sich aus natürlichen Klimaschwankungen im Jahresverlauf und damit verbundener Holzfeuchteänderung ergibt, zu addieren. Die natürlichen Holzfeuchteschwankungen durch Raumklimaschwankungen im Jahresverlauf betragen circa 4 %. Über viele Jahre empirisch ermittelte Werte ergaben eine zusätzliche ›natürliche Schüsselung‹ von bis zu 0,5 % durch natürliche Raumklima- und Holzfeuchteschwankungen. Bei Addition dieser 0,5 % Querkrümmung durch natürliche Feuchteschwankungen im Gebrauch zu den ab Werk zulässigen 0,5 % Querkrümmung ergibt sich rechnerisch 1,0 % maximal zulässige Querkrümmung für verlegte Holzfußbodenelemente im Gebrauch. Die nach den einschlägigen Normen zulässigen maximalen Schüsselungen sind für verschiedene Elementbreiten in Tabelle 11 dargestellt.

Tabelle 11 ▪ Maximal zulässige Querkrümmung (Schüsselung) bei Massivholzparkett

Elementbreite	0,5 % bei Lieferung	1 % im Gebrauch
70 mm Stab	0,35 mm	0,7 mm
120 mm Diele	0,60 mm	1,2 mm
140 mm Diele	0,70 mm	1,4 mm
180 mm Diele	0,90 mm	1,8 mm

4.2.2 Einseitige Einwirkung von Quellmitteln

Quellung wird verursacht durch Quellmittel, die auf das Holz einwirken. Schwindung wird verursacht durch Quellmittel, die aus dem Holz abgehen. Meist ist Feuchte (Wasser) für das Quellen von Holz verantwortlich, aber auch organische Lösemittel mit polaren Gruppen wie beispielsweise Alkohole sind mögliche Ursachen [103]. Aus Bild 44 ist ersichtlich, wie Schüsselung durch **einseitige** Einwirkung von Quellmitteln verursacht wird.

Mögliche Ursachen für die Konvex-Schüsselung von Parkett

1. Oberflächenwasser, z. B. durch eine umgestürzte Blumenvase
   - Konvex-Schüsselung tritt innerhalb von 24 Stunden ein und kann sich nachträglich, d. h. nach erfolgtem Feuchteausgleich zwischen Ober- und Unterseite in eine dauerhafte Konkav-Schüsselung umkehren
2. Extrem feuchtes Raumklima
   - Konvex-Schüsselung tritt innerhalb von einigen Tagen ein
3. Stark untertrocknetes Parkett bei Einbau
   - Konvex-Schüsselung tritt innerhalb von einigen Tagen ein
4. Zu frühes Abschleifen nach Verlegung
   - Konvex-Schüsselung tritt nach Feuchteausgleich zwischen Parkettober- und -unterseite ein

Mögliche Ursachen für die Konkav-Schüsselung von Parkett

5. Aus oberflächlicher Befeuchtung, die zunächst eine Konvex-Schüsselung hervorrufen kann (siehe dort unter Punkt 1) und hierbei zu einer Stauchung der sich ausdehnenden Oberschicht führt, da diese durch die nicht gequollene Unterschicht an der Ausdehnung gehindert wird

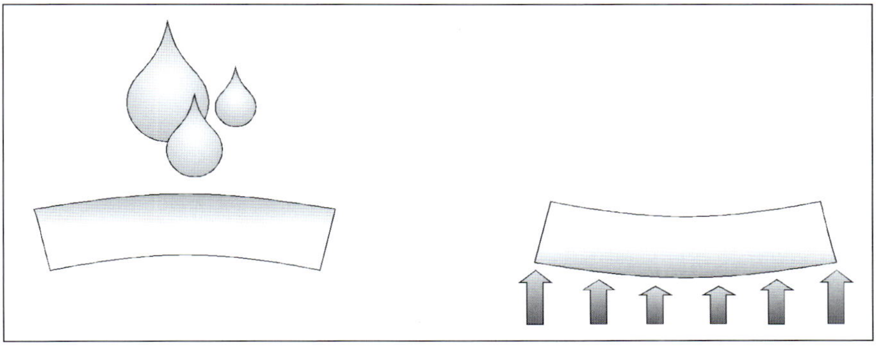

Bild 44 ▪ Links Konvex-Schüsselung durch Quellmitteleinwirkung von oben, rechts Konkav-Schüsselung durch Quellmitteleinwirkung von unten

- Die gestauchte Oberschicht zieht sich bei der Trocknung um das Maß der in der Feuchtphase erfolgten Stauchung verstärkt zusammen, wodurch die irreversible Konkav-Schüsselung entsteht. Diese bleibt auch nach dem vollständigen Feuchteausgleich zwischen Oberseite und Unterseite bestehen.
- Konkav-Schüsselung tritt nach der Trocknung der Oberschicht ein. Dies kann innerhalb von wenigen Tagen bis zu mehreren Monaten nach der Einwirkung von oberflächlichem Wasser sein. Häufig wiederholtes zu feuchtes Wischen von Parkettböden ohne intakte Versiegelungs- oder Wachsschutzschicht kann im Laufe von Monaten bis Jahren zu einer sich verstärkenden irreversiblen Konkav-Schüsselung führen.

6. Wasser oder polare Lösemittel aus Klebstoffen
   - Konkav-Schüsselung tritt innerhalb von 24 Stunden ein; insbesondere bei wenig saugenden Untergründen, hohen Klebstoffaufträgen, Lamparkett oder breiten Parkettelementen wie Massivdielen und Fertigparkettdielen ist die Neigung zur Schüsselung ausgeprägt; bei Mosaikparkett und 22 mm dickem Stabparkett führen hingegen Wasser oder Lösemittel aus Klebstoffen in der Regel zu keiner nennenswerten Schüsselung
7. Zu feuchter, d. h. nicht belegreifer Estrich (Kapitel 4.3.6)
   - Konkav-Schüsselung tritt innerhalb von einigen Tagen bis wenigen Wochen ein
8. Nicht oder nicht fachgerecht aufgeheizter Heizestrich (Kapitel 4.3.10).
   - Konkav-Schüsselung tritt innerhalb von Tagen bis Wochen nach Beginn der Heizperiode ein
9. Nachstoßende Feuchte aus der Betondecke (Kapitel 4.3.11)
   - Konkav-Schüsselung tritt innerhalb von einigen Wochen bis mehreren Monaten meist in Zusammenhang mit starker Ausdehnung des gesamten Bodens ein
10. Feuchte aus Wasserschäden, häufig mit Verteilung in der Dämmschicht
   - Konkav-Schüsselung tritt innerhalb von einigen Tagen bis mehreren Monaten ein, je nachdem von wo die Feuchte in welchem Ausmaß einwirkt und wie viele Schichten aufgefeuchtet werden müssen bis das Parkett erreicht ist

Grundsätzlich gilt: Je breiter und dünner ein Parkettelement und je größer die Feuchtedifferenz zwischen Ober- und Unterseite ist, desto stärker tritt die Schüsselung auf. Wie unter den Punkten 1 bis 10 erläutert wurde, lassen Form und Zeitpunkt des Auftretens einer Schüsselung teilweise Rückschlüsse auf ihre Ursache zu.

Nach Aussetzen der Schüsselungsursache geht die Schüsselung größtenteils wieder zurück. Es bleibt jedoch eine gewisse Restschüsselung, die umso größer ist, je stärker die ursprüngliche Schüsselung war. Die Restschüsselung kann der ursprünglichen Schüsselungsrichtung entgegengesetzt sein (siehe Punkte 1 und 4). Aufgrund dieser zurückbleibenden Restverformung kann bis zum Abschleifen eines Bodens die Einwirkung von Quellmitteln (meist Feuchte) vom Sachverständigen nachvollzogen werden.

Bei der Verlegung mit Dispersionsklebstoffen gleichen sich die Feuchteunterschiede zwischen Ober- und Unterseite erst nach etwa drei Wochen wieder aus (Bild 45).

Deshalb sollte die als Wartezeit bezeichnete Zeitspanne zwischen Verlegung und Oberflächenbehandlung bei dem besonders schüsselungsgefährdeten Lamparkett mindestens acht bis zehn Tage betragen. Dies geht aus einer vom Zentralverband Parkett und Fußbodentechnik eigens zur Problematik des Schüsselns bei Lamparkett in Auftrag gegebenen Forschungsarbeit [108] hervor. Durch Verwendung von quellmittelfreien Reaktionsharzklebstoffen kann die Wartezeit auf ein bis zwei Tage verkürzt werden. Im Gegensatz zum feuchtewechselempfindlicheren Lamparkett führen Wasser oder Lösemittel aus Klebstoffen bei Mosaikparkett und 22 mm dickem Stabparkett in der Regel zu keiner nennenswerten Schüsselung, trotzdem ist auch hier zur Schadensvermeidung eine Wartezeit vor dem Schleifen von mehreren Tagen einzuhalten.

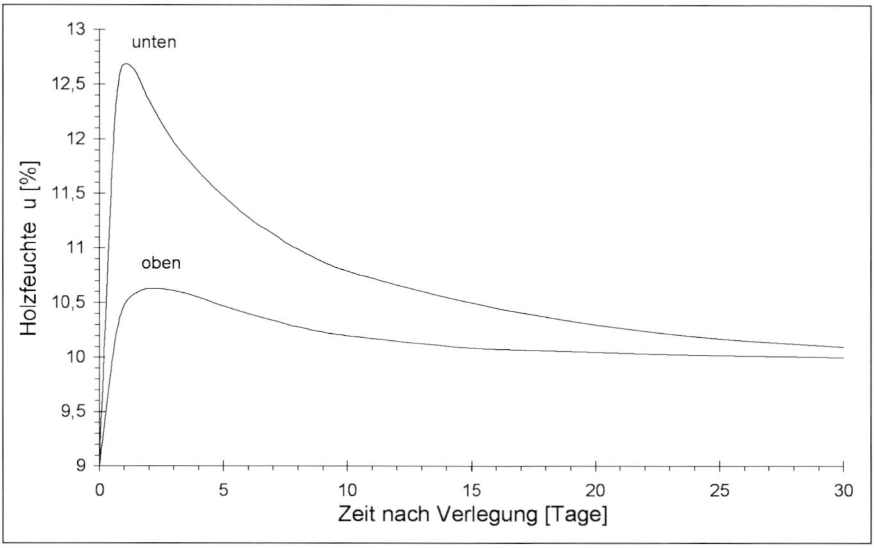

Bild 45 ▪ Zeitlicher Holzfeuchteverlauf in 3 mm Entfernung von Unter- und Oberseite bei 10 mm dickem Lamparkett, das mit Dispersionsklebstoff verklebt wurde; nach [108], verändert

Aus den oben beschriebenen Ursachen ist die Schüsselung für den Fachmann ein wichtiger Hinweis auf eine stattgefundene Einwirkung von Quellmitteln sowie ein Vorbote eventuell bevorstehender Aufwölbung oder Fugen.

Sanierung

Wenn die Elemente nach Eintritt des Feuchteausgleichs stärker als 1 % Schüsselung aufweisen, liegt ein Mangel vor. Dieser kann durch vollflächiges Abschleifen, beginnend mit einem Diagonalschliff, beseitigt werden. Hierbei tritt eine Minderung der Nutzschichtdicke ein (Kapitel 5.4.2).

4.2.3 Unsymmetrischer Mehrschichtaufbau

Schüsselung oder Querkrümmung kann nicht nur durch einseitigen Zu- oder Abgang von Quellmitteln (Kapitel 4.2.2) hervorgerufen werden, sondern auch durch ein materialbedingtes unterschiedliches Feuchtedehnungsverhalten von Ober- und Unterseite. In diesem Fall genügt eine gleichmäßige Feuchteänderung innerhalb des Verlegelements, um eine starke Schüsselung hervorzurufen (Bild 46). Das Prinzip ist dem eines Bi-Metalls ähnlich, das durch seinen Krümmungszustand die Temperatur anzeigt. Ein Bi-Metall besteht aus zwei verbundenen Schichten mit unterschiedlicher Wärmeausdehnung, denen zwei verbundene Schichten mit unterschiedlicher Feuchteausdehnung bei einem falsch konstruierten Fußbodenelement (›Bi-Holz‹) entsprechen. ›Bi-Holz‹-Elemente können daher **nicht** schwimmend verlegt werden, sondern müssen verklebt werden.

Die üblichen 4 % Holzfeuchtedifferenz durch natürliche Luft- und Holzfeuchteschwankungen im Jahresverlauf (Kapitel 4.1.1) verursachen bei dem

Bild 46 ▪ Schüsselung einer falsch konstruierten Mehrschichtparkettdiele im Wechselklima; oben: 1,3 mm Konkav-Schüsselung bei 6,5 % Holzfeuchte; unten: 0,7 mm Konvex-Schüsselung bei 10,5 % Holzfeuchte

in Bild 46 gezeigten Material 1,3 mm konkav + 0,7 mm konvex = 2,0 mm Gesamtschüsselung auf 135 mm Elementbreite = 1,48 % Querkrümmung. Zulässig sind nach DIN EN 13489 für Mehrschichtparkett lediglich 0,2 % = 0,27 mm bei 4 % Holzfeuchteschwankung (5 bis 9 % Lieferfeuchte).

Diese ungünstig konstruierten Elemente waren **schwimmend** auf Fußbodenheizung verlegt worden und führten zu extremer Schüsselung. Hier liegt ein Konstruktionsfehler vor. Wenn überhaupt, wäre diese Diele nur für vollflächige Verklebungen geeignet.

Grundlagen

Häufig wird bei mehrschichtigen Verlegeelementen als Unterseite Sperrholz oder Holz mit quer zur Deckschicht verlaufender Faserrichtung gewählt. In diesen Fällen besitzt die Holzdeckschicht eine 10- bis 20-fach größere Feuchtedehnung (Kapitel 1.1.2 und Tabelle 1 Differenzielle Schwindmasse) als die Unterschicht. Deshalb behält Letztere bei Holzfeuchteänderungen nahezu ihre Breite, während die Deckschicht deutlich quillt und schwindet. Die dabei zwangsläufig entstehenden Spannungen führen zur Schüsselung (Bild 47).

Vermeidung

Zur Vermeidung von Schüsselungen bei schwimmend verlegten mehrschichtigen Fußbodenelementen müssen diese symmetrisch aufgebaut sein. Wie positiv sich ein symmetrischer Aufbau von Verlegelementen auf ihre Schüsselung auswirkt, zeigte eine Untersuchung [107] über das Schüsselungsverhalten von mehrschichtigen Dielen unterschiedlichen Aufbaus im Wechselklima 20 °C, 85 % rLF gefolgt von 20 °C, 35 % rLF (Bild 48).

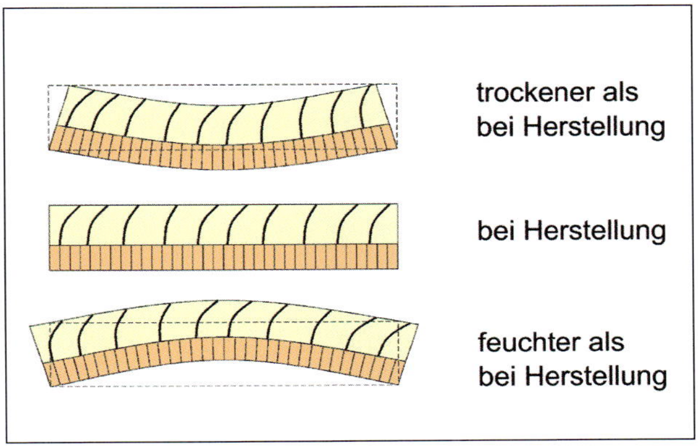

Bild 47 ▪ Zweischichtig verleimtes Dielenelement mit starker Feuchtedehnung in der Deckschicht (Massivholz) und sehr geringer Feuchtedehnung in der Unterschicht (Sperrholz); Bildmitte: Zustand bei Herstellung; oben: trockener als bei der Herstellung; unten: feuchter als bei der Herstellung

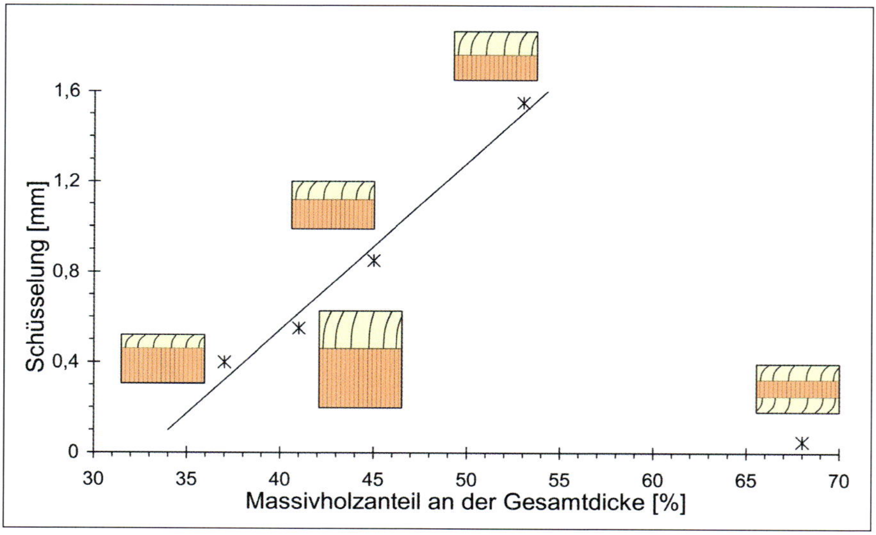

Bild 48 ▪ Schüsselung von mehrschichtig verleimten, 30 cm breiten Dielenelementen mit unterschiedlichem Aufbau; das symmetrisch aufgebaute, dreischichtig verleimte Dielenelement (rechts unten im Bild) zeigt praktisch keine Schüsselung im Wechselklima

Es wird deutlich, dass die symmetrisch aufgebaute dreischichtige Diele trotz des hohen Massivholzanteils nahezu nicht schüsselt, im Gegensatz zu den zweischichtig verleimten Dielen, bei denen die Schüsselung mit wachsendem Massivholzanteil stark zunimmt. Eine besonders große Gesamtdicke der Konstruktion hat also keinen Einfluss, alleine ein symmetrischer Aufbau verhindert die Schüsselung wirkungsvoll.

Neben dem konstruktiven Aufbau des Verlegeelements bestimmt die Stärke der Einwirkung von Quellmitteln und Feuchtewechseln (Kapitel 4.2.2) maßgeblich die Schüsselung.

Laminatbodenelemente werden überwiegend mit sehr trockenen Holzwerkstoffmittellagen produziert, da bei der unter sehr hoher Temperatur stattfindenden Verklebung der Schichten aufgrund der immensen Volumenvergrößerung des im Holz gebundenen Wassers während des Aggregatzustandswechsels zu Wasserdampf Feuchte unerwünscht ist. Setzen bei schwimmend verlegten Laminatböden die ober- und unterseitigen Schichten aufgrund ihrer Andersartigkeit dem sich dem Raumklima anpassenden und somit quellenden Laminatbodenelement unterschiedliche Widerstände entgegen, kommt es zu Schüsselungen. Dem Verleger ist es mit dem ihm zur Verfügung stehenden Mitteln, anders als bei massiven Holzfußböden, nicht möglich, ein Laminatbodenelement auf Feuchte zu überprüfen. Nicht nur deswegen, sondern auch wegen der Diffizilität der werkstofftechnologischen Interdependenzen wird im Schadensfall der Einfachheit halber zunächst von einem Verlegefehler ausgegangen. Der begutachtende Sachverständige sollte somit den häufig anzutreffenden Verweisen der Laminatbodenproduzenten auf Verarbeitungsfehler nicht unkritisch gegenüberstehen.

Auch bei sehr unsymmetrisch aufgebauten, dreischichtigen Fertigparkett-Elementen treten ähnliche Probleme auf, da aus Angst vor Fugenbildung untertrocknete Elemente produziert werden.

4.2.4 Unterschiedliche Jahrringlage an Ober- und Unterseite

Grundlagen und Ursachen

Unsymmetrischer Aufbau von Verlegelementen ist nicht nur bei der Verleimung unterschiedlicher Materialien gegeben, sondern auch im massiven Holz. Je nach Führung des Sägeschnitts entsteht ein Verlegeelement mit mehr oder weniger symmetrischem Jahrringverlauf zur horizontalen Achse mit daraus resultierenden Formänderungen bei Feuchteänderung (Bild 49).

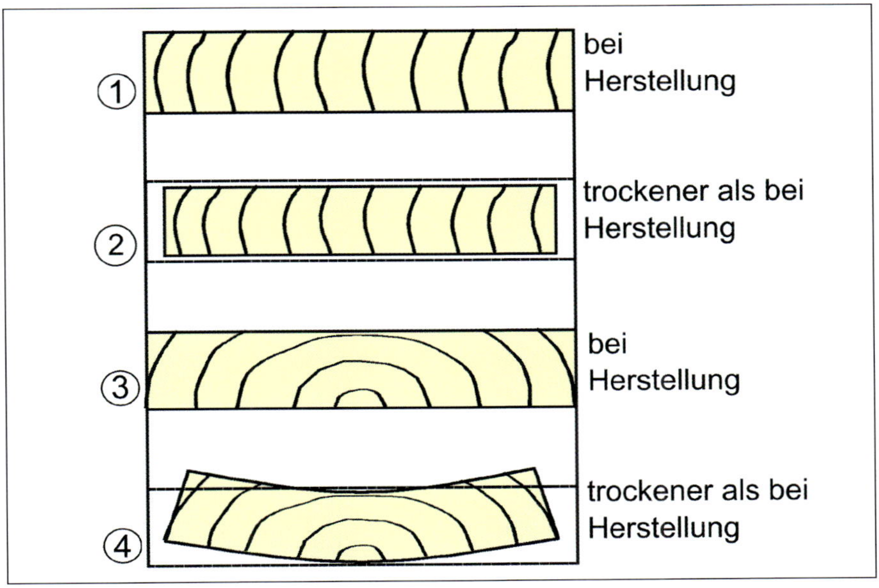

Bild 49 ▪ Massive Verlegeelemente mit unterschiedlicher Schwindungsverformung bedingt durch den Jahrringverlauf; ① und ② Riftfries mit stehenden Jahrringen, in der oberen und unteren Bretthälfte nur radiale Breitenschwindung; ③ und ④ Seitenfries, in der oberen Bretthälfte überwiegend liegende Jahrringe mit starker tangentialer Breitenschwindung, in der unteren Bretthälfte stehende Jahrringe mit schwächerer radialer Breitenschwindung

Wenn die Jahrringe wie bei ① und ② symmetrisch zu den Achsen verlaufen, bleibt bei einem Feuchtewechsel die geometrische Grundform erhalten, es ändert sich lediglich die Größe des Elements. Bei unsymmetrischem Verlauf der Jahrringe zu den Achsen eines Holzelements, d. h. bei unsymmetrischer Verteilung von radialer und tangentialer Holzrichtung (③ und ④), verändert sich bei einem Feuchtewechsel nicht nur die Größe, sondern auch die Grundform des Elements. Die Ursache dafür liegt darin, dass bei fast allen Holzarten das tangentiale Schwindmaß nahezu doppelt so groß ist wie das radiale (Kapitel 1.2.2.1, Tabelle 1).

Vermeidung

Zur Erzielung eines guten Stehvermögens (Kapitel 1.2.2.3) von massiven Verlegeelementen, d. h. zur Vermeidung von Schüsselungen und Verdrehungen, ist es aus ökonomischen und ökologischen Gründen nicht vertretbar, ausschließlich Elemente mit stehenden Jahrringen zu verwenden. Es bleiben jedoch folgende andere Maßnahmen:

1. Ein möglichst **kleines Verhältnis von Breite zu Dicke** eines Verlegeelements
   Aus diesem Grund sah vor Einführung der europäischen Normung DIN 280-1 eine maximale Stabbreite von 80 mm bei 22 mm Stabdicke vor (Verhältnis 80/22 = 3,6) und DIN 280-2 eine maximale Mosaikparkettlamellenbreite von 25 mm bei 8 mm Lamellendicke (Verhältnis 25/8 = 3,1). Breiten-Dicken-Verhältnisse in diesem Rahmen haben sich über Jahrzehnte als problemlos erwiesen.
2. **Nut- und Federverbindung**
   Diese gibt seitliche Stabilität und wirkt Verwerfungen, aber auch Schüsselungen entgegen.
3. **Holzart mit geringer Schwindungsanisotropie**, d.h. mit einem möglichst kleinen Verhältnis von tangentialem zu radialem differenziellen Schwindmaß (Tabelle 1). Buche besitzt beispielsweise eine große Schwindungsanisotropie und zusätzlich Wuchsspannungen. Beides zusammen führt zur Neigung zu Schüsselungen und Verwerfungen dieser Holzart.
4. **Richtige Holzfeuchte bei der Herstellung**, die der Holzfeuchte entsprechen muss, die sich bei der späteren Verwendung einstellt
   Besonders Massivdielen werden häufig mit zu hoher Holzfeuchte hergestellt und eingebaut (Kapitel 4.1.4).
5. **Vermeidung unnötiger Einwirkung von Quellmitteln** (Kapitel 4.2.2).
6. **Minimierung von Feuchtewechseln** während des Gebrauchs, beispielsweise durch winterliche Luftbefeuchtung und Verzicht auf Fußbodenheizung bzw. Betrieb mit Parkettoberflächentemperaturen von maximal 29 °C (Kapitel 4.1.2).

Sanierung

Sofern nur Schüsselung ohne Aufwölbung (Kapitel 4.3) und ohne Hohlstellen (Kapitel 4.4) vorliegt, kann nach Abklingen bzw. Beseitigung der Schüsselungsursache der Holzfußboden vollflächig geschliffen und neu oberflächenbehandelt werden. Hierbei kann zur Egalisierung starker Schüsselungen, beispielweise bei Dielenböden, die mit zu hoher Holzfeuchte hergestellt und eingebaut wurden, ein zusätzlicher erster Diagonalschliff mit grober Körnung erforderlich werden. Eine derartige Sanierung ist bei Laminat- und Furnierböden und bei mehrschichtigen Elementen mit nicht ausreichend dicker Nutzschicht nicht möglich.

4.2.5 Wülste am Rand von Verlegelementen

Schadensbild

Ein Holzfußboden lag absolut fugenfrei. Beim Darüberstreichen mit der Hand fühlte sich der Rand der Verlegeelemente leicht erhöht an. Stellenweise befand sich aus der Fuge gedrückter Klebstoff über den Stößen (Bild 50).

Oft ist die Unterscheidung zwischen gestauchtem Rand und Schüsselung des Verlegeelements nicht eindeutig möglich. Außerdem können beide Schadensbilder auch gleichzeitig auftreten.

Grundlagen und Ursachen

Presswülste und gestauchte Ränder entstehen als Folge einwirkender Quellmittel während oder nach der Verlegung, wenn die Ausdehnung durch eine seitliche Einspannung oder einen abgebundenen Klebstoff behindert ist. Zunächst nähern sich die Verlegeelemente an, dabei presst sich der eventuell

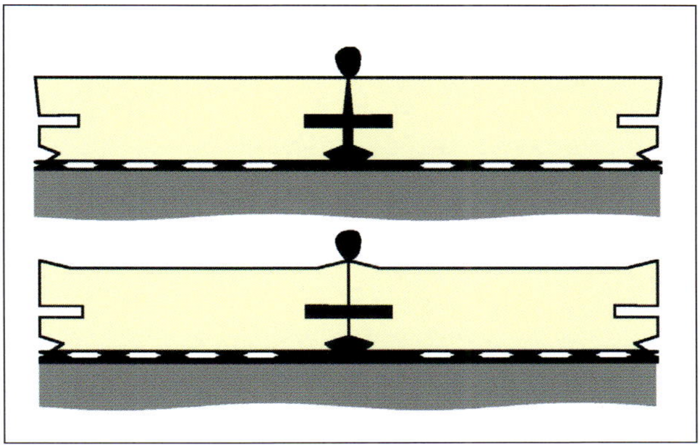

Bild 50 ▪ Verlegeelemente mit aus der Fuge gedrücktem Kitt oder Klebstoff; oben schwacher Pressdruck, unten etwas gestauchter Rand der Parkettstäbe als Folge starken Pressdrucks

zwischen ihnen befindliche Klebstoff oder Kitt aus den sich schließenden Fugen. Bei weiter fortschreitender Quellung entstehen enorme Pressdrücke, die bis hin zu einer Stauchung des Holzes führen können. Dabei können sich die Ränder der gestauchten Verlegeelemente sichtbar um bis zu 0,3 mm erhöhen.

Wenn der Quelldruck weiter steigt, kommt es zur Aufwölbung des Fußbodens (Kapitel 4.3). Klingt, nachdem es zu Stauchungen gekommen ist, die Quellungsursache ab, so ist mit verstärkter Fugenbildung infolge plastischer Verformung des Holzes (Kapitel 4.1.5) zu rechnen. Insofern weisen Presswülste und Stauchungen den Sachverständigen auf eventuell noch zu erwartende Schäden einerseits hin und andererseits sind sie ein nachträgliches Indiz für eine starke Einwirkung von Quellmitteln.

Da der Anteil plastischer Verformung des Holzes im Einzelfall nur schwer einzuschätzen und somit nicht exakt kalkulierbar ist, sind nachträgliche Berechnungen der Einbaufeuchte sehr vage und fehleranfällig (Kapitel 4.1.5).

Vermeidung

Wülste von herausgedrücktem Klebstoff entstehen oft durch Anschieben im Klebstoffbett. Durch eine sparsamere Klebstoffverwendung und eine Vermeidung der seitlichen Klebstoffbenetzung des Verlegeelements sind sie theoretisch vermeidbar. Da aber eine gute Verklebung gerade durch satten Klebstoffauftrag und Anschieben entsteht, wäre es widersinnig, diese beiden Maßnahmen zu unterlassen. Es ist vielmehr sinnvoll, die übermäßige Einwirkung von Quellmitteln (Kapitel 4.2.2) zu verhindern.

Sanierung

Nach Abklingen der Quellmitteleinwirkung können die überstehenden Klebstoffwülste mit einem stumpfen Stechbeitel oder einer Münze abgestoßen werden. Je nach Ausmaß der Stauchung an den Rändern wird auf weitere Maßnahmen verzichtet (Kapitel 3.3.4, zweitletzter Absatz) oder wie bei der Sanierung einer leichten Schüsselung (Kapitel 4.2.4) verfahren.

4.3 Aufwölbung

4.3.1 Arten und Größen von Aufwölbungen

Wie bereits in der Einleitung des Kapitels 4.2.1 SCHÜSSELUNG angesprochen, muss trotz ähnlicher Ursachen klar zwischen Schüsselung und Aufwölbung unterschieden werden. Unter einer Aufwölbung wird eine Abhebung mehrerer Verlegeelemente des Holzfußbodens verstanden (Bild 51, oben). Holzfußböden können sich auch zusammen mit ihrem Unterboden als eine Einheit aufwölben, d.h. von der Deckenplatte abheben (Bild 51, unten).

Holz quillt bei der Aufnahme von Quellmitteln, d.h. es dehnt sich aus. Zumeist führt Wasser, aber auch organische Lösemittel mit polaren Gruppen, wie beispielsweise Alkohole aus Klebstoffen, zur Quellung des Holzes [103]. Wenn Holzfußböden bei der Quellung durch angrenzende Bauteile wie Wände, Pfeiler oder Türschwellen behindert werden, kommt es entweder zu plastischen Verformungen des Holzes (Kapitel 4.1.1 und 4.1.5) oder zur Aufwölbung des Bodens. Im letzteren Fall weicht der Boden dem in der Ebene wirkenden Quelldruck aus, indem er sich senkrecht in die Höhe bewegt. Bei schwimmend verlegtem Parkett tritt dies sehr rasch ein, da nur das Eigengewicht der Verlegeelemente überwunden werden muss. Bei vollflächig verklebtem Parkett ist eine Aufwölbung gleichbedeutend mit dem Überschreiten der Querzugfestigkeit des Holz-Klebstoff-Unterboden-Verbundes.

Die Höhe der Aufwölbung lässt sich nach Gleichung 2 berechnen. Die exemplarische Rechnung zeigt, dass bereits eine geringe Ausdehnung *a* eines Holzfußbodens, bei seitlicher Einspannung, eine beträchtliche Höhe der Aufwölbung *h* verursacht.

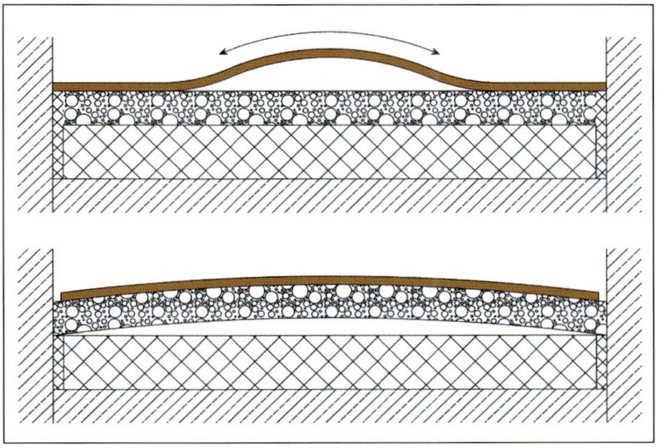

Bild 51 ▪ Aufwölbung von Holzfußböden; oben Aufwölbung ohne Unterboden – der Holzfußboden steht an den Seiten an –, unten Aufwölbung mit Unterboden, der vom Parkettboden gedehnt wurde und an den Seiten ansteht, ohne dass notwendigerweise der Parkettboden ansteht

Gleichung 2:

$$h = \frac{1}{2}\sqrt{a^2 + 2ab}$$

$$a = \sqrt{4h^2 + b^2} - b$$

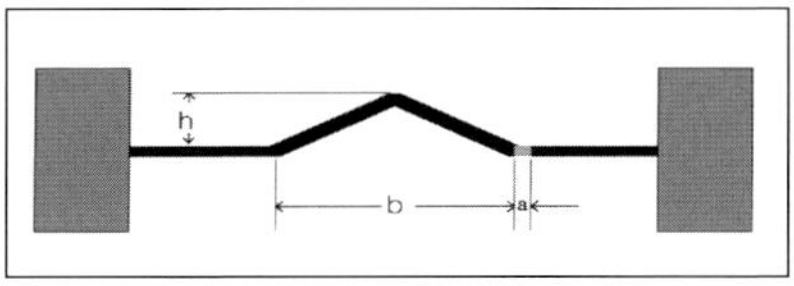

Hierbei bedeuten:
a = Ausdehnung (Quellung) eines seitlich eingespannten Holzfußbodens
b = Breite, über die sich die Aufwölbung erstreckt
h = Höhe der Aufwölbung

Exemplarische Berechnung:
Ein 2 m breiter, seitlich eingespannter Holzfußboden quillt um 1 cm.

$a = 1\,\text{cm}$
$b = 200\,\text{cm}$

Alle Maße werden in cm eingesetzt!

$$h = \frac{1}{2}\sqrt{1^2 + 2 \cdot 1 \cdot 200} = \frac{1}{2}\sqrt{401} \approx 10\,\text{cm}$$

Das Ergebnis der Berechnung lässt sich sehr anschaulich mithilfe eines Gliedermaßstabs zeigen (Bild 52).

Ein nicht alltägliches, aber dennoch durchaus mögliches Schadensbild eines Holzpflasterbodens zeigt, wie durch die Einwirkung von Quellmitteln, in Kombination mit seitlicher Einspannung, eine enorme Aufwölbung entstehen kann (Bild 53).

Aus der Lage der Jahrringe resultiert bei Holzpflaster eine starke Quellung und Schwindung in der Länge und Breite des Raumes. Um bei einem eingespannten Holzpflasterboden die angrenzenden Wände nicht zu beschädigen, können Lamellenklötze als Sollbruchstellen eingebaut werden, die bei zu hohen Quellspannungen nachgeben (Bild 17). Diese Sicherheitseinrichtung empfiehlt sich auch bei nicht eingespannten Holzpflasterböden, da im Falle eines Wasserschadens der Boden trotz Randfugen gegen die Wände drücken kann.

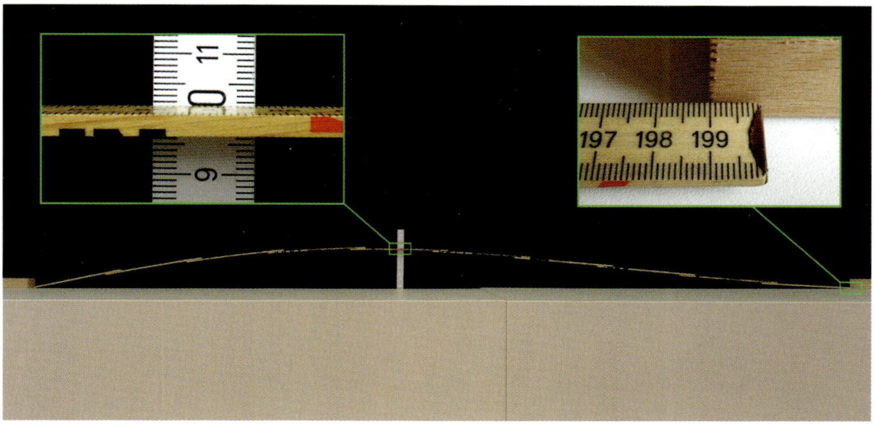

Bild 52 ▪ Ein 200 cm langer Gliedermaßstab auf 199 cm eingespannt (Detail rechts) veranschaulicht mit der entstandenen 10 cm hohen Aufwölbung (Detail links) die starke Wölbwirkung einer nur um 1 cm zu kleinen Wandfuge

Bild 53 ▪ Enorme Aufwölbung durch die Einwirkung von Quellmitteln bei behinderter Quellung (Quelle: Dr. Dirk Lukowsky, Braunschweig)

4.3.2 Aufwölbung durch fehlende Rand- und Dehnungsfugen

Schadensbild

In einer Altbauvilla war dreischichtiges Fertigparkett schwimmend verlegt worden. Der Holzfußboden hatte sich wellenförmig aufgewölbt (Bild 54). Die Höhe der Aufwölbung betrug 3 cm, die Wellenbreite circa 80 cm. Wenn sich eine Person auf die Welle stellte, verschwand diese dort und tauchte in gleicher Form und Größe an anderer Stelle wieder auf. Zum Zeitpunkt der Ortsbesichtigung im Sommer wurden $u = 11\,\%$ Holzfeuchte gemessen.

Bild 54 ▪ Aufwölbung eines schwimmend verlegten Fertigparketts

Grundlagen und Regeln

Der Feuchtegehalt von Fertigparkett-Elementen hat bei europäischen Holzarten nach der DIN EN 13489 [80] zum Zeitpunkt der Lieferung $u = 5$ bis 9 % zu betragen, wobei $u = 7$ % als Mittelwert der Lieferung gilt. Die relative Luftfeuchte in Wohnräumen und die Holzfeuchte von Parkettböden schwanken im Jahresverlauf erheblich [10], [32]. In Bild 20 sind Mittelwertskurven aus Hunderten von Einzelmessungen an versiegelten Holzfußböden in Mitteleuropa (ohne Küstengebiete) dargestellt. Für Norddeutschland, besonders an den Küsten, liegen die beiden Kurven etwas höher, sodass dort die mittlere Holzfußbodenfeuchte nicht zwischen circa 6 und 11 %, sondern ungefähr zwischen 7 % im Februar und 12 % im August/September schwankt. Aus holzphysikalischer Sicht ist der in der alten DIN 280 genannte Wert $u = 8 \pm 2$ % richtig, da er der tatsächlichen Ausgleichsfeuchte entspricht. Umso kritischer ist eine Unterschreitung des ohnehin schon niedrigen Mittelwerts von 7 % zu bewerten.

Da Holz bei Feuchteaufnahme quillt (Kapitel 4.1.1, Gleichung 1), ist es außerordentlich wichtig, einen ausreichenden Abstand zwischen Parkett und angrenzenden Bauteilen einzuhalten. So kann sich das Parkett ggf. ausdehnen, ohne dass es zu Einspannungen kommt.

In der VOB/C ATV DIN 18356 [46] wird deshalb im Abschnitt 3.2.1.3 das Anlegen von ausreichenden Rand- und Dehnungsfugen bei der Parkettverlegung ausdrücklich gefordert. Wie viel Wandabstand bei der Verlegung einzuhalten ist, hängt von Holzart, Parkettart, Verlegemuster, Verlegeart, den zu erwartenden Klimaschwankungen und der Raumgröße ab. Die geltenden fachlichen Regeln sprechen nicht von ›breiten‹, sondern von ›ausreichend breiten‹ Dehnungsfugen. ›Ausreichend breit‹ bedeutet in diesem Zusammenhang ›ausreichend breit zur Vermeidung von Schäden‹. Schäden wären beispielsweise Aufwölbungen des Parketts oder unzuträgliche Verschiebungen von Bauteilen durch Ausdehnung des Parketts durch Quellung (Kapitel 4.1.1).

Für die Berechnung des notwendigen Randfugenmaßes ist für Massivparkett von 2 % und für Mehrschichtparkett von 4 % natürlicher Holzfeuchtezunahme gegenüber der Lieferfeuchte auszugehen. Um die Breitenquellung und daraus das notwendige Fugenmaß zu berechnen, sind die angenommenen 2 bzw. 4 % Holzfeuchtezunahme mit dem differenziellen Schwindmaß/Quellmaß aus Tabelle 1 zu multiplizieren. Dieses Ergebnis ist durch zwei zu teilen, da zwei Wandfugen eine Parkettfläche begrenzen. Weiterhin sind die folgenden Aspekte zu berücksichtigen:

1. Bei Quellungsbehinderung durch schubfeste Verklebung kann die Quellung überschlägig halbiert werden.
2. Einige Verlegemuster, wie z. B. Würfel-, Fischgrät-, und Flechtmuster, führen zu einer nochmaligen Halbierung der Breitenquellung.
3. Eine eventuelle Absperrung bei mehrschichtigem Parkett verringert die Quellung ebenfalls. Die differenziellen Quellmaße von mehrschichtigem Parkett liegen bei circa einem Drittel bis einem Zehntel des Quellmaßes des Deckschichtmaterials.

Der Wandabstand in Wohnräumen mit einer Raumbreite von ≤ 6 m beträgt üblicherweise circa 8 bis 15 mm bei der Verlegung. Bei einem bereits verlegten Boden, der mindestens eine Quellungsperiode (in der Regel das Sommerhalbjahr) erlebt hat, reduziert sich das Wandfugenmaß entsprechend. Aus Sicherheitsgründen sollte jedoch auch bei einem älteren Boden ein Mindestabstand von 2 bis 3 mm (bezogen auf einen 4 bis 6 m breiten Raum) vorhanden sein, damit in eventuell künftig auftretenden besonders feuchten Sommern noch eine weitere Ausdehnung möglich ist. So ist gewährleistet, dass auch extreme Feuchtperioden schadensfrei überstanden werden können.

Als grobe Faustregel gelten demnach **1 bis 1,5 cm** Wandabstand jeweils zu beiden Seiten bei Holzfußbodenbreiten bis 6 m als ausreichend.

Ursachen und Vermeidung

Der Parkettboden und das Raumklima im Haus wiesen zum Ortstermin normale Feuchtewerte auf. Es waren keine Spuren der Einwirkung von Wasser feststellbar, trotzdem stand der Parkettboden zwischen den Schwellen der beiden gegenüberliegenden Türen an.

Nach Gleichung 3 ergibt sich folgende erforderliche Fugenbreite:

$$F_{erf} = B \cdot V \cdot (u_{max} - u_{liefer}) / 100\,\%$$

$$F_{erf} = 600\text{ cm} \cdot 0{,}03\,\frac{\%}{\%} \cdot (11\,\% - 7\,\%) / 100\,\%$$

$$F_{erf} = 0{,}72\text{ cm}$$

Es wäre demnach eine Fugensumme von nur 7,2 mm erforderlich gewesen. Dieser Wandabstand stand offensichtlich nicht zur Verfügung. Mit Gleichung 2 lässt sich die Ausdehnung des Bodens unter seitlicher Einspannung, die zur Aufwölbung führte, berechnen:

b = 80 cm = Breite, über die sich die Aufwölbung erstreckt,
h = 3 cm = Höhe der Aufwölbung,
a = gesuchte Ausdehnung unter seitlicher Einspannung in cm.

$$a = \sqrt{4h^2 + b^2} - b$$

$$a = \sqrt{4 \cdot 3^2 + 80^2}\text{ cm} - 80\text{ cm}$$

$$a = 80{,}22\text{ cm} - 80\text{ cm}$$

$$a = 0{,}22\text{ cm}$$

Der Fußboden ist unter seitlicher Einspannung 2,2 mm gequollen. Rein rechnerisch ergibt sich aus F_{erf} = 7,2 mm minus a = 2,2 mm eine tatsächliche Fugensumme bei Verlegung von nur 5 mm, die dem Boden zur Ausdehnung zur Verfügung stand, bevor es zur Einspannung und Aufwölbung kam.

Das Material wurde zwar mit normgerechten 7 % Holzfeuchte, jedoch ohne nennenswerte Randfugen zu den angrenzenden Türschwellen eingebaut. Bereits die normale sommerliche Feuchteaufnahme von 7 auf 11 % und die damit verbundene Ausdehnung des abgesperrten Fertigparketts musste zur Aufwölbung führen (siehe vorherige Rechnung).

Da die Aufwölbung das nach Norm DIN 18202 tolerierbare Maß (Kapitel 3.3.5) um ein Vielfaches überschritt und die Nutzung des Bodens durch nicht mehr schließbare Türen erheblich eingeschränkt war, lag ein technischer Mangel vor, der durch unsachgemäße Verlegung und Verstoß gegen VOB/C ATV DIN 18356, Abschnitt 3.2.1.4, verursacht wurde.

Anmerkung

Trotz ausreichend großer Randfugen kann sich ein schwimmend verlegter Holzboden aufwölben. Das typische Beispiel hierfür ist ein schwer beladener Schrank vor der Wand. Der Boden kann sich durch ihn nicht zum Randfugenbereich hin verbreitern.

Sanierung

An den Stellen, wo der Fußboden an angrenzende Bauteile anstößt, muss eine Randfuge geschaffen werden. Dies geschieht zumeist mittels Schattenfugensäge. Das überflüssige Material wird herausgetrennt und die Aufwölbungen werden anschließend beschwert. Meist kann durch einige Tage Beschwerung die Aufwölbung dauerhaft beseitigt werden.

Erforderlichkeit von Dehnungsfugen?

Über die Frage, ab welcher Fußbodenbreite zusätzliche Dehnungsfugen erforderlich sind, streiten sich die Fachleute. Die Meinungen reichen von *»immer, wenn der Boden breiter als 6 m ist, sind Dehnfugen anzulegen« bis »Dehnfugen sind bei Einsatz moderner ›schubfester‹ Klebstoffe nicht erforderlich«.*

Die Möglichkeit, auf Dehnungsfugen zu verzichten, resultiert aus der theoretischen Annahme, dass die Verklebung eine Ausdehnung der Holzbodenfläche nahezu vollständig verhindert. Hierzu muss jedoch auch der Untergrund ausreichend fest sein, um die Spannungen schadlos aufnehmen zu können. Diese Theorie erinnert an die praktizierte, fugenfreie Verlegung von Holzpflasterklötzen, die zwischen ausreichend standfesten Begrenzungen eingespannt werden [16]. Aufgrund der Höhe der Klötze können diese bei Quellung des Holzes nicht nach oben aus der Fläche gedrückt werden, wie es z. B. bei dünnen Mosaikparkettlamellen geschehen würde.

Für den Fall einer schwimmenden Parkettverlegung lässt sich jedoch leicht nach Gleichung 3 ausrechnen, ab welcher Parkettbreite zusätzliche Dehnungsfugen erforderlich sind:

Gleichung 3: $F_{erf} = B \cdot V \cdot (u_{max} - u_{liefer}) / 100\ \%$

Hierbei bedeuten:

F_{erf} = erforderliche Fugensumme in Zentimetern (Randfugen + Dehnungsfugen),
B = Breite des Fußbodens in Zentimetern,
V = differenzielles Schwindmaß des Materials (Werte aus Tabelle 1),
u_{max} = zu erwartende maximale Holzfeuchte (in der Regel u_{max} = 12 %),
u_{liefer} = Holzfeuchte bei Lieferung und Verlegung (in der Regel u_{liefer} = 7 %).

Wenn die erforderliche Fugensumme F_{erf} größer als die beiden Randfugen zusammen ist, so sind in dem berechneten Maße zusätzliche Dehnungsfugen vorzusehen. Die Summe aus Randfugen und Dehnungsfugen der erforderlichen Fugensumme muss sich entsprechen. Dehnungsfugen sollten mit Kork, Gummiprofilen oder dauerelastischen, silikonfreien Massen geschlossen werden. Wenn dies nicht geschieht, können sich Schmutz und Steinchen ansammeln und die Dehnungsfugen erfüllen nicht mehr ihre Funktion.

Verzicht auf Fugen zu angrenzenden Bauteilen

Das Parkett ist im Bereich des Austritts einer Granittreppe dicht angelegt (Bild 55).

Diese Konstruktion wird aus gestalterischen Gründen häufig von Architekten und Bauherren gewünscht. Aus den obigen Ausführungen stellt sich die Frage, bis zu welcher Breite der Parkettfläche dies zulässig ist. Um auf Fugen zu verzichten, müssen, wie in Bild 56 gezeigt, zwei wesentliche Punkte erfüllt sein.

Voraussetzungen für fugendichtes Anlegen (rot markiert):

1. Eine gegenüberliegende Ausdehnungsmöglichkeit muss vorhanden sein (grün markierte Fuge in Bild 56). Dies kann eine Wandfuge mit Sockelleiste oder aber auch eine Schiene sein, die Ausdehnungen ermöglicht.
2. Die Fußbodenfläche darf nicht zu breit sein, erfahrungsgemäß stellen Flure bis zu circa 1,5 m Breite keine Gefahr dar.

Das Problem kann ebenfalls beseitigt werden, indem die Verlegerichtung gedreht wird, da in Wuchsrichtung des Holzes eine nur vernachlässigbare Ausdehnung stattfindet. In diesem Fall wäre sogar eine beidseitige Einspannung des Holzes, bei Längen von wenigen Metern, möglich. Der Planer und der Parkettleger dürfen diese Ausführungen jedoch nicht bei Kaminen in Wohnzimmern und Holz-Fliesen-Anschlüssen zwischen Wohnzimmer und Küche einsetzen, da hier in der Regel mit großen Parkettgesamtbreiten zu rechnen ist!

Bild 55 ▪ Keine Dehnungsfuge zwischen Granittreppe und Bambusparkett

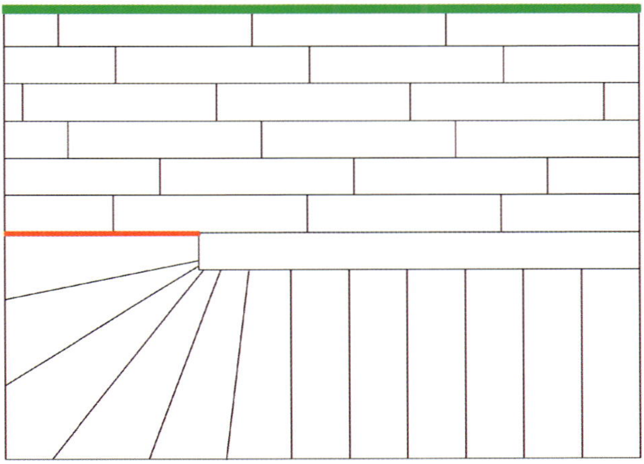

Bild 56 ▪ Voraussetzungen für den Verzicht auf Fugen (rot) zu angrenzenden Bauteilen

4.3.3 Verschobene und gerissene Bauteile

Schadensbild

In den Wänden (Bilder 57 und 58) und im Boden (Bild 59) bildeten sich Risse. Die Wandrisse liefen von unten nach oben aus. Bis auf den Boden reichende Bauteile, wie Fenstertüren oder Ständerwände, wurden verschoben (Bild 60).

Ursachen und Vermeidung

Auf ausreichende Rand- und Dehnungsfugen wurde in Kapitel 4.3.2 bereits detailliert eingegangen. Die dort beschriebenen Berechnungen für Rand- und Dehnungsfugen sind einzuhalten, da bei der Quellung von Holz große Kräfte entstehen, die sogar ganze Bauteile verschieben und zerstören können.

Bild 57 ▪ Nach oben auslaufender Riss, der aus der Quellung des an der Wand anstehenden Dielenbodens resultierte

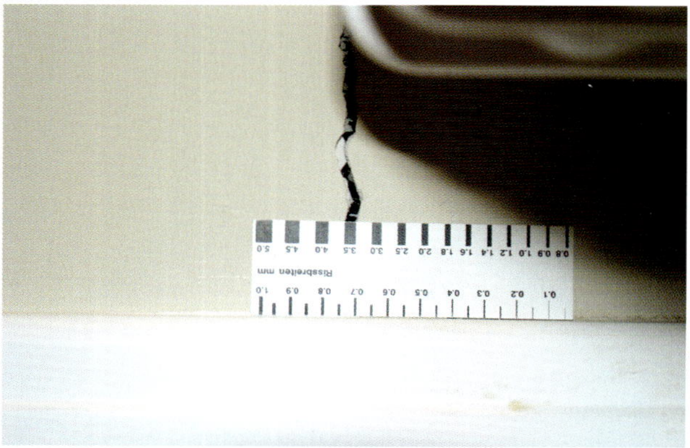

Bild 58 ▪ Vergrößerung des Risses aus Bild 57

Bild 59 ▪ Hochkantlamellenparkett aus Buche hat den Zementestrich zerrissen

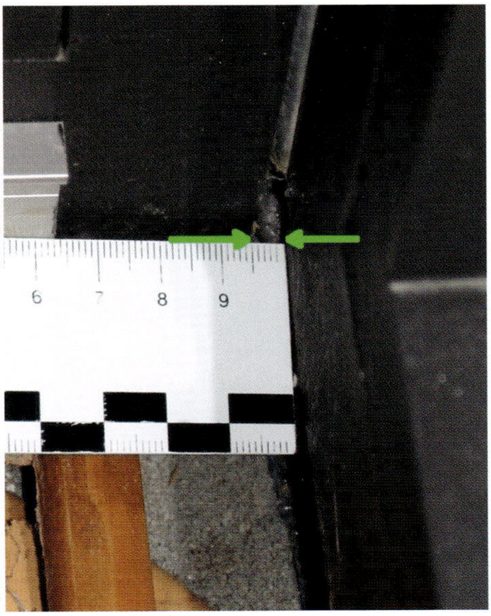

Bild 60 ▪ 6 mm Verschiebung eines Fensterelements durch behinderte Quellung

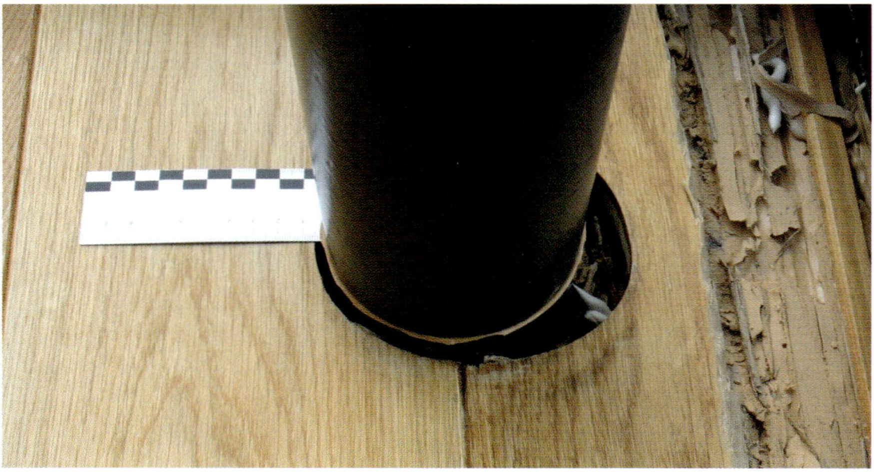

Bild 61 ▪ Deutlich erkennbare Verschiebung des Parketts an einem festen Bauteil; links 5 mm und rechts 20 mm Abstand der Dielen

Bild 62 ▪ Abzeichnung der Versiegelung an der Kante der Sockelleiste

Je laufendem Meter Wandkontakt kann ein 20 mm dicker Holzboden über 40.000 N (das entspricht vier Tonnen) Quellkraft entwickeln.

Besonders bei hart eingestellten Klebstoffen werden die Quellspannungen nur wenig abgebaut und große Quellkräfte auf den Unterboden übertragen. Wie Bild 59 zeigt, wurde ein Zementestrich von einem Hochkantlamellenparkett aus Buche zerrissen. Danach verschob das Parkett mit den unterseitig anhaftenden Estrichschollen ganze Ständerwände.

Wenn der Klebstoff besonders weichelastisch eingestellt ist, kommt es zur Verschiebung des Holzes zu den Wänden hin, ohne dass der Estrich reißt.

An festen Bauteilen, wie in Bild 61 an einer Säule, kann das Maß der Verschiebung berechnet werden.

Bei Annahme, dass die 25 mm Gesamtabstand (5 mm + 20 mm) von der Säule ursprünglich gleichmäßig verteilt waren (12,5 mm + 12,5 mm), errechnet sich eine Verschiebung von 7,5 mm des Fußbodens.

Bei um einen vor Ort versiegelten Fußboden bilden sich an den Sockelleisten Versiegelungsränder (Bild 62, grüner Pfeil). Anhand dieser Ränder lassen sich die Wandabstände und damit auch die ursprüngliche Luft zwischen Wand und Verlegeelementen errechnen.

Exemplarische Berechnung anhand der Maße aus Bild 62:

Aus der Sockelleistenbreite von 18,5 mm und dem Istwandabstand der Lackgrenze nach Verschiebung (grüner Pfeil 10 mm) errechnet sich der ursprüngliche Wandabstand wie folgt:

Dicke Sockelleiste	–	Istwandabstand der Lackgrenze	=	ursprünglicher Wandabstand
18,5 mm	–	10 mm	=	8,5 mm

Der Wandabstand bei Verlegung hat demnach nur 8,5 mm betragen und war, für einen 12 m breiten Massivholzdielenboden ohne Dehnungsfugen, nicht ausreichend dimensioniert.

Sanierung

Für die Sanierung der beschädigten Bauteile (Wände, Fenster, Estrich) muss der bestehende Boden komplett entfernt werden. Erst nach Feststellung und Beseitigung der Quellungsursache kann die Neuverlegung mit ausreichend dimensionierten Rand- und Dehnungsfugen (Kapitel 4.3.2) erfolgen.

4.3.4 Aufwölbung durch nicht angepasste Holzfeuchte

Schadensbild

Auf einem Friedhof wurde unter altem Baumbestand eine Leichenhalle aus Betonfertigteilen erbaut. In dem ganzjährig unbeheizten Raum wurden 120 m^2 Eichenholzpflaster aus 40 mm dicken, massiven Einzelklötzen in Kunstharzlösungsmittelklebstoff fachgerecht verlegt, geschliffen und versiegelt. Unter enormer Spannung wölbte sich das Holzpflaster zusammen mit dem Gussasphaltestrich auf. Zum Zeitpunkt des Ortstermins wurden folgende Daten aufgenommen: u = 13,2 % Holzfeuchte bei ϑ = 16 °C Raumtemperatur und φ = 75 % relativer Luftfeuchte.

Anmerkung:

Der Schaden hätte in gleicher Weise auftreten können in

- einer überwiegend unbeheizten Kirche,
- einem Garten-, Jagd- oder selten genutzten Ferienhaus,
- einem Schloss oder anderen historischen Gemäuern mit nur sporadischer Beheizung.

Grundlagen und Regeln

Holz nimmt Wasserdampf aus feuchter Umgebung auf und gibt Wasserdampf an trockene Umgebung ab (Kapitel 1.1.3, Bild 3). Tabelle 8 zeigt, welche Holzgleichgewichtsfeuchte sich bei einem bestimmten Klima einstellt. In Abhängigkeit von der Beheizungssituation ändert sich das mittlere Raumklima und entsprechend die mittlere Holzfeuchte von Bauteilen (Tabelle 12).

Die weite Spanne der beiden letzten Zeilen von Tabelle 12 trägt dem Grundsatz Rechnung, dass innerhalb der EU keine Handelshemmnisse durch Normen aufgebaut werden dürfen. Die europäische Normung muss diese weite Holzfeuchtespanne zulassen, da sich in Nord-Skandinavien, mit elf Monaten Beheizung, eine niedrigere Holzausgleichsfeuchte einstellt als beispielsweise auf Sizilien, wo nur wenige Wochen geheizt wird. Unabhängig davon besteht für Mitteleuropa weiterhin die seit vielen Jahrzehnten bewährte Liefer- und Einbaufeuchte von 9 % Holzfeuchte im Mittel, mit zulässiger Abweichung der Einzelstäbe von minimal 7 bis maximal 11 %. Entsprechend gelten für mehrschichtiges Parkett 7 % im Mittel mit minimal 5 und maximal 9 % Abweichung der Einzelelemente einer Lieferung.

Die Holzfeuchte bei Lieferung und Einbau sollte der mittleren Holzfeuchte während der Nutzung entsprechen. Aus Bild 20 geht hervor, dass unter normalen Bedingungen das Mittel aus jahreszeitlichen Holzfeuchteschwankungen in Wohnräumen bei circa u = 9 % liegt.

Die DIN EN-Produktionsnormen schreiben deshalb einen Feuchtegehalt von massivem Parkett zum Zeitpunkt der Lieferung von 7 bis 11 % vor (Tabelle 12). Bei Mehrschichtparkett gilt entsprechend u = 5 bis 9 % [80], wobei 7 % als Mittelwert nach den Gesetzen der Holzphysik für Mitteleuropa zu niedrig und der in DIN 280-5 genannte Wert von 8 % korrekt ist. Dieser Wert entspricht der tatsächlichen Ausgleichsfeuchte für mittleres Wohnklima. VOB/C ATV DIN 18356 [46] schreibt für die Parkettverlegung die in den Pro-

Tabelle 12 ▪ Holzausgleichsfeuchten u_{gl} im Jahresmittel für verschiedene Bauteile bzw. Randbedingungen

u_{gl} [%]	Bauteil/Randbedingungen	Quelle
30–220	im lebenden und frisch gefällten Baum	Grosser [18]
22–35	in $\varphi = 100\,\%$ relativer Luftfeuchte (Fasersättigung)	Grosser [18]
20	›trockenes‹ Bauholz (kein Pilzbefall möglich)	DIN 4074-1:1989-09 [57] DIN 68364:1979-11 [63] DIN 68365:1957-11
15 ± 3	in Mitteleuropa im Freien unter Dach	DIN 1052:1988-04 [38] DIN 68100:1984-12 [62]
10–15	Bauteile, die ständig mit der Außenluft in Verbindung stehen	DIN 18355:2006-10 [45]
12 ± 3	in geschlossenen, ganzjährig unbeheizten Räumen	DIN 1052-1:1988-04 [38] DIN 68100:1984-12 [62]
(10...14) ± 2	Holzpflaster GE	DIN 68702:2009-10 [67]
(8...13) ± 2	Holzpflaster WE	DIN 68702:2009-10 [67]
(8...12) ± 2	Holzpflaster RE	DIN 68702:2009-10 [67]
6–10	Möbel, Innenausbau	DIN 18355:2006-10 [45]
9 ± 3	in geschlossenen, beheizten Räumen	DIN 1052-1:1988-04 [38], DIN 68100:1984-12 [62]
9 ± 3	Treppen	DIN 18334:2006-10 [42]
7–11	Massivholzstabparkett Massiv-Overlay-Parkett Mosaikparkett Hochkantlamellenparkett	DIN EN 13226:2003-05 [75] DIN EN 13228:2003-06 [78] DIN EN 13488:2003-05 [79] DIN EN 14761:2008-09 [85]
5–9	Mehrschichtparkett Furnierboden	DIN EN 13489:2003-05 [80] DIN EN 14354:2005-03 [84]

duktionsnormen genannten Feuchtegehalte zwingend vor. In den genannten Normen sind zwar teilweise Abweichungen vom 9 %-Wert für Exotenhölzer (Kapitel 4.1.4) vorgesehen, es fehlt jedoch ein wichtiger Hinweis darauf, dass auch Abweichungen vom 9 %-Wert erforderlich sind, sofern Holzfußböden in Räumen mit besonderen klimatischen Verhältnissen verlegt werden, wie sie beispielsweise in nicht zentral beheizten Räumen vorliegen (Tabelle 12).

In der DIN 68702 [67] wird darauf hingewiesen, dass der Feuchtegehalt der Holzpflasterklötze nach dem zu erwartenden Raumklima festzulegen ist.

Ursachen und Vermeidung

Bei bekannten Abweichungen vom normalen ›Zentralheizungsraumklima‹ sollte das Holz ab Werk mit der Holzfeuchte bestellt werden, die dem vorherrschenden Klima während der späteren Nutzung entspricht. Nach Tabelle 12 wäre für **unbeheizte** Räume eine Holzeinbaufeuchte von circa $u = 12\,\%$ angemessen. Weitere Holzeinbaufeuchten für spezielle klimatische Bedingungen können aus Tabelle 8 abgeleitet werden.

4.3.5 Aufwölbung durch hohe Baufeuchte

Schadensbild

Aufwölbung wie in Kapitel 4.3.4, aber auch Fugen (Kapitel 4.1.5) oder Schüsselung (Kapitel 4.2.2) oder Welligkeit (Kapitel 4.4.6).

Ursachen

Hohe relative Luftfeuchte kann zu Schäden an Holzfußböden durch unzuträglich hohe Holzfeuchte führen. In diesem Zusammenhang ist zu beachten, dass in Neubauten durch das Zusammentreffen verschiedener Faktoren in den ersten beiden Jahren (Bild 63) nach dem Ersteinzug die relative Luftfeuchte beträchtlich erhöht ist [35]:

- Austrocknungsfeuchtestrom aus Wänden, Decken und Putz,
- Austrocknungsfeuchtestrom aus feucht eingebrachtem Bauholz,
- Feuchte aus Tapezier- und Malerarbeiten,
- Feuchte aus Dispersionsklebstoffen und/oder Wasserlacken,
- Feuchte aus noch unentdeckten Leckagen,
- unnormales/ungünstiges Lüftungsverhalten und/oder Heizungsverhalten,
- immer luftdichter werdende Gebäude.

Vermeidung

Bestehen Bedenken bezüglich der Güte der vom Auftraggeber gelieferten Stoffe oder Bauteile oder hinsichtlich der Leistungen anderer Unternehmer, hat der Auftragnehmer nach VOB Teil B § 4 Nr. 3 diese dem Auftraggeber mitzuteilen. Für Parkettarbeiten listet die VOB/C ATV DIN 18356 im Abschnitt 3 mehrere Gründe für das Anmelden von Bedenken auf. Diese Liste ist nicht umfassend. Ob diese Gründe vorliegen, kann nur durch Überprüfen festgestellt werden. Hieraus ergeben sich die Prüfpflichten auf

- größere Unebenheiten,
- Risse im Untergrund,
- nicht genügend trockenen Untergrund,

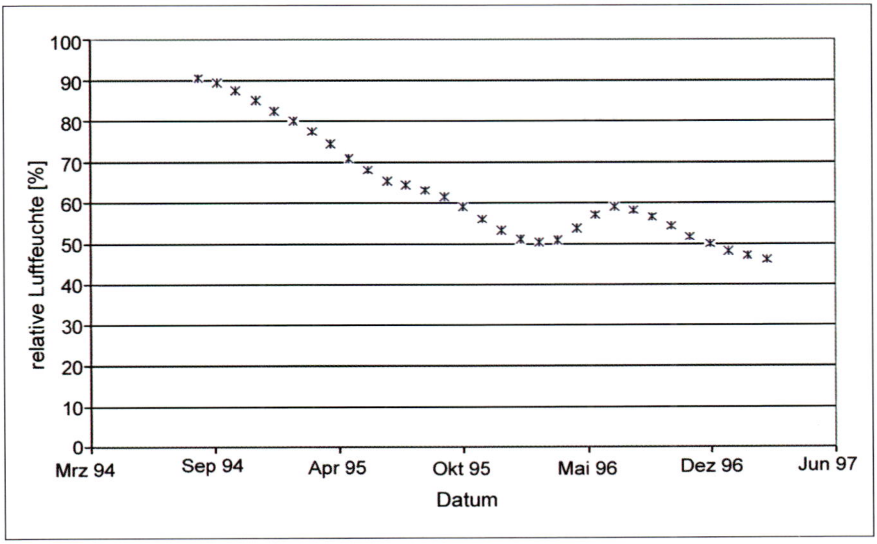

Bild 63 ▪ Erhöhte relative Luftfeuchte durch Baufeuchte in Neubauwohnungen während der ersten Jahre; nach Liersch [35], verändert

- nicht genügend feste Oberfläche des Untergrundes,
- zu poröse und zu raue Oberfläche des Untergrundes,
- ungenügende Bewegungsfugen im Untergrund,
- verunreinigte Oberfläche des Untergrundes, z. B. durch Öl, Wachs, Lack, Farbreste,
- unrichtige Höhenlage der Oberfläche des Untergrundes im Verhältnis zur Höhenlage anschließender Bauteile,
- ungeeignete Temperatur des Untergrundes,
- ungeeignetes Raumklima,
- fehlendes Aufheizprotokoll bei beheizten Fußbodenkonstruktionen,
- fehlende Markierung von Messstellen bei beheizten Fußbodenkonstruktionen.

Aufgrund des Punktes ›Raumklima‹ muss der Parkettleger vor und während der Verlegung erkennen, ob die relative Luftfeuchte im betreffenden Raum angemessen ist, d. h. nicht mehr als 15 %-Punkte von der später langfristig zu erwartenden mittleren relativen Luftfeuchte (meist 50 %, Bild 20) abweicht. Der Auftragnehmer hat in diesen Fällen schriftlich Bedenken anzumelden. Grundsätzlich liegt es jedoch in der Verantwortung des Planers, durch logistische und/oder konstruktive Maßnahmen, sowie in der Verantwortung der Bewohner durch ihr Nutzungsverhalten, dafür zu sorgen, dass keine unzuträglichen hohen relativen Luftfeuchten im Gebäude entstehen.

Sanierung

Bei Aufwölbung des Parketts muss im Randbereich sofort freigeschnitten werden, damit sich der Parkettboden ausdehnen und wieder legen kann. Die Quellen der erhöhten Luftfeuchte sind zu beseitigen bzw. es ist abzuwarten, bis sich die langfristig typische relative Luftfeuchte eingestellt hat. Dies ist in der Regel nach Ablauf von ein bis zwei Heizperioden nach Fertigstellung des Gebäudes der Fall. In Abhängigkeit des dann vorliegenden Schadensbildes und -ausmaßes erfolgt die Wahl der Sanierungsmethode. Im günstigsten Fall bilden sich die Verformungen weitgehend zurück und es sind keine zusätzlichen Maßnahmen erforderlich. In ungünstigeren Fällen muss der Parkettboden nachgearbeitet, geschliffen und neu oberflächenbehandelt oder im schlimmsten Fall ganz entfernt werden.

4.3.6 Aufwölbungen durch nicht belegreifen Estrich

Schadensbild und Ursachen

Bei einem auf Zementestrich verlegten Holzfußboden traten bereits kurze Zeit nach der Verlegung Verformungen bis hin zu Aufwölbungen auf. Nach Eintritt des Schadens wurden 2,8 CM-% Estrichfeuchte gemessen (Calciumcarbid-Messmethode). Eine nachträgliche Wiederauffeuchtung durch Bauschäden oder nachstoßende Feuchte war in diesem Fall nicht gegeben.

Grundlagen

Feucht eingebrachte Estriche trocknen im Laufe der Zeit bis zu einem bestimmtem, für weitere Holzaufbauten unbedenklichem Wert aus. Dieser hängt stark von Art und Zusammensetzung des Estrichmörtels, von der Temperatur und insbesondere der relativen Luftfeuchte ab. Der Gleichgewichtszustand wird wie bei Holz und anderen hygroskopischen Stoffen mithilfe von Sorptionsisothermen beschrieben. Nach mehrjähriger Nutzung bei Wohnraumklima stellt sich eine mittlere **Ausgleichsfeuchte** ein, die im jahreszeitlichen Wechsel nur noch geringen Schwankungen unterliegt (Tabelle 13). In älteren Veröffentlichungen ist statt der Ausgleichsfeuchte auch der Begriff der ›Haushaltsfeuchte‹ zu finden.

Die Grenzwerte für den Feuchtegehalt, bei denen ein Estrich als belegreif gilt, sind empirisch entstanden. Liegt der Feuchtegehalt über diesen in Tabelle 14 genannten Grenzwerten, so ist der Parkettverleger im Rahmen seiner bestehenden Prüf- und Hinweispflichten, die in der VOB/C ATV DIN 18356 [46] und in Kapitel 4.3.5 explizit aufgeführt sind, verpflichtet Bedenken an-

Tabelle 13 ▪ Ausgleichsfeuchte üblicher Estriche nach mehrjähriger Nutzung bei Wohnraumklima [115]

	Darrmethode	CM-Gerät
Anhydritestriche	0,2 Masse-%	0,2 %
Magnesiaestriche	4...8 Masse-%	0,5...3 %
Zementestriche	ca. 2,5 Masse-%	0,8...1,5 %
Hochwertige Zementestriche können einen um etwa 0,5 Masse-% höheren Feuchtegehalt aufweisen, es können jedoch auch Ausgleichsfeuchten bei alten Zementestrichen von < 0,8 CM-% auftreten		

zumelden. Der Feuchtegehalt wird durch eine Messung bestimmt, wobei die Messung mit dem CM-Gerät gewerbeüblich ist.

Die maximal zulässigen Feuchtegehalte sind zumeist in sogenannten CM-Prozenten angegeben. In der Norm selbst sind keine Werte vorgeschrieben, jedoch im zugehörigen Kommentar (Tabelle 14), außerdem im Merkblatt Beurteilen und Vorbereiten von Untergründen des BEB [4] und auf den Seiten 15, 30 und 49 des Merkblatts Schnittstellenkoordination bei beheizten Fussbodenkonstruktionen [134].

Die erwähnten Grenzwerte gelten für übliche Estricharten. Bei hydrophobierten Estrichen, beispielsweise durch Bitumen, sind die Werte zu hoch, sie besitzen bedeutend niedrigere Sorptionsisothermen [136]. Für die Vielzahl der angebotenen Schnellestriche können keine allgemeingültigen Angaben zur Messung gemacht werden. Im Zweifelsfall sollte der Hersteller des Schnellestrichs oder des Zusatzmittels mit der Messung seines Produkts beauftragt werden und anschließend auch für die ausreichende Trockenheit seines Produkts schriftlich haften.

Tabelle 14 ▪ Grenzfeuchtegehalte für die Belegreife unter Parkett gemäß dem Kommentar zur DIN 18356 [3, S. 171]; die Werte für Heizestriche stimmen mit den Angaben der Schnittstellenkoordination bei beheizten Fussbodenkonstruktionen für Parkett und Laminatböden überein [134, S. 15, 30 und 49].

maximaler Feuchtegehalt	für Estriche in CM-Werten	für Heizestriche in CM-Werten
Calciumsulfatestriche	0,5 %	0,3 %
Zementestriche	2,0 %	1,8 %
Die Werte gelten für übliche Estriche. Bei schnelltrocknenden Estrichen sind eventuell andere, vom Hersteller anzugebende Grenzwerte zu beachten.		

Vermeidung

Fast alle hier betrachteten Schäden werden vermieden, wenn die Feuchte des Untergrundes gemessen und nur bei Einhaltung der Grenzwerte der Holzfußboden verlegt wird. Trotz dieser Vorgehensweise sind in seltenen Fällen Schäden möglich, da nur stichprobenartig gemessen wird. So kann z. B. partiell eine augenscheinlich nicht mehr erkennbare Auffeuchtung stattgefunden haben (undichtes Heizungsrohr, umgestürzter Wassereimer u. Ä.). Auch bei starken Unterschieden der Estrichdicke kann im Bereich der dickeren Schichten noch eine schadensträchtige Wassermenge vorhanden sein.

Ein Schaden kann nicht ausgeschlossen werden, wenn man auf eine Messung verzichtet und der tradierten Faustregel, ein Estrich sei nach vier bis sechs Wochen trocken, vertraut wird. Wie die Sorptionsisotherme zeigt, wird er bei relativen Luftfeuchten von über 70 % nie ausreichend trocken werden. Kann durch Heizen und Lüften allein der gewünschte Raumluftzustand nicht erreicht werden, muss zusätzlich mit Trockengeräten gearbeitet werden. Für diesen Zweck eignen sich Kondensationstrockner. Auf keinen Fall sollten Gasbrenner eingesetzt werden, da bei der Verbrennung von Kohlenwasserstoffen, wie Propan oder Butan, Wasserdampf erzeugt wird. Die Raumluft wird somit zwar erwärmt, aber auch befeuchtet.

Methoden zur Messung der Estrichfeuchte

Die VOB/C ATV DIN 18356:2006-10 für Parkettarbeiten enthält keine Angaben über die Anzahl der durchzuführenden Estrichfeuchtemessungen. Die in DIN 4725-4 Warmwasserfussbodenheizungen angegebenen drei Messstellen je 200 m² bzw. je Wohnung gelten als Summe für **zeitlich versetzte** Mehrmalmessungen bei Heizestrichen, d. h., hier wird zu einem Zeitpunkt nur eine Messung je 200 m² bzw. pro Wohnung vorgesehen.

Nach dem Merkblatt Beurteilen und Vorbereiten von Untergründen [4], 2008 vom Bundesverband Estrich und Belag e. V. herausgegeben, ist je Estrichebene bis 100 m² mindestens eine Messung durchzuführen. Bei größeren Flächen ist eine Messung je 200 m² ausreichend. Sinnvoll und in Deutschland üblich ist es, qualitativ die feuchteste Stelle zu bestimmen, um dort die aufwendigere quantitative CM-Feuchtemessung vorzunehmen. Langjährige Erfahrungen zeigen, dass sich die Stellen mit den höchsten Feuchten zumeist in den Ecken befinden, die den Fenstern bzw. der Heizung gegenüberliegen. Für das Auffinden der feuchtesten Stellen können sogenannte **kapazitive Messgeräte** eingesetzt werden. Hierbei wird durch Auflegen der Messelektrode die **Dielektrizitätskonstante des Materials** gemessen.

Die kapazitive Feuchtemessung ermöglicht zwar nur eine orientierende Messung bis einige Zentimeter tief in die verschiedenen Baustoffe hinein, sie ist jedoch zerstörungsfrei und innerhalb weniger Sekunden durchführbar. Es ergeben sich hierbei keine exakten, absoluten Feuchtewerte, die relative Feuchteverteilung und Feuchteausdehnung ist jedoch sehr gut feststellbar. Weiterhin zeigen kapazitive Messgeräte ohne großen Aufwand an, ob der gemessene Feuchtegehalt erwarten lässt, dass eine aufwendige CM-Messung Aussicht auf Erfolg hat.

CM-Messmethode

Die seit dem Beginn der 1950er-Jahre bekannte **Calciumcarbid-Methode**, daher die Abkürzung CM, nutzt die Reaktionsfreudigkeit von Calciumcarbid mit Wasser. Über den gesamten Estrichquerschnitt wird mit überdurchschnittlichen Anteilen aus der unteren Schicht eine Probe entnommen. Die zerkleinerte Probe wird gewogen und in ein Druckgefäß gegeben. Eine mit definierter Carbidmenge gefüllte Glasampulle und mehrere Stahlkugeln werden hinzugefügt. Während des Schüttelns der Druckflasche zerschlagen die Stahlkugeln die Ampulle und das Carbid vermischt sich mit dem Prüfgut. Aus dem Prüfgut diffundierendes Wasser reagiert mit dem Calciumcarbid zu Calciumhydroxid und Acetylen. Dieses Gas erzeugt einen Druck, über den auf die reagierende Wassermenge rückgeschlossen werden kann. Der Feuchtewert kann direkt digital oder aus Tabellen in Abhängigkeit von der Einfüllmenge abgelesen werden.

Die Durchführung der CM-Messung ist im Merkblatt Schnittstellenkoordination bei beheizten Fussbödenkonstruktionen [134] ab Seite 42 beschrieben. Sie ist strikt zu befolgen. Da die richtige Durchführung der CM-Messung für die Schadensvermeidung außerordentlich wichtig ist, sind nachfolgend die häufigsten Fehler aufgeführt, die in der Praxis zu Fehlmessungen führen:

1. Das Prüfgut wird vor der Messung nicht ausreichend zerkleinert. Folge: zu niedrige Werte werden angezeigt. Abhilfe: Vorzerkleinern des Prüfgutes vor dem Einfüllen in die Flasche, außerdem über den vorgeschriebenen Zeitraum wirklich ausdauernd und **kräftig** schütteln. Die Kugeln sind nicht nur zum Zerschlagen der Carbidampulle und Durchmischen da, sondern zum Pulverisieren des Prüfguts. Wichtig: Wenn am Ende der Messung festgestellt wird, dass nicht alles Prüfgut pulverisiert ist, muss die Messung wiederholt werden! Hinweis: Zu kurzes bzw. geringes Schütteln kann nicht durch fünf Minuten längeres Stehenlassen der Flasche ausgeglichen werden.
2. Das Prüfgut wird nicht aus den unteren zwei Dritteln des Estrichs entnommen. Folge: zu niedrige Messwerte. Abhilfe: Loch in voller Estrich-

dicke bis zur Dämmschicht aufschlagen, das obere Drittel des Estrichs verwerfen, die unteren zwei Drittel in eine Plastiktüte mit Zippverschluss geben, verschließen, mit dem Hammer zerkleinern, Tüte durchschütteln und dann erst die für die Prüfung notwendige Menge entnehmen.

3. Zwischen Dichtungsgummi und Manometerdeckel bzw. zwischen Dichtungsgummi und Flaschenrand sind Estrichkrümel, die ein dichtes Schließen der Flasche verhindern. Folge: Anzeige von zu niedrigen Messwerten. Abhilfe: Vor jedem Verschließen der Flasche die Dichtflächen und das Dichtungsgummi von Krümeln befreien.
4. Das Loch zum Manometer ist durch Prüfgut verstopft. Folge: keine Anzeige oder zu niedrige Werte. Abhilfe: Vorsichtiges Aufklopfen des Manometers auf hartem Untergrund und das Prüfgut rieselt heraus.

Widerstandsmessung

Mit zunehmendem Wassergehalt steigt die **elektrische Leitfähigkeit** des Estrichs. Dies kann für eine Feuchtemessung genutzt werden. Hierzu sind zwei Löcher zu bohren, in die Elektroden eingeführt werden, zwischen denen der elektrische Widerstand gemessen wird. Aus einer gerätespezifischen Tabelle lässt sich der zugehörige Feuchtegehalt ablesen.

Folienprüfung

Informationen zum Feuchtegehalt lassen sich ebenfalls zerstörungsfrei mit einer **Folienprüfung** gewinnen [3, S. 184]. Eine auf die Estrichoberfläche gelegte Folie wird an ihren Rändern abgeklebt. Wenn nach zwei Tagen Kondensat oder eine feuchtebedingte dunkle Verfärbung des Estrichs festgestellt wird, ist dieser nicht belegreif. Ansonsten ist die relative Luftfeuchte unter der Folie zu messen, die bei unbeheizten Estrichen nicht über 55 % und bei beheizten nicht über 50 % betragen sollte [14].

Darrprüfung

Die **Darrprüfung** ist eine sehr genaue, aber aufwendige Methode zur Ermittlung des Feuchtegehalts. Das Verfahren läuft ähnlich ab wie bei der gravimetrischen Holzfeuchtebestimmung. Dem Estrich wird wie bei der CM-Methode eine Probe entnommen, die allerdings nicht zerkleinert werden muss. Die Probe wird gewogen und in einem Trockenschrank solange getrocknet, bis sich ihr Gewicht nicht mehr ändert (mehrere Tage). Im Fall von Zementestrich ist hierbei eine Temperatur von 105 °C einzuhalten und bei Anhydritestrichen eine Temperatur von 40 °C, um möglichst wenig kristallin gebundenes Wasser freizusetzen. Die Differenz zwischen den Massen der feuchten und der gedarrten Probe ist die ausgetriebene Wassermasse. Wird diese durch die Masse der gedarrten Probe dividiert, erhält man den Feuchtegehalt, der meistens in Prozent angegeben wird.

Mit zum Teil erheblichen Schwankungsbreiten bestehen nachfolgende, in Tabelle 15 gezeigte Zusammenhänge zwischen nach dem CM-Verfahren und nach dem Darrverfahren ermittelten Estrichfeuchten.

Tabelle 15 ▪ Grober Zusammenhang zwischen den aus CM- und Darrverfahren ermittelten Feuchten

Estrichart	mathematischer Zusammenhang
Anhydritestrich	CM-Wert / = / Darrwert
	Darrwert / = / CM-Wert
Magnesiaestrich	CM-Wert / = / Darrwert – (5...6)
	Darrwert / = / CM-Wert + (5...6)
Zementestrich	CM-Wert / = / Darrwert – (1...2)
	Darrwert / = / CM-Wert + (1...2)

4.3.7 Aufwölbungen trotz Estrich-Trocknungsbeschleunigers

Schadensbild

Ein auf einem Estrich mit Trocknungsbeschleuniger verlegter Dielenboden schüsselte und wölbte sich auf. Es wurden 12 % Holzfeuchte gemessen. Die Schäden sind auf einen zu feuchten Estrich zurückzuführen, der als solcher nicht erkannt wurde.

Grundlagen

Der Einsatz von Estrich-Trocknungsbeschleunigern nimmt in den letzten Jahren immer mehr zu, da sie Zeiteinsparungen im Bauablauf ermöglichen sollen. Es gibt prinzipiell unterschiedlich wirkende Estrich-Trocknungsbeschleuniger.

Beschleunigung durch Luftporenbildner

Der Zusatz erzeugt Luftporen im Estrich. Durch die erhöhte Porosität soll der Wasserdampftransport an die Estrichoberfläche beschleunigt werden.

Beschleuniger mit Kunststoffdispersionen

Eine andere Gruppe von Estrich-Trocknungsbeschleunigern führt auf Basis von Kunststoffdispersionen zum früheren Erreichen von hohen Festigkeiten. Sie müssten im eigentlichen Sinne als ›Festigkeitsbeschleuniger‹ und nicht als Trocknungsbeschleuniger bezeichnet werden, da die Polymere das Wasser umschließen und so sogar teilweise zu einer verzögerten Trocknung führen.

Beschleunigung durch Verringerung des Anmachwassers

Durch Zusätze kann die Viskosität des Zementleims verringert werden bzw. bei gleicher Viskosität Anmachwasser eingespart werden. Da dieses eingesparte Wasser nicht bei der Trocknung verdunsten muss, verkürzt sich entsprechend die Trocknungszeit.

Beschleuniger mit funktionellen Gruppen

Eine Gruppe weiterer Beschleuniger bindet chemisch und damit dauerhaft einen Teil des überschüssigen Anmachwassers des Zementleims über funktionelle Gruppen, z. B. Carboxylgruppen (-COOH). Hierdurch muss das von der funktionellen Gruppe chemisch gebundene Wasser bei der Trocknung nicht verdunsten, wodurch sich die Trocknungszeit verkürzt.

Ursachen und Vermeidung

Probleme treten häufig dadurch auf, dass mit hoch entwickelten bauchemischen Systemen gleich umgegangen wird wie mit unmodifizierten Zementestrichen. Bei der Verwendung von Beschleunigern sind die genaue Dosierung und die Einhaltung von Randbedingungen, wie relative Luftfeuchte, Estrichtemperatur und Lagerfähigkeit der Zusätze, zu beachten.

1. Wird der Zementleim mit zu viel Wasser angemacht, so muss dieser Wasserüberschuss durch konventionelle, zeitintensive Trocknung entweichen und es wird kaum Zeit eingespart.
2. Wird der Estrichbeschleuniger unterdosiert und somit das stöchiometrische Verhältnis nicht eingehalten, kann das Wasser nicht in ausreichendem Maß chemisch gebunden werden.
3. Wird der Estrichbeschleuniger länger als vorgesehen gelagert, sind die funktionellen Gruppen nicht mehr reaktiv, d. h. die Gruppen können kein Wasser mehr chemisch einbinden und der Beschleuniger ist unwirksam.
4. Bei kalten und feuchten Baustellen, ohne Lüftung, findet trotz Beschleunigers generell eine stark verzögerte Trocknung statt. Durch den Einsatz von bestimmten Beschleunigern muss insgesamt weniger Wasser physikalisch verdunsten, aber auch dazu sind Wärme und ein Feuchtegefälle notwendig. Somit verhindert eine hohe relative Raumluftfeuchte, durch unzureichende Lüftung und schlechtes Wetter, auch hier die Trocknung erheblich.

Estriche, die mit Estrichbeschleuniger eingebracht wurden, sind nicht oder nur eingeschränkt mit handwerksüblichen Methoden mess- und beurteilbar, da viele Hersteller andere Grenzwerte und Messverfahren vorschreiben.

Fazit

Estrichzusatzmittel, die nur Festigkeitsbeschleuniger sind, und solche, die zusätzliche Poren erzeugen, sind hinsichtlich ihrer Wirksamkeit umstritten. Porenbildung ist außerdem der Festigkeit nicht zuträglich. Auch die anders wirkenden Trocknungsbeschleuniger werden kontrovers diskutiert und es besteht allerhand Verunsicherung besonders aufseiten der Parkettleger.

Problematisch ist, dass die von den Herstellern genannten Trocknungszeiten unter optimalen Laborbedingungen ermittelt wurden, die auf realen Baustellen selten vorherrschen. Alle Randbedingungen und Herstellervorgaben müssen genauestens eingehalten werden. Zudem geben manche Hersteller für ihre Estriche mit Zusatzmitteln andere als die gewerbeüblichen Restfeuchtemessmethoden und Grenzwerte (Tabelle 14) vor. Im Zweifelsfall sollten die üblichen Grenzwerte für die Belegreife zugrunde gelegt werden, oder der Hersteller des Beschleunigers bzw. Estrichs sollte diesen im Einzelfall mit Übernahme der Haftung freigeben.

4.3.8 Aufwölbungen trotz alternativer Abdichtung

Schadensbild

Wegen Termindrucks wurde ein nicht belegreifer Estrich mit einer alternativen Abdichtung auf Epoxidharzbasis beschichtet. Damit sollte eine Absperrung der Feuchte erzielt werden. Trotz der Abdichtung kam es zur Auffeuchtung des Holzes mit Schüsselungen und Aufwölbungen.

Grundlagen

Um die Schadensursache feststellen zu können, wurden Estrichbruchstücke mit anhaftendem Parkettklebstoff entnommen, in 10 mm breite Streifen geschnitten und diese anschließend geschliffen. Die Schliffe wurden mit verschiedenen Mischungen aus Spezialfarbstoffen behandelt, welche u. a. Zement (bläulich) und PUR-Parkettklebstoff (rot) selektiv anfärben. Das Epoxidharz (bernsteinfarben) nimmt ebenso wie Quarz(-Sand) diese Farbstoffe nicht an – es ist braun. Die Epoxidharzschicht ist somit leicht zu erkennen und kann genau gemessen werden (Bild 64).

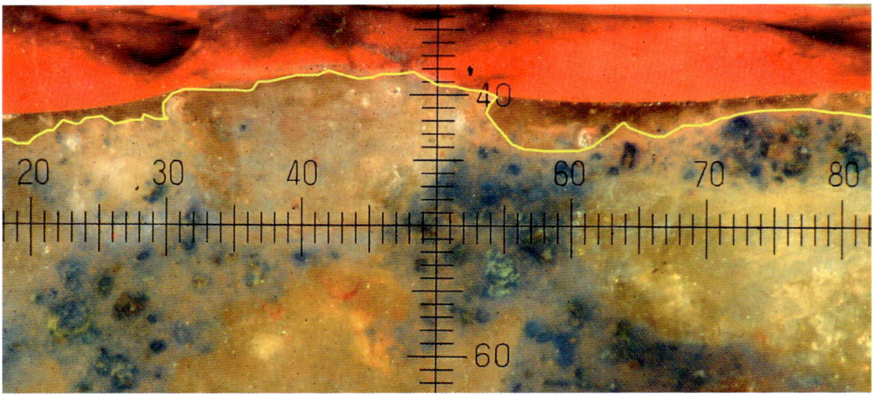

Bild 64 ▪ Beispiel einer Messstelle mit bernsteinfarbener Epoxidharzschicht zwischen der gelben Linie (Estrichoberfläche) und dem Parkettklebstoff (rot); etwas links der vertikalen Maßlinie (eine Einheit = 10 µm) ist die Stelle mit der dünnsten Epoxidharzschicht (0 µm); auch links und rechts dieser Fehlstelle liegt eine Schichtdicke von weniger als 50 µm vor

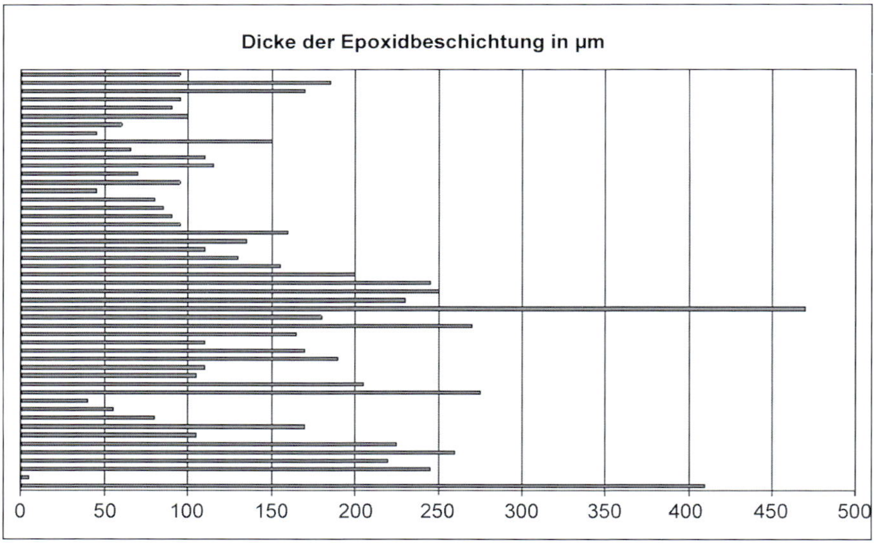

Bild 65 ▪ Einzelmessungen der Epoxidharzschichtdicke mit großen Schwankungen und zahlreiche Stellen mit minimaler Schichtdicke

Es wurden 50 Schichtdickenmessungen vorgenommen und die Einzelwerte, mit einer Genauigkeit von 5 µm, für die anschließende statistische Auswertung aufgezeichnet (Bild 65).

Die Auswertung zeigt, dass die Beschichtung eine sehr stark schwankende Dicke aufweist und zahlreiche sehr dünne Stellen besitzt. 5 % der Fläche besitzen nur eine Epoxidharzschichtdicke zwischen $d = 5$ und 45 µm. Bei einer angenommenen Wasserdampf-Diffusionswiderstandszahl des Epoxidharzes von $\mu = 50.000$ ergibt sich nach der Gleichung $s = \mu \times d$ für diesen Bereich eine diffusionsäquivalente Luftschichtdicke s von nur 0,25 bis 2,25 m.

Dampfdiffusionswiderstände in dieser Größenordnung werden üblicherweise als nicht ausreichend für die Abdichtung von feuchten Estrichen unter Parkett betrachtet. Häufig werden Schichtdicken von $d > 300$ µm vorgeschrieben. Auf Fußbodenheizung, wo ein deutlich höheres Wasserdampfpartialdruckgefälle vorliegt, oder auf Estrichen über nicht unterkellerten Räumen mit nachstoßender Feuchte, fordern einige Hersteller Schichtdicken von 800 µm. Ausschlaggebend ist die Vorschrift des Epoxidharzherstellers. Die vom Hersteller vorgegebene Harzauftragsmenge, die Anzahl der Aufträge und letztlich die sich daraus ergebende Schichtdicke ist einzuhalten. Wenn dies nicht erfolgt, ist in der Regel keine ausreichende dampfbremsende Wirkung vorhanden. Im vorliegenden Fall ist Wasserdampf aus dem feuchten Estrich in das Parkett in schädlicher Menge eindiffundiert und hat die Schüsselung und Aufwölbung des Parketts verursacht.

4.3.9 Aufwölbungen durch Lösemittel auf nicht saugenden Untergründen

Ursachen

Eine weitere Ursache für Aufwölbungen kann im Einsatz von Klebstoffen mit quellenden Inhaltsstoffen liegen, sofern diese auf nicht saugenden Untergründen eingesetzt werden. Da der Untergrund die Quellungsmittel nicht aufnehmen kann, müssen sie zu 100 % vom Holz aufgenommen werden und führen hierbei zu verstärkter Quellung. Zu nicht saugenden Untergründen zählen Gussasphalte, alternative Abdichtungen wie Epoxidharzschichten, keramische Böden, Fliesen, Naturstein und Terrazzo (in Altbauten).

Fallbeispiel

Ein fertig versiegeltes Parkett wurde auf einer rauen alternativen Epoxidharzabdichtung mit einer großen Menge Kunstharz-Lösungsmittelklebstoff verklebt. Hierbei wurden circa 600 g Lösungsmittel pro m^2 zwischen dem Untergrund und der Parkettversiegelung ›eingesperrt‹. Weder nach oben noch nach unten konnte das Lösungsmittel entweichen und das Holz musste circa 10 %, bezogen auf seine eigene Masse, an Quellmittel aufnehmen. Wie in Kapitel 4.2.2 beschrieben, wirken verschiedene organische Lösungsmittel

Bild 66 ▪ Bruchbild mit seitlich verzogenen Klebstofffäden

auf Holz quellend. Der Lösungsmittelstau verhindert die Erhärtung des Klebstoffs, wodurch eine ungehinderte Quellung und Verschiebung des Bodens nach den Raumseiten über mehrere Tage stattfindet. Tritt diese Quellung zusammen mit einer seitlichen Einspannung auf, kommt es zur Aufwölbung, da der weiche Klebstoff kaum Haltekräfte besitzt. Das Bruchbild zeigt eine Trennung innerhalb der Klebstoffschicht ohne eigentliche Bruchspuren. Vielmehr ist der Klebstoff infolge der seitlichen Bewegung des Parketts verzogen (Bild 66).

Vermeidung

Im vorliegenden Fall hätte der Einsatz eines vom Hersteller der alternativen Epoxidabdichtung freigegebenen lösungsmittelfreien Klebstoffs den Schaden vermieden. Auf anderen nicht saugenden Untergründen wird durch Grundierung und Spachtelung zunächst ein ausreichend saugfähiger Untergrund hergestellt, der die Verklebung mit Kunstharzlösungsmittel- oder Dispersionsklebstoffen nach DIN 281 [55] ermöglicht.

4.3.10 Aufwölbungen durch nicht belegreifen Heizestrich

Schadensbild und Ursachen

Bei einem Holzfußboden auf beheiztem Zementestrich traten bereits kurze Zeit nach der Verlegung bzw. zu Beginn der Heizperiode Verformungen bis hin zu Aufwölbungen auf. Nach Eintritt des Schadens wurde 2,4 CM-% Estrichfeuchte gemessen. Eine nachträgliche Wiederauffeuchtung durch Wasserschäden oder nachstoßende Feuchte war in diesem Fall nicht gegeben.

Grundlagen

Die in Kapitel 4.3.6 genannten allgemeinen Grundlagen zur Estrichfeuchte und deren Messung gelten auch für Heizestriche, wobei die maximal zulässigen Feuchtewerte kleiner sind (Tabelle 14). Die Reduzierung der Grenzwerte trägt der größeren Estrichdicke mit insgesamt mehr Wasser trotz gleicher Feuchte Rechnung. Während bei unbeheizten Estrichen überschüssige Feuchte langsam auswandern kann, erfolgt bei Heizestrichen das Austreiben dieser Feuchte geballt während des Belegreifheizens und nochmals abgeschwächt zu Beginn jeder Heizperiode.

Der Parkettleger muss die Feuchte messen. Liegt der Feuchtegehalt über den in Tabelle 14 genannten Grenzwerten, so ist er im Rahmen seiner bestehenden Prüf- und Hinweispflichten, die in der VOB/C ATV DIN 18356 [46] explizit aufgeführt sind, verpflichtet, Bedenken anzumelden.

Für Heizflächen nach Bauart A ist seit 1992 das Anlegen von Messstellen in der DIN 4725-4 vorgeschrieben. In der VOB/C ATV DIN 18356 [46], Abschnitt 3.1.3, heißt es wörtlich:

»Vor der Verlegung des Parketts auf beheizten Fußbodenkonstruktionen müssen diese belegreif geheizt sein. Zur Vermeidung von Beschädigungen an der Heizungsinstallation dürfen Feuchtemessungen nur an den markierten Messstellen vorgenommen werden.«

Bei der Bauart A verlaufen die Heizungsrohre in der Lastverteilungsschicht, während sie bei der Bauart B in der Dämmschicht und bei der Bauart C im Ausgleichsestrich verlaufen [49, Bild 1]. Sind keine Messstellen markiert, was leider noch teilweise vorkommt, muss der Parkett- und Bodenleger Bedenken geltend machen [46]. Die Messmethoden werden in Kapitel 4.3.6 ausführlich beschrieben.

Vermeidung

Den Stand der Technik beschreibt die im Februar 2005 aktualisierte Fachinformation SCHNITTSTELLENKOORDINATION BEI BEHEIZTEN FUSSBODENKONSTRUKTIONEN [134]. Neben der Koordination der Schnittstellen im Bauablauf sind hier die beiden für die Vermeidung von Schäden besonders relevanten Themen ›Belegreifheizen‹ und ›Feuchtemessung‹ detailliert dargestellt. Die Zuständigkeiten sowie Hinweispflichten werden ebenfalls dort geregelt.

Es ist klar zwischen Funktionsheizen und Belegreifheizen zu unterscheiden. Um die Belegreife zu erreichen, ist nach dem sieben Tage lang dauernden Funktionsheizen ein **zusätzliches** Belegreifheizen von mindestens 14, oft 21 Tagen erforderlich. Für beide Vorgänge sind Protokolle zu erstellen. Bei dem in der VOB/C ATV DIN 18356 [46], der VOB/C ATV DIN 18365 [47] und der VOB/C ATV DIN 18367 [48] erwähnten Aufheizprotokoll ist das Protokoll zum **Belegreifheizen** des Estrichs gemeint und **nicht** das Protokoll zum Funktionsheizen. Wird kein Protokoll zum Belegreifheizen vorgelegt, das bestätigt, dass der Unterboden bis drei Tage vor der geplanten Verlegung des Oberbodens ausreichend lange belegreif geheizt worden ist, so hat der Parkett- und Bodenleger Bedenken anzumelden.

Eine strenge Befolgung der in der SCHNITTSTELLENKOORDINATION vorgeschriebenen Maßnahmen verhindert nahezu alle aus zu hoher Estrichfeuchte entstehenden Schäden. Die angegebenen Aufheizzeiten sind hierbei immer als **Mindestwerte** anzusehen. Längere Aufheizzeiten verschaffen zusätzliche Sicherheit. Sie sind bei Estrichdicken über 70 mm erforderlich und bei quellempfindlichen Holzarten anzuraten.

Die erfahrungsgemäß für die Schadensvermeidung wichtigsten Punkte finden sich in der SCHNITTSTELLENKOORDINATION auf den Seiten 12 bis 15, 37 bis 43 und 47 bis 49. Zuständigkeiten und Verantwortliche für die jeweils durchzuführenden Maßnahmen gehen aus den Seiten 24 bis 29 hervor. Es wird explizit darauf hingewiesen, dass Planer und Bauleiter dafür allein verantwortlich sind, die Erforderlichkeit von Bauwerksabdichtungen und Schutzmaßnahmen gegen nachstoßende Restfeuchte aus jungen Betondecken (Kapitel 4.3.11) zu erkennen und einzuplanen. Die SCHNITTSTELLENKOORDINATION stimmt auch in diesem Punkt mit DIN 18560-2 [49] ESTRICHE UND HEIZESTRICHE AUF DÄMMSCHICHTEN (SCHWIMMENDE ESTRICHE), Abschnitt 5.1.3 SCHUTZMASSNAHMEN, überein.

Die meisten Feuchteschäden bei Heizestrichen sind durch unzureichend durchgeführtes Belegreifheizen entstanden. Da Papier geduldig ist, werden nicht selten nachträglich mustergültige Aufheizprotokolle angefertigt. Der fachgerecht durchgeführten Messung der Estrichfeuchte kommt daher eine besondere Bedeutung zu.

Hinweis

Wenn ein bereits belegreif geheizter Estrich dick gespachtelt wird, so ist dieser nochmals vor Verlegung des Oberbodens belegreif zu heizen. Um auftretende Schäden bei Dickspachtelungen auf Fußbodenheizung künftig zu vermeiden, ist in Abhängigkeit von der Spachtelungsdicke die Dauer der nochmaligen Aufheizung zu wählen.

4.3.11 Aufwölbungen durch nachstoßende Restfeuchte aus jungen Betondecken

Schadensbild

Das Schadensbild aufgrund nachstoßender Feuchte aus Betondecken zeigt sich durch Aufwölbung, aber auch durch Fugen oder Schüsselung oder Welligkeit. Eine wichtige Abgrenzung zu Aufwölbungen durch nicht belegreifen Estrich oder durch zu hohe Baufeuchte ist der Zeitpunkt der Aufwölbung. Bei nachstoßender Feuchte aus der Betondecke tritt die Schüsselung oder Aufwölbung nicht einige Tage bis wenige Wochen nach der Verlegung auf, sondern frühestens nach einem, oft erst nach mehreren Monaten. Folgende Merkmale sind notwendig für das tatsächliche Vorliegen von nachstoßender Feuchte:

1. Der unbelegte Estrich war bei der Feuchteprüfung trocken, d. h. belegreif (Kapitel 4.3.6 Methode zur Messung der Estrichfeuchte).
2. Er wird mit Parkett oder einem dampfdichten Bodenbelag (beispielsweise PVC, Linoleum oder Kork) belegt.
3. Nach frühestens einem, meist mehreren Monaten werden typische Merkmale von Feuchteschäden sichtbar, wie Schüsselung, Quellung, Aufwölbung, Ablösung (oder Blasenbildung bei elastischen Belägen). Bei Messung des Parketts werden Holzfeuchten ermittelt, die meist mit $u \geq 12\,\%$ weit über der Solleinbaufeuchte des Holzes von $u = 9\,\%$ liegen. Der Estrich weist bei erneuter Feuchteprüfung erhöhte Werte auf, d. h. ist nicht mehr belegreif, obwohl er vor der Verlegung des Bodenbelags nachweislich trocken und belegreif war.
4. Bei Öffnung der Deckenkonstruktion wird über der Betondecke **keine** Dampfbremse (Folie) gefunden. Eine Folie zwischen Wärmedämmung und Estrich stellt lediglich den Ersatz für ein Bitumenpapier dar und verhindert nur das Eindringen von Estrich-Anmachwasser in die Wärmedämmung. Diese Folie stellt jedoch keine ausreichende Dampfbremse dar.
5. Die Messung der relativen Luftfeuchte in einem Bohrloch der Betondecke ergibt typischerweise Werte von 90 % und mehr.

Ursachen

Für die Wiederauffeuchtung eines bereits ausreichend trockenen Estrichs gibt es zwei notwendige Voraussetzungen:

1. Es muss eine Feuchtequelle oder ein Feuchtereservoir mit Zugang zum Estrich vorhanden sein.
2. Der Feuchtezufluss in den Estrich muss größer sein als der Feuchteabfluss durch das Parkett in den Raum. Dies ist dann der Fall, wenn die Schicht

unter dem Estrich eine höhere Wasserdampfdurchlässigkeit aufweist als die Schichten über dem Estrich. Der durch Austrocknung verursachte Wasserdampfstrom kann in den Estrich eindiffundieren, jedoch gebremst durch das Parkett mit Oberflächenbehandlung nur langsam ausdiffundieren und wird dadurch gestaut (Bild 67).

Voraussetzung 1 ist dann erfüllt, wenn die Betondecke aufgrund des zeitlichen Bauablaufs zum Zeitpunkt der Estrichverlegung noch nicht weitgehend ausgetrocknet ist. In diesem Fall stellt die Decke mit ihrer großen Masse ein beträchtliches Feuchtereservoir dar, dessen Wasser im Verlauf der Austrocknung als Dampfstrom durch die darüberliegenden Schichten wandern muss. Wenn der Bauablauf so geplant ist, dass Voraussetzung 1 eintreten kann, so muss seitens des Planers das Eintreten von Voraussetzung 2 unbedingt durch Einplanung einer ausreichenden Dampfbremse verhindert werden. Eine Dampfbremse, beispielsweise eine 0,3 mm dicke Polyethylenfolie oder 0,5 mm dicke PVC-Folie auf der Betondecke, bewirkt, dass die noch vorhandene Restfeuchte so langsam in den Estrich und das Parkett eindiffundiert, dass es zu keinem Feuchtestau in diesen Schichten kommt, da diese geringen Wassermengen trotz Oberflächenbehandlung ausreichend schnell in den Wohnraum abgegeben werden. Wird jedoch bei nicht ausgetrockneter Betondecke (Voraussetzung 1) keine Dampfbremse eingeplant bzw. diese während des Einbaus vergessen, so sind beide bauphysikalischen Voraussetzungen für nachstoßende Feuchte aus der Betondecke erfüllt und Schäden vorprogrammiert.

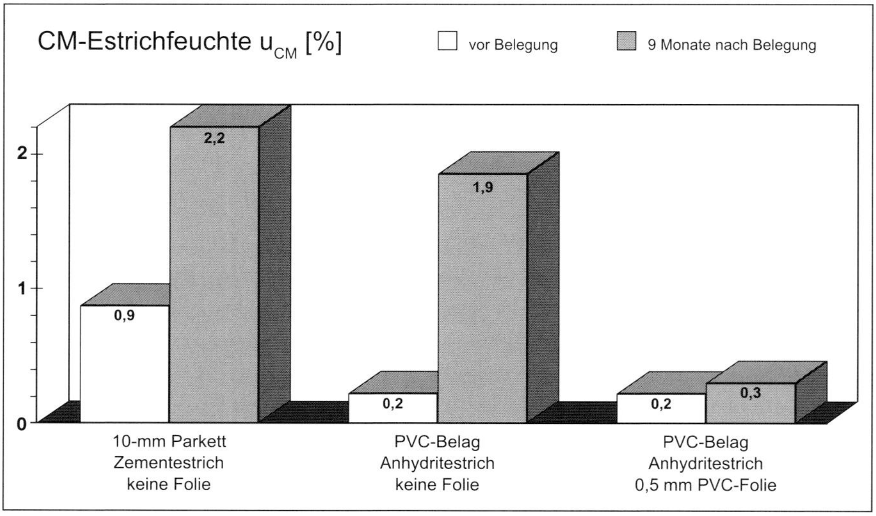

Bild 67 ▪ Feuchte von Estrichen auf einer jungen Rohbetondecke ohne und mit Folie, direkt vor und neun Monate nach der Belegung mit versiegeltem 10-mm-Parkett bzw. PVC-Belag [100]

Die Tücke der nachstoßenden Feuchte liegt darin, dass sie durch Messung der Estrichfeuchte vor der Belegung nicht erkannt werden kann. Der zum Raum hin offene Estrich ist weitgehend trocken, obwohl Feuchte aus der Rohdecke nachstößt, die ohne nennenswerten Widerstand durch den Estrich hindurch in den Raum wandert. Erst bei Belegung des Estrichs mit dampfdichteren Belägen (wie versiegeltes Parkett, PVC, Linoleum oder Kork) kommt es zum Stau des Feuchtestroms und so zur Auffeuchtung.

Nachstoßende Restfeuchte bei Heizestrichen

Das Problem der nachstoßenden Restfeuchte aus jungen Betondecken tritt gleichermaßen an unbeheizten und beheizten Estrichen auf. Die SCHNITTSTELLENKOORDINATION BEI BEHEIZTEN FUSSBODENKONSTRUKTIONEN [134] weist in Kapitel 5.2, Tabelle 2, dem Planer und Bauleiter die **alleinige Verantwortlichkeit** für nachstoßende Restfeuchte zu. Er muss die Erfordernis von Schutzmaßnahmen gegen nachstoßende Restfeuchte aus jungen Betondecken erkennen und einplanen. Die SCHNITTSTELLENKOORDINATION stimmt hier mit DIN 18560-2:2004-04 ESTRICHE UND HEIZESTRICHE AUF DÄMMSCHICHTEN (SCHWIMMENDE ESTRICHE), Abschnitt 5.1.3 SCHUTZMASSNAHMEN überein.

Die in Abschnitt 5.1.2 der DIN 18560-2 angesprochene Abdeckung auf der Dämmung gegen **von oben** eindringendes Estrich-Anmachwasser darf nicht mit der in Abschnitt 5.1.3 erwähnten Abdeckung verwechselt werden, da das Abdecken der Dämmung gegen Estrich-Anmachwasser keinen ausreichenden Schutz gegen Wasserdampf **von unten** bietet. Dies ist u. a. deshalb so, weil die Abdeckung durch das Begehen während des Einbringens des Estrichs teilweise perforiert wird. Sie verhindert zwar das Eindringen des flüssigen Estrichs in die Dämmung, ist jedoch nicht ausreichend dicht gegen Wasserdampfdiffusion von unten. Der Schutz gemäß Abschnitt 5.1.3 der DIN 18560-2 [49] gegen nachstoßende Restfeuchte aus dem Untergrund muss deshalb durch eine zusätzliche, ausreichend dampfdiffusionsdichte Schicht zwischen Betondecke und Dämmung erfolgen.

Da auch moderne Noppenplattensysteme nicht ausreichend dicht gegen Betonrestfeuchte sind, verweisen die großen Hersteller von Fußbodenheizungssystemen in ihren Planungshinweisen auf die notwendige Beachtung der geltenden Normen und der SCHNITTSTELLENKOORDINATION FÜR BEHEIZTE FUSSBODENKONSTRUKTIONEN. Die Hersteller weisen auf eine zusätzliche PE-Folie auf der Betondecke als Schutzmaßnahme gegen Betonrestfeuchte ausdrücklich hin, da ihre modernen Noppenplattensysteme lediglich eine ausreichende Dichtheit gegen Estrich-Anmachwasser, nicht jedoch gegen Wasserdampfdiffusion aus der Betondecke besitzen. Entsprechend fordern Hersteller aufgrund von Praxiserfahrungen ebenso wie die DIN 18560-2 eine **zusätzliche**

Folie. Auf die diesbezüglichen Ausführungen im Standardwerk FUSSBODEN ATLAS. FUSSBÖDEN RICHTIG PLANEN UND AUSFÜHREN [126] wird verwiesen.

Vermeidung von nachstoßender Feuchte

Ursache der Wiederauffeuchtung von Estrich und Parkett ist, wie oben gezeigt, ein Stau des bauaustrocknungsbedingten Feuchtestroms im Parkett. Aufgabe des Planers ist es, den Feuchtestrom entsprechend gering zu halten, entweder durch ausreichende Austrocknung der Betondecke (zeitliche Planung), meist jedoch durch Einplanung einer Dampfbremse (konstruktive Maßnahme). Dies geht seit 1982 aus einem Merkblatt des Zentralverbandes des Deutschen Baugewerbes [130], aus dem Merkblatt SCHNITTSTELLENKOORDINATION FÜR BEHEIZTE FUSSBODENKONSTRUKTIONEN. [134] sowie dem Kommentar zur DIN 18356 und aus DIN 18560-2 [49] hervor.

Im Merkblatt des BEB BEURTEILEN UND VORBEREITEN VON UNTERGRÜNDEN. VERLEGEN VON ELASTISCHEN BODENBELÄGEN, TEXTILEN BODENBELÄGEN, SCHICHTSTOFFELEMENTEN (LAMINAT), PARKETT UND HOLZPFLASTER. BEHEIZTE UND UNBEHEIZTE FUSSBODENKONSTRUKTIONEN [4] heißt es in Abschnitt 1.2 BESONDERE HINWEISE FÜR DEN PLANER wörtlich:

»Folgende Angaben müssen im Leistungsverzeichnis für Bodenbelagarbeiten enthalten sein:

Angaben über den Gesamtaufbau einer Fußbodenkonstruktion, wie z. B.:

- *Anforderungen hinsichtlich Nutzung und Art der Beanspruchung*
- *Art und Aufbau des Estrichs und der verwendeten Bindemittel und Zusätze (z. B. beschleunigte Estriche)*
- *Nenndicke des Estrichs*
- *Anordnung, Art und Dicke der einzelnen Schichten (Estrich und ggf. Abdeckung, Dämmstoffe, Trennschichten sowie Sperrschichten gegen Wasserdampf)*
- *Abdichtungen gegen Wasser*
- *Anordnung von Fugen (Fugenplan)*

Abweichungen von den Angaben und Änderungen sind zu dokumentieren und dem Bodenleger rechtzeitig vor Beginn der Arbeiten mitzuteilen. Diese Angaben sind erforderlich, weil verschiedenartige Unterböden unterschiedliche Vorarbeiten erfordern. Die Prüfungspflicht des Bodenlegers erstreckt sich jedoch nur auf den Unterboden (Lastverteilungsschicht, z. B. Estrich) und nicht auf etwaige darunter liegende Trennlagen/Dämmschichten und/oder Abdichtungen.

Bei Betondecken als Verlegeuntergrund sind besondere Maßnahmen erforderlich, die gesondert geplant und ausgeschrieben werden müssen.«

Im vierten Punkt (Anordnung, Art und Dicke der einzelnen Schichten) wird explizit auf die vom Planer vorzusehende Sperrschicht gegen Wasserdampf hingewiesen. Diese Sachverhalte sind seit über zwei Jahrzehnten bekannt und noch immer aktuell. In der Estrichnorm DIN 18650-2 [49] heißt es zu diesem Thema im Abschnitt 5.1.3 SCHUTZMASSNAHMEN wörtlich:

»Die Dämmschicht ist, falls erforderlich, durch geeignete Maßnahmen vor Feuchtigkeit, z. B. durch Dampfsperren, zu schützen. Solche Maßnahmen sind vom Planverfasser bei der Bauwerksplanung festzulegen. Die Dämmschicht und ihre Abdeckung dürfen auch beim Einbau des Estrichs und gegebenenfalls der Heizelemente nicht, z. B. durch Verwendung ungeeigneter Kniebretter, in ihrer Funktionsfähigkeit beeinträchtigt werden. Für den Transport des Estrichmörtels über die Dämmschicht mit Karren müssen Bohlen oder Ähnliches verlegt werden. Ebenso sind andere, auch kurzzeitig größere Belastungen der Dämmschicht zu vermeiden, damit ihre dämmende Wirkung nicht herabgesetzt wird.«

Die ersten beiden Sätze beziehen sich auf Feuchte, die von **unten** auf die Dämmschicht einwirkt.

Prüfpflichten

Weder der Estrichleger noch der Parkettleger haben Einsicht in die zeitliche Bauwerksplanung. Sie sind deshalb nicht in der Lage, die Entscheidungen des Planers bezüglich der Notwendigkeit einer Dampfbremse zu prüfen. Eine entsprechende Prüf- oder Hinweispflicht der beiden Gewerke ist deshalb folgerichtig in keiner Norm oder anderen fachlichen Vorschrift zu finden. Vielmehr muss der Planer die Notwendigkeit einer Schutzmaßnahme gegen nachstoßende Restfeuchte aus der Betondecke prüfen (Merkblatt SCHNITTSTELLENKOORDINATION FÜR BEHEIZTE FUSSBODENKONSTRUKTIONEN [134], S. 26). Estrichleger und Heizungsbauer tragen die Verantwortung dafür, dass die Schutzmaßnahme vorhanden ist, sofern sie vom Planer eingeplant worden ist. Der Parkettleger hat die Pflicht, den Estrich auf ausreichende Trockenheit, d. h. Belegreife zu prüfen und ggf. Bedenken geltend zu machen. Bei dieser Prüfung darf er das Bauwerk, insbesondere die Dämmschicht, eine eventuelle Dampfbremse oder Dampfsperre und die Betondecke nicht beschädigen. Deshalb beschränkt sich seine Prüfpflicht ausschließlich auf den Estrich und erstreckt sich **nicht** auf darunterliegende Schichten, die bei einer Prüfung beschädigt werden würden. Ausnahmesituationen, die zu einer Wiederbefeuchtung der Decke führen (beispielsweise Rohrbrüche, Defekte an Dächern, Kellern oder Fenstern) müssen dem Parkettleger bekannt gemacht werden. Dies gilt für alle Besonderheiten, die nicht planbar und im Rahmen der vom Handwerker vorzunehmenden Prüfungen nicht erkennbar sind.

Sanierung

Wie bereits zuvor für die Aufwölbungen mit anderen Ursachen beschrieben wurde, erfolgt auch hier die Sanierung in Abhängigkeit der Schadensschwere. Wird im Rahmen der Sanierung ein neuer dampfdichter oder feuchteempfindlicher Fußboden neu verlegt, so besteht die Gefahr eines erneuten Feuchteschadens. Alternative Abdichtungen in Form von speziellen flüssigen Sperrschichten oder Spachtelungen, meist auf Polyurethan- oder Epoxidharzbasis, können hier Abhilfe schaffen. Die Angaben des jeweiligen Herstellers sind genau zu beachten (Materialverträglichkeit mit dem alten Untergrund und dem neuen Parkettklebstoff, sowie Auftragsmengen und ggf. Abstreuen mit Quarzsand), um den notwendigen Diffusionswiderstand und die ausreichende Haftung des Parkettklebstoffs zu erzielen.

4.3.12 Aufwölbung über nicht unterkellerten Räumen und Feuchträumen

Schadensbild

Das Schadensbild in Form von Aufwölbungen, Fugen, Schüsselungen oder Welligkeit über Feuchträumen und nicht unterkellerten Räumen entspricht dem von nachstoßender Feuchte aus jungen Betondecken (Kapitel 4.3.11). Auch hier tritt bei zunächst belegreifem (trockenem) Unterboden der Feuchteschaden mehrere Wochen oder Monate nach der Parkettverlegung auf.

Ursachen

Es gibt drei mögliche Ursachen:

1. Feuchte von unten infolge mangelnder Bauwerksabdichtung gegenüber aufsteigendem oder drückendem Wasser (bei nicht unterkellerten Räumen),
2. Feuchte von unten infolge mangelnder Dampfsperre gegenüber Wasserdampfdiffusion, wenn ein Wasserdampfpartialdruckgefälle von unten nach oben besteht,
3. Feuchte aus der Raumluft infolge mangelnder Wärmedämmung nach unten.

Bei Ursache 1 verhält sich alles wie bei nachstoßender Feuchte aus jungen Betondecken (Kapitel 4.3.11), wobei nicht die junge, noch feuchte Betondecke die Feuchtequelle darstellt, sondern das Erdreich.

Bei Ursache 2 stammt die Feuchte aus der Raumluft des darunterliegenden Raumes. Dies gilt insbesondere dann, wenn dort erhöhte Luftfeuchten und erhöhte Temperaturen herrschen, beispielsweise bei Schwimmbädern, Saunen, Backstuben und Großküchen. Es besteht ein großes Dampfpartialdruckgefälle zwischen den beiden Räumen. Wenn keine Dampfsperre vorhanden ist, ergibt sich hieraus ein erheblicher Wasserdampfstrom von unten in den Parkettboden hinein, der sich an der Parkettversiegelung staut und so zur Auffeuchtung des Parketts führt.

Bei Ursache 3 ist es umgekehrt. Wenn über dem Parkett eine deutlich höhere Temperatur herrscht als unter dem Parkett und keine ausreichende Wärmedämmung vorhanden ist, kühlt die Luft am kalten Parkettboden ab, die relative Luftfeuchte in unmittelbarer Nähe des Holzes erhöht sich und das Holz feuchtet entsprechend auf. Dies ist der genau umgekehrte Effekt wie er bei Parkett auf Fußbodenheizung (Kapitel 4.1.2) auftritt. Wenn beispielsweise die 21 °C warme Raumluft mit 50 % relativer Luftfeuchte an der 16 °C kalten Oberfläche eines Parkettbodens auf kalter Decke abkühlt, steigt die Holzfeuchte auf 12,7 % an, während sie an 21 °C warmem Parkett 9,2 % beträgt. Dies erklärt sich aus der Tatsache, dass die relative Luftfeuchte an der kühlen Parkettoberfläche von 50 auf 68,4 % ansteigt und sich die Holzfeuchte entsprechend der Sorptionsisotherme dieser relativen Luftfeuchte anpasst (Bild 3).

Der Wert 68,4 % für die relative Luftfeuchte ergibt sich nach Division des Wasserdampfteildrucks bei 21 °C und 50 % relativer Luftfeuchte, 1.244 Pa, durch den Wasserdampfsättigungsdruck bei 16 °C, 1.818 Pa [58].

Als Faustregel gilt:

Die Holzfeuchte eines Holzfußbodens steigt um 1 % je 1,5 °C Temperaturabsenkung gegenüber der Raumlufttemperatur. Der Zusammenhang ist jedoch nicht linear, wie aus Bild 68 ersichtlich ist.

Bei abweichenden Randbedingungen kann für genaue Berechnungen entsprechend dem oben gezeigten rechnerischen Nachweis über Partial- und Sättigungsdampfdrücke die relative Luftfeuchte am Holz und hieraus über die Sorptionsisotherme die Holzfeuche bestimmt werden.

Fußbodenkühlung

Aus der genannten Faustregel ›1 % Holzfeuchteanstieg je 1,5 °C Fußbodenkühlung‹ wird deutlich, welchen enormen Feuchtewechselbeanspruchungen ein Holzfußboden auf einer gekühlten Fußbodenkonstruktion ausgesetzt ist. Die Autoren halten deshalb, wenn überhaupt, nur wenige Parkettarten für die Verlegung auf einer beheizten und gekühlten Fußbodenkonstruktion für geeignet. In jedem Fall ist mit erhöhter Fugenbildung zu rechnen.

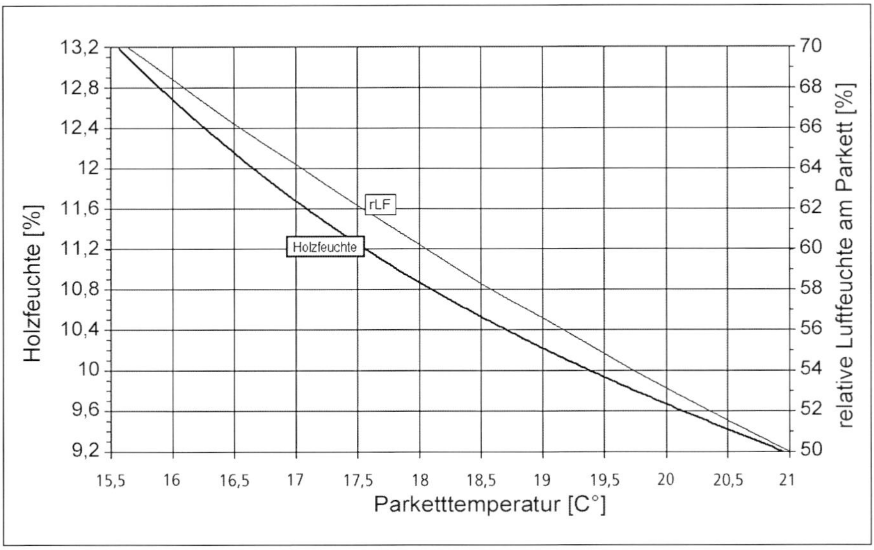

Bild 68 ▪ Relative Luftfeuchte an der Parkettoberfläche und Holzausgleichsfeuchte in Abhängigkeit von der Parketttemperatur bei 21 °C Raumlufttemperatur und 50 % relativer Luftfeuchte im Raum

Vermeidung

Die Ursachen 1 und 2 lassen sich durch fachgerecht ausgeführte Bauwerksabdichtungen bzw. Dampfsperren vermeiden. Schadensursache 3 wird durch ausreichende Wärmedämmung unter dem Parkett bzw. dem Estrich ausgeschlossen. Die bauphysikalischen Zusammenhänge zwischen Wärmedämmung, relativer Luftfeuchte und korrespondierender Holzfeuchte sind auch bei Renovierungen zu beachten [123].

Sanierung

Die Sanierung erfolgt durch Ursachenbeseitigung. Hierzu sind der beschädigte Parkettboden und der Unterboden zu entfernen und die notwendigen Abdichtungen, Dampfsperren und/oder eine ausreichende Wärmedämmung einzubringen. Danach kann der Fußbodenaufbau neu erfolgen.

4.3.13 Aufwölbung mit Unterboden

Schadensbild

Der Holzfußboden wölbte sich insgesamt oder in Teilflächen auf. Bei Beanspruchung durch Hüpfen fiel die Steifigkeit der Aufwölbung auf. Die gesamte Fläche klang bei dem Abklopfen mit einem Hammerstiel satt verklebt und nicht hohl. Die Aufwölbung bestand somit aus einem festen Verbund aus Parkett und Unterboden (Bild 51, unten). Als Lastverteilungsschichten sind alle Arten von schwimmenden Unterböden möglich.

Die für diesen Schadensfall bekannteste Kombination ist ein Holzpflasterboden auf einem Gussasphaltestrich. Aber auch Mosaikparkett [111, S. 24] und Lamparkett (Bild 69) sowie allen anderen Arten von Holzfußböden können einen Gussasphaltestrich aufwölben, der hierbei gegen die Wand stößt.

Auch wenn ein Abstand zur Wand verbleibt, sind Aufwölbungen eines Schichtenverbundes möglich. Beispiele sind massive Ahorndielen auf Holzspanplatten [97], Mosaikparkett aus Eiche auf einem Gipsfaser-Trockenestrich [7] oder Holzpflaster auf schwimmendem Zementestrich (Bild 70).

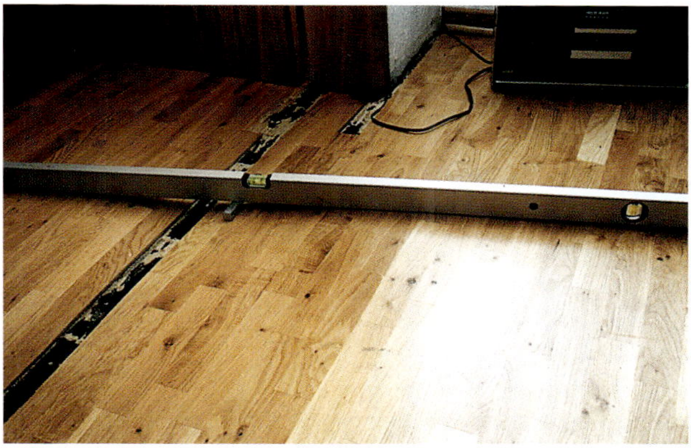

Bild 69 ▪ Der Gussasphaltestrich stößt an die Wand und wölbt sich mit dem aufgeklebten Lamparkett im Schiffsbodenmuster (10 mm × 50 mm × 250 mm) aus Eiche auf.

Bild 70 ▪ Der schwimmende Zementestrich wölbt sich mit dem aufgeklebten, 45 mm dicken Holzpflaster RE-V aus Eiche.

Grundlagen und Ursachen

Eine notwendige Bedingung für die Aufwölbung ist das Quellen der Holzfußbodenfläche. Der Untergrund besitzt in der Regel eine kleinere Feuchtedehnung als das Holz, das die seitlich wirkenden Schubkräfte über die Klebeverbindung nach unten leitet. Es kann eine Krümmung nach dem in Kapitel 4.2.3 beschriebenen Prinzip entstehen.

Gussasphalt kann plastisch verformt werden. Der aufgeklebte, sich ausdehnende Holzfußboden schiebt den Gussasphalt gegen die Wand und der Fußboden wölbt sich auf (Bild 51, unten). Die Randfuge des Holzfußbodens ist hierbei zumeist noch offen.

Eine zunächst versteckte Schadensursache ist bei zweischichtig eingebrachten Gussasphaltestrichen aufgetreten. Die untere Schicht wurde ohne Randfuge eingebaut, sodass sich trotz ausreichender Randfugen der oberen Gussasphaltschicht und des Holzfußbodens die Konstruktion aufwölbte.

Ein nicht ausreichend fester, schwimmender Zementestrich kann von Holzpflaster oder auch von Hochkantlamellenparkett zerrissen und in Teilstücken vom Holzboden mitbewegt werden (Bild 59). Enthält der Estrich eine Bewehrung, die eine seitliche Ausdehnung vermindert, kommt es auch hier zu Aufwölbungen (Bild 71). Die Bewehrung verhindert jedoch nicht die Rissbildung im Estrich und auch nicht vollständig die horizontale Ausdehnung des Bodens [111, S. 36 bis 37].

Bild 71 ▪ Der Zementestrich ist bewehrt, hat eine harte Oberseite, war aber insgesamt nicht so biegesteif, dass er die durch das Holzpflaster erzeugten Wölbspannungen hätte verformungsfrei aufnehmen können (Bild 70).

Vermeidung

Aufwölbungen von Holzfußböden mitsamt Untergrund haben meist mehrere Ursachen, nachfolgend werden einige vorbeugende Maßnahmen aufgelistet.

1. Bei Gussasphaltestrichen ist eine ausreichend große Randfuge einzuhalten. In der entsprechenden VOB/C ATV DIN sind keine Werte angegeben [44]. Die Estrichnorm schreibt 10 mm vor [49]. Im Fachkommentar zu Parkettarbeiten wird, wie bereits im Kommentar von 1979 [22, S. 48], eine Fugenbreite von mindestens 10 mm für circa 35 m^2 große Räume und 15 bis 20 mm für größere Räume verlangt [3, S. 186]. Der Parkettleger sollte auf nicht ausreichende Randfugen hinweisen, auch wenn diese Hinweispflicht explizit in der VOB/C ATV DIN 18356 nur bis zum Jahre 1979 aufgelistet wurde.
2. Bei Parkettfußböden kann die Ausdehnung der Fläche durch das Verlegemuster beeinflusst werden. Bei dem in Bild 69 dargestellten Lamparkett hätte ein Fischgrät- oder Würfelverlegemuster aufgrund der halbierten Quellung im Vergleich zum Schiffsbodenmuster den Schaden vermieden.
3. Gussasphaltschichten mit Nenndicken ≥ 40 mm sind zweilagig auszuführen [44]. In diesem Fall müssen **beide** Lagen die notwendige Randfuge aufweisen.
4. Bei Holzpflasterarbeiten sind die Anforderungen an den Unterboden, z. B. ZE 30, zu erfüllen [67, Abschnitt 8.2].
5. Die Einbaufeuchte des Holzfußbodens sollte entsprechend der zu erwartenden Ausgleichsfeuchte gewählt werden. Dies gilt insbesondere für Holzpflaster [3, S. 150].
6. Die in der VOB/C ATV DIN 18334 angegebene Mindestdicke von 16 mm für die schwimmende Verlegung von Holzspanplatten ist bei vollflächiger Verklebung mit Massivholzböden schadensanfällig [42, Abschnitt 3.9.6]. Bereits 1973 wurde für die schwimmende Verlegung von Holzspanplatten eine Dicke von 19 bis 22 mm gefordert [68]. Die Inhalte dieser Norm behalten weiterhin ihre Gültigkeit. Ein sicherer Verbund ist bei Mosaikparkett auf 25 mm dicken und bei Stabparkett auf zwei Lagen zu je 16 mm dicken Platten zu erwarten [3, S. 239]. Generell sollten zwei kreuzweise verleimte und verschraubte Lagen Holzspanplatten einer einlagigen Konstruktion vorgezogen werden, wobei die jeweilige Dicke nach der zu erwartenden Beanspruchung auszulegen ist [30].
7. Trockenestriche aus Gipsfaserplatten haben sich in zahlreichen Fällen als nicht ausreichend biegesteif für verklebtes Parkett erwiesen. Auf sie sollten nur dünne Mehrschichtparkette verlegt werden.

Sanierung

Die Sanierung eines Aufwölbungsschadens ist von den Besonderheiten des Einzelfalls abhängig. Besteht die Ursache für die übermäßige Feuchtezufuhr z. B. in einer fehlerhaften Abdichtung, muss die gesamte Bodenkonstruktion ausgewechselt werden. Bei an die Wand stoßenden Gussasphaltestrichen müssen die Ränder freigestemmt werden, sodass sich die zweischichtige Fußbodenkonstruktion wieder setzen kann. Sofern dies nicht selbstständig geschieht, kann durch Erwärmung und Beschwerung des Gussasphalts nachgeholfen werden. Das Freischneiden der Parkettrandfuge und Austrocknen des Parketts führte in den Werkräumen einer Schule sogar auf (unplastischem) Zementestrich zum Erfolg.

4.4 Ebenheit, Hohlstellen, Nachgeben bei Belastung

4.4.1 Unebener Untergrund

Die Ebenheitsabweichung ist der zulässige Bereich für die Abweichung einer Fläche von der Ebene (Bild 72).

Die Ausführungsnormen für Estricharbeiten, Gussasphaltarbeiten, Zimmer- und Holzbauarbeiten, Parkettarbeiten, Bodenbelagarbeiten und Holzpflasterarbeiten verweisen alle auf die Ebenheitsabweichungen der DIN 18202. Wenn keine erhöhten Anforderungen vereinbart wurden, gilt die Zeile 3 der Tabelle 3 dieser Norm. Diese gibt zulässige Stichmaße t in Abhängigkeit vom Messpunktabstand l an (Tabelle 7).

Zwischenwerte können rechnerisch oder grafisch mithilfe von Bild 73 interpoliert werden. Die Messung wird üblicherweise mit einer Richtlatte und einem Messkeil oder bei großen Flächen mit einem Nivellierinstrument durchgeführt [131]. Im Wohnungsbau ist eine Richtlatte von 2 m Länge ausreichend [33]. Die Messung erfolgt zwischen zwei Hochpunkten, niemals unter einem auskragenden Ende der Richtlatte (Bild 74).

Bei aufgewölbten Flächen ergeben zwei Tiefpunkte mit gleichem Abstand zur Richtlatte das Stichmaß [131]. Die Prüfungen sind spätestens am Tag der Abnahme durchzuführen [41]. Bei späteren Messungen sind zeit- und lastabhängige Verformungen zu berücksichtigen. Dies gilt insbesondere bei großen Messpunktabständen auf Stahlbetondecken. Der eigentliche Zweck der Maßtoleranzen ist es, ein funktionsgerechtes Zusammenfügen von Bauteilen zu gewährleisten. Werden die Maßtoleranzen zur Beurteilung optischer Unregelmäßigkeiten herangezogen, werden sie im Bereich sehr kleiner Messpunktabstände so groß, dass mit ihnen eine unzulängliche Oberflächenbearbeitung hinnehmbar würde. Aus diesem Grund sind sie hier nicht anzuwenden. Eine Unebenheit von 2 mm auf einer Strecke von 10 cm darf bei geschliffenen Oberflächen nicht auftreten [86, S. 23 und 110].

Bild 72 ▪ Ebenheit des Fußbodens; 11,5 mm Stichmaß auf 2 m Länge

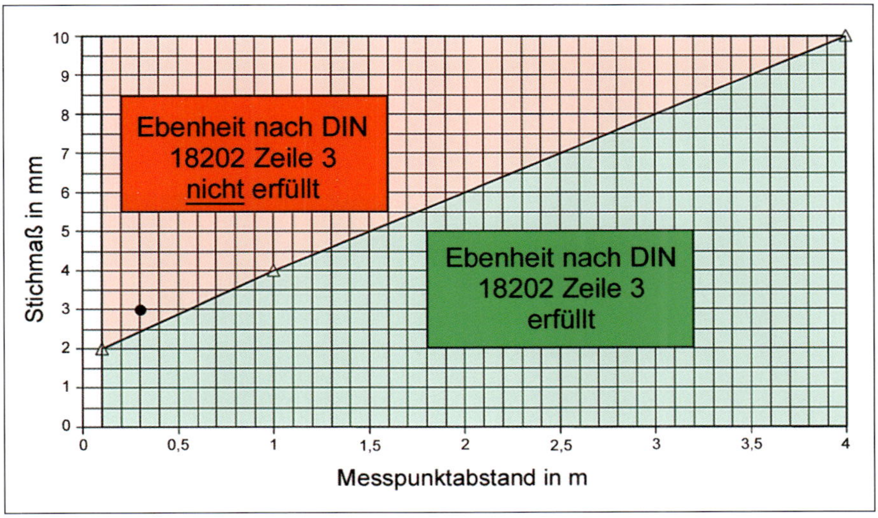

Bild 73 ▪ Grafische Darstellung von DIN 18202, Zeile 3, mit einem Beispielpunkt (3 mm Stichmaß auf 30 cm Messpunktabstand), der die zulässige Toleranz (roter Bereich) knapp überschreitet

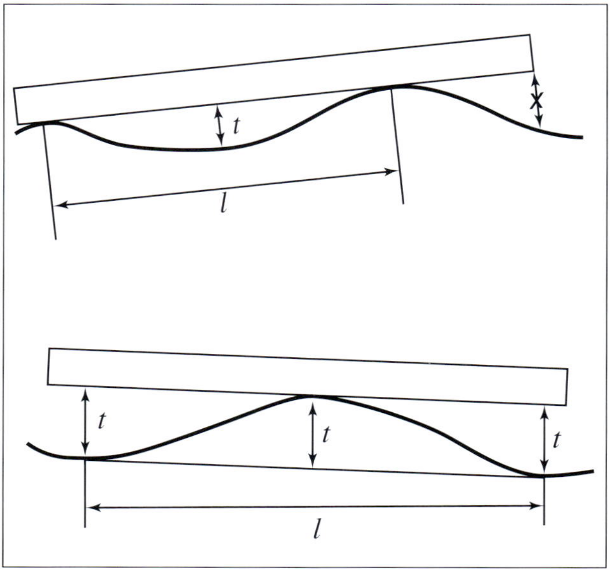

Bild 74 ▪ Messung der Ebenheitsabweichung *t* mit der Richtlatte

4.4.2 Hohlstellen wegen zu geringen Klebstoffauftrags und falscher Zahnung

Schadensbild

Das Parkett lag an mehreren Stellen lose und gab bei Belastung nach. Außerdem ließ es sich auch an noch festen Stellen leicht mit dem Stechbeitel abhebeln. Bild 75 zeigt die Breite der eingesetzten Spachtelzahnung auf der Stabunterseite.

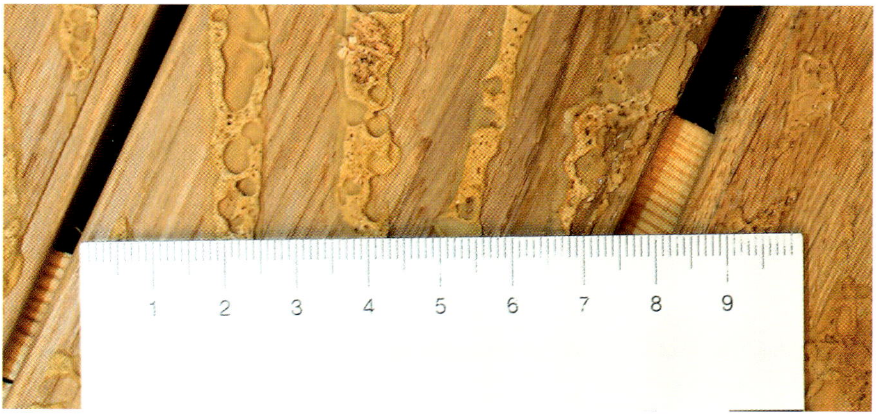

Bild 75 ▪ Klebstoffbenetzung auf der Stabunterseite mit breitem Riefenabstand

Wie in Kapitel 4.4.1 beschrieben, gibt es für die Ebenheit von Fußböden genormte Werte. Aufgrund der nach DIN 18202 [41] zulässigen Unebenheiten des Estrichs ist ein vollflächiges Aufliegen von Parkettelementen, insbesondere wenn diese durch Nut- und Federverbindung eine steife Einheit mit den Nachbarelementen bilden, nicht möglich. Vielmehr überbrücken Parkettelemente die zulässigen ›Täler‹ des Estrichs, da sie auf dessen ›Gipfeln‹ aufliegen. Dementsprechend können einzelne Parkettelemente nicht vollflächig mit Klebstoff benetzt sein. Eine Klebstoffbenetzung der Unterseite von Parkettelementen von weniger als 100 % ist normal und stellt keinen Mangel dar, sofern die Mindestbenetzung für die verschiedenen Parkettarten gemäß Tabelle 16 eingehalten wird und sich die Elemente bei üblicher Belastung nicht wesentlich bewegen. Außerdem sollte die Flächengröße einzelner, hohlklingender Stellen bei Stabparkett 0,25 m² und bei Fertigparkett und Dielen 0,5 m² nicht überschreiten. Diese auf einer Sachverständigentagung 1989 vorgeschlagenen Richtwerte sind allerdings umstritten. Einzelne Lamellen dürfen teilweise hohl liegen, wenn sie sich nicht nennenswert bewegen lassen [3, S. 113]. Bei Lamparkett beträgt die zulässige Anzahl dieser sogenannten Wipper drei pro 15 m² [12].

Die Auftragsmenge wird durch die Wahl der Zahnspachtel bestimmt. Für jede Art von Holzfußboden führen bestimmte Zahnungen zur richtigen

- Menge des Klebstoffauftrages und
- Höhe des Riefenstandes (verursacht durch die Zahnlückentiefe c).

Werden für Parkett und Dielen die falschen Zahnungen, insbesondere solche für textile Beläge (beispielsweise B1 oder B2) mit zu niedriger Zahnlückentiefe c gewählt, so ergibt sich ein zu niedriger Riefenstand, der die Unebenheiten des Untergrundes nicht ausgleicht, und ein insgesamt zu geringer Klebstoffauftrag. Beides zusammen kann zu unzureichender Benetzung, Hohllagen und Losstellen führen. Auf der nachfolgenden Seite sind die gebräuchlichen Zahnungen aufgelistet.

Tabelle 16 ▪ Mindestklebstoffbenetzung je Verlegeelement für verschiedene Parkettarten

Parkettart	Mindestbenetzung
Stabparkett und Massivholzdielen	40 %
Fertigparkett	60 %
Mosaikparkett	60 %
Hochkantlamellenparkett	60 %
Holzpflaster	80 %
Hinweis: 40 % Benetzung = 60 % Hohllage; 60 % Benetzung = 40 % Hohllage	

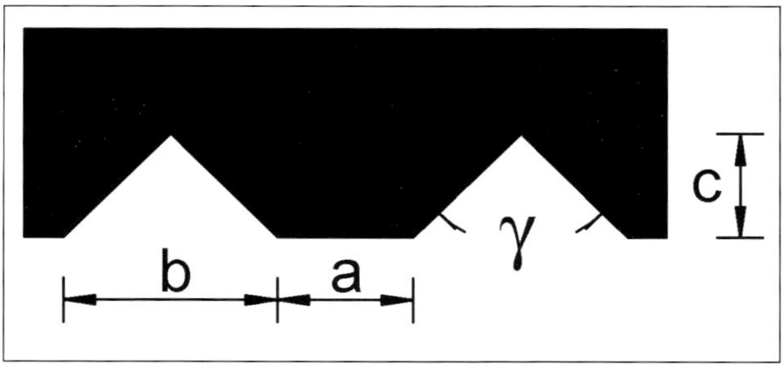

Bild 76 ▪ Aufbau einer Dreieckzahnung:
a = Zahnbreite,
b = Zahnlückenbreite,
c = Zahnlückentiefe,
γ = Zahnlückenwinkel

Der Sachverständige kann aus dem gemessenen Riefenabstand (z. B. 20 mm in Bild 75) meist nachträglich die Spachtelzahnung bestimmen. Hierzu vergleicht er den Riefenabstand, der sich aus den Werten *a* = Zahnlückenbreite und *b* = Zahnbreite gemäß Bild 76 mit den Sollmaßen der TKB-Spachtelzahnungen (Bild 77) errechnet.

Sanierung von Hohlstellen

Die Sanierung von Hohlstellen hängt stark von der Anzahl und der flächigen Ausbreitung ab. In der Praxis wird häufig versucht, Hohllagen durch punktuelles Unterspritzen mit Klebstoff auszubessern. Dieses Vorgehen ist bei einzelnen hohl liegenden Stäben sinnvoll, bei großen Flächen jedoch ungeeignet, da rund um die Injektionsstellen die Stäbe weiterhin hohl liegen. Eine Injektion von Klebstoff führt demnach bei großen Hohlstellen aufgrund der nur sehr kleinflächigen Wirkung zu keiner nennenswerten Verringerung des Mangels. Die Sanierung größerer Hohlstellen funktioniert nur durch ein lokales Aufnehmen und Nachkleben des Parketts. Gegebenenfalls ist eine Verlegung von Neumaterial erforderlich.

Kleine Bohrungen zum Injizieren von Klebstoff sind zulässig, sofern sie nachträglich so verkittet werden, dass der Kitt dauerhaft mit dem Holz verbunden ist, d. h. nicht die Gefahr besteht, dass der Kitt im Laufe der Jahrzehnte durch die Nutzung ausbricht. Es gilt der Grundsatz, dass die Kittstellen bei Betrachtung aus aufrecht stehender Haltung und unter normalen Lichtverhältnissen nicht den Gesamteindruck des Parkettbodens störend beeinträchtigen dürfen. Dies ist nicht mit der bloßen Sichtbarkeit zu verwechseln.

4.4.3 Nachgeben von schwimmend verlegtem Parkett

Schadensbild

Beim Begehen eines schwimmend verlegten Fertigparkettbodens gab dieser an einigen Stellen geringfügig nach. Eine Überprüfung mit Richtscheit und

TKB Zahnung	a in mm	b in mm	c in mm	γ in Grad	Abbildungen
A1	0,50	1,50	1,10	55,0	
A2	1,30	1,70	1,40	55,0	
A3	0,40	1,60	1,50	45,0	
A4	0,40	1,10	0,75	55,0	
A5	1,45	1,35	1,00	55,0	
B1	2,60	2,40	2,00	55,0	
B2	2,00	3,00	2,55	55,0	
B3	3,30	3,70	3,25	55,0	
B5	14,30	5,70	5,15	55,0	
B6	4,90	4,10	3,60	55,0	
B7	4,40	3,60	3,90	45,0	
B8	3,90	4,10	3,60	55,0	
B9	9,90	6,10	5,00	60,0	
B10	9,90	5,10	5,70	45,0	
B11	7,90	6,10	5,00	60,0	
B12	4,90	5,10	5,10	50,0	
B13	11,40	7,10	6,50	55,0	
B14	5,90	6,10	5,55	55,0	
B15	6,90	5,60	6,30	45,0	

Bild 77 ▪ Auszug (S. 3) aus dem TKB-Merkblatt 6 Spachtelzahnungen für Bodenbelag-, Parkett- und Fliesenarbeiten (Ausgabe 2007), erstellt von der Technischen Kommission Bauklebstoffe (TKB) im Industrieverband Klebstoffe e.V., Düsseldorf

Messkeilen ergab an zwei Stellen eine Überschreitung der nach DIN 18202 zulässigen Ebenheitsabweichungen um knapp 1 mm. Im unbelasteten Zustand waren die Normvorgaben jedoch erfüllt.

Grundlagen und Vermeidung

Im Leistungsverzeichnis der Parkettarbeiten wurden keine besonderen Vereinbarungen bezüglich erhöhter Anforderungen an die Ebenheit getroffen, somit galt sowohl für die Ebenheit des Estrichs als auch des Parketts DIN 18202, Zeile 3 (Tabelle 7).

In DIN 18202:2005-10 heißt es unter Abschnitt 4:

»Die bei Bauprodukten zulässigen Maßabweichungen sind in den Grenzwerten für Ebenheitsabweichungen nicht enthalten und daher ***zusätzlich*** *zu berücksichtigen.«*

Im KOMMENTAR DIN 18356, 18367 UND 18299 PARKETT- UND HOLZPFLASTERARBEITEN von Baumann et al. aus dem Jahr 1997 [3], Kapitel PRÜFEN UND BEURTEILEN DER OBERFLÄCHENEBENHEIT GEMÄSS DIN 18202, steht:

»Das Messergebnis kann durch Formänderungen z. B. an Baudehnungsfugen, die sich durch Temperatur- und Feuchtigkeitseinflüsse, elastische Verformungen, Kriechen und Schwinden sowie konstruktiv bedingte Überhöhungen ergeben haben, beeinflusst werden. Diese Formänderungen sind in den Toleranzangaben nicht enthalten. Verformungen sollen in geeigneter Weise beim Messergebnis zusätzlich berücksichtigt werden.«

In der DIN 18202 [41] heißt es im Abschnitt 4 GRUNDSÄTZE unter 4.4:

»Werte für zeit- und lastabhängige Verformungen, auch aus Temperatur, sind gesondert zu berücksichtigen.«

Aus diesen Regeln geht hervor, dass das Quellen und Schwinden, als Besonderheit des Werkstoffes Holz und die damit verbundenen Formänderungen einerseits und das elastische Verhalten von Parkettelementen bei Belastung andererseits, gesondert und werkstoffbezogen zu berücksichtigen sind. **Dies bedeutet, dass** sich durch die genannten zusätzlichen Berücksichtigungen im praktischen Fall **größere als in DIN 18202, Tabelle 3, Zeile 3 (Tabelle 7), genannte Abweichungen der Ebenheit ergeben dürfen**, sofern dies konstruktions- bzw. materialbedingt ist und zu keinem technologischen Mangel führt. Es bedeutet aber auch, dass für bestimmte Werkstoffe, Bauelemente und Belastungssituationen (wie z. B. schwimmend verlegte Fertigparkettelemente) höhere Anforderungen an die Ebenheit des Unterbodens als in DIN 18202, Tabelle 3, Zeile 3, genannt, zu fordern sind, sofern dies das Material erfordert, um mangelfrei seine Funktion zu erfüllen.

Bei schwimmend verlegtem Parkett stellen die Bewegungen bei Belastung dann einen Mangel dar, wenn die Bewegungen so groß sind, dass Funktionsbeeinträchtigungen z.B. durch Abnutzung der Nut- und Federverbindung oder Bruch dieser bzw. der Leimverbindung oder verstärkte Fugenbildung vorliegen oder zu befürchten sind. Da die am Markt befindlichen Fertigparkettkonstruktionen vielfältig sind, ist im Einzelfall vom Sachverständigen zu entscheiden, ob sich belastungsbedingte Bewegungen im normalen, bauartbedingten Rahmen bewegen oder aber ob sie eine übermäßige Beanspruchung darstellen.

Im vorliegenden Fall erkannte der Sachverständige die Last als Ursache der geringfügigen Überschreitung. Sie wurde als so geringfügig erachtet, dass keine Beeinträchtigung der Gebrauchsdauer zu erwarten war.

Unabhängig vom geschilderten Fall sind sich Experten darüber einig, dass bei einer schwimmenden Verlegung von Parkett eigentlich höhere Anforderungen an die Ebenheit des Unterbodens gestellt werden müssen als bei vollflächiger Verklebung. Ebenfalls sind die nach Zeile 3 von Tabelle 3 in DIN 18202 zulässigen Ebenheitsabweichungen von 4 mm auf einem Meter für die meisten schwimmend verlegten Fertigparkettkonstruktionen zu groß. Eine ausreichende Ebenheit des Untergrundes muss in Abhängigkeit vom konstruktiven Aufbau und von der Verlegeart des Fertigparketts, unabhängig von DIN 18202, sichergestellt sein.

Sanierung

Ob der Estrich der DIN 18202 entspricht, kann ohne Entfernung des Parketts nicht sicher gesagt werden. Es lässt sich lediglich aus den auf dem Parkett gemessenen Werten vermuten, ob der Estrich der Norm entspricht. Unabhängig davon kann festgestellt werden, ob sich im überwiegenden Teil der Fläche das Federn des Fertigparketts im für eine schwimmende Verlegung normalen Bereich bewegt. Wenn federnde Stellen auftreten, die in ihrem Ausmaß langfristig der Funktionstüchtigkeit des Parkettbodens abträglich sind, muss eine Sanierung durchgeführt werden. Hierzu ist das Parkett an den betreffenden Stellen aufzunehmen und nach der Untergrundvorbereitung neues Parkett zu verlegen.

4.4.4 Nachgeben bei Punktbelastung

Schadensbild

Im Bereich von schweren statischen Lasten, z.B. schweren Kachelöfen, Schränken oder wie hier, vollen Aktenregalen, senkte sich das Parkett. Durch an der

Bild 78 ▪ Absenkung durch Punktlast an einem schweren Aktenregal

Wand fixierte Bauteile wie Sockelleisten war die Absenkung um mehrere Millimeter zu erkennen (Bild 78).

Bei diesem Schadensfall lag aus Designgründen eine hochgestellte Sockelkonstruktion vor. Ein Korkstreifen zwischen Parkett und Wand verhinderte das unbeabsichtigte Füllen der Dehnungsfuge mit Schmutz. Die Reibung zwischen Korkstreifen, Wand und Parkettlamellen war so groß, dass die wandnahen Lamellen in der ursprünglichen Höhe verblieben, während sich die restliche Fläche unter der schweren Aktenlast absenkte (Bild 79).

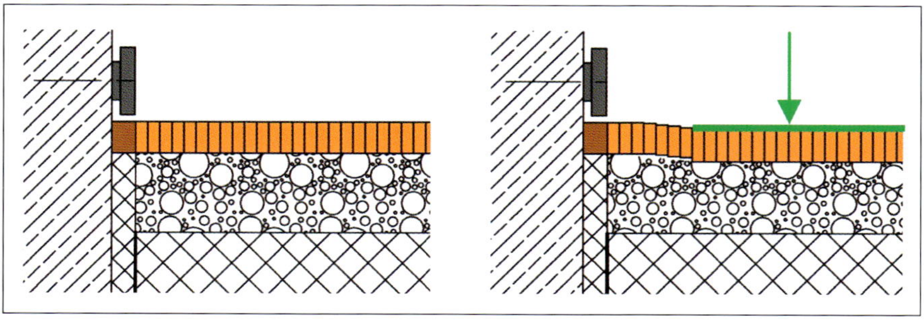

Bild 79 ▪ Schematische Darstellung der Absenkung bei Last (rechts)

Grundlagen und Vermeidung

Zusätzlich zu den nach DIN 18202 zulässigen Verformungen des Bauteils am Tage der Fertigstellung müssen Verformungen im Gebrauch berücksichtigt werden (vgl. Kapitel 4.4.3 GRUNDLAGEN UND VERMEIDUNG). Im privaten Wohnungsbau sind punktuelle Absenkungen zu tolerieren, wenn übermäßige Einzellasten auftreten. Im gewerblichen Bereich ist mit höheren Lasten zu rechnen, diese sind durch den Planer bei der Dimensionierung des Estrichs entsprechend zu berücksichtigen.

Schwimmende Estriche liegen auf einer kompressiblen Dämmschicht aus expandiertem Polystyrol (EPS), anderen Hartschäumen oder mineralischen oder organischen Faserdämmstoffen. Faserdämmstoffe zeichnen sich durch besonders gute Trittschalldämmung aus, sind jedoch etwas kompressibler als Hartschäume. Mehr als 30 mm dicke Faserdämmschichten werden deshalb heute zugunsten einer Kombination aus EPS und Faserdämmstoffen vermieden. Trotzdem ist ein Federn schwimmender Estriche bei Be- und Entlastung beispielsweise durch Begehen und eine gewisse nicht reversible Komprimierung unter Dauerlast unvermeidlich.

Eckbereich

Verstärktes Nachgeben des Estrichs bei Belastung im Eckbereich kann damit zusammenhängen, dass durch schnellere Trocknung der Estrichoberschicht eine Zugspannung aufgetreten ist, die zum Hochziehen der Ecken führt. Dadurch liegt der Estrich dort nicht voll auf der Dämmschicht auf und federt bei Belastung noch stärker nach, hier kann es im Extremfall sogar zum Bruch kommen. Die Einsinktiefe hängt von folgenden Faktoren ab: Last, Flächengröße (z. B. eines Aktenschrankfußes), Temperatur und Rezeptur des Gussasphalts.

Gussasphalt

Hiervon zu unterscheiden ist eine punktuelle plastische Verformung durch Fließen des Untergrundes unter Last. Bekannt ist das Einsinken von Möbelfüßen auf elastischen Belägen oder kleinformatigen Parkettelementen wie Mosaikparkettlamellen in Gussasphalt.

4.4.5 Kantenüberstände

Kantenüberstände

In DIN 280-5:1990-04 PARKETT – FERTIGPARKETT-ELEMENTE heißt es zu Überzähnen unter Abschnitt 6.3 BEARBEITUNG [54]:

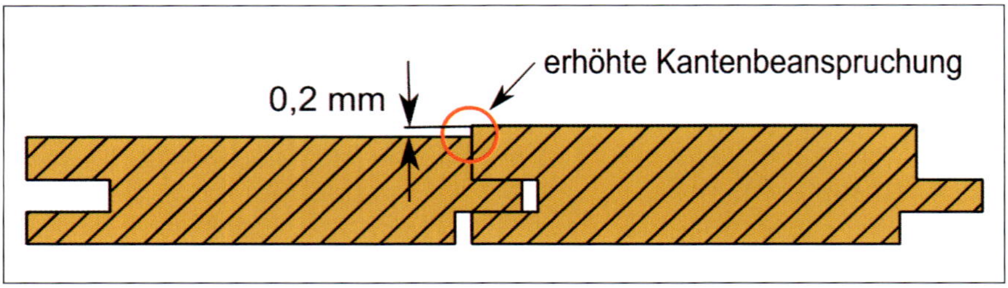

Bild 80 ▪ Überzahn oder Brüstungshöhenunterschied von 0,2 mm

»Die Fertigparkett-Elemente müssen in Länge und Breite parallel, rechtwinklig und an der Oberseite scharfkantig, gerade bearbeitet, gehobelt oder gefräst, geschliffen und fertig oberflächenbehandelt sein. Bei fachgerecht hergestelltem und verlegtem Fertigparkett darf die Kante eines Elementes höchstens 0,2 mm über der Kante des angefügten Elementes liegen.«

Auch in der DIN EN 13489, Tabelle 5 Masse und Grenzabmasse eines Elementes, sind ≤ 0,2 mm angegeben. In Bild 80 wird der Begriff des Überzahns, auch Brüstungshöhenunterschied genannt, veranschaulicht. Überzähne von > 0,2 mm sind zu vermeiden, da die überstehende Kante mit ihrer Oberflächenbehandlung stark beansprucht und dadurch rasch abgelaufen wird. Eine einfache Überprüfung dieses Grenzwertes ist durch das Anlegen einer gewöhnlichen Postkarte möglich.

Verlegte Laminatbodenelemente sollen nur einen Höhenversatz der Kanten von im Mittel 0,10 mm und von maximal 0,15 mm aufweisen [127]. Auch bei Einhaltung der Grenzwerte kann eine hohe Kantenbeanspruchung durch z. B. harte Stuhlrollen zu Beschädigungen führen. Dies tritt in Büroräumen zumeist im Zusammenhang mit einer Nassreinigung der Bodenflächen auf. Eine zunächst geringfügige Beschädigung der Deckschicht verschafft in diesen Fällen

Bild 81 ▪ Abplatzen der oberen Kunststoffschicht eines Laminatbodenelements

dem Wischwasser Zutritt zur Holzwerkstoffplatte, die hierdurch aufquillt. Der nunmehr größere Überstand unterliegt vergrößerter mechanischer Beanspruchung, was weitere Abplatzungen verursacht (Bild 81). Setzt sich dieses Wechselspiel fort, kommt es zu erheblichen Beschädigungen des Laminatbodens.

4.4.6 Mittellagenabzeichnung bei Fertigparkett

Schadensbild

Ein Fertigparkettboden sah im Gegenlicht wellig aus, wobei die Wellen quer zum Faserverlauf des Deckfurniers verliefen (Bild 82).

Ursachen und Vermeidung

Die Mittellage von dreischichtigem Fertigparkett besteht häufig aus Fichtenstäben. Diese können sowohl stehende als auch liegende Jahrringe aufweisen (Bild 83).

Bild 82 ▪ Mittellagenabzeichnung bei einem dreischichtigen Fertigparkett

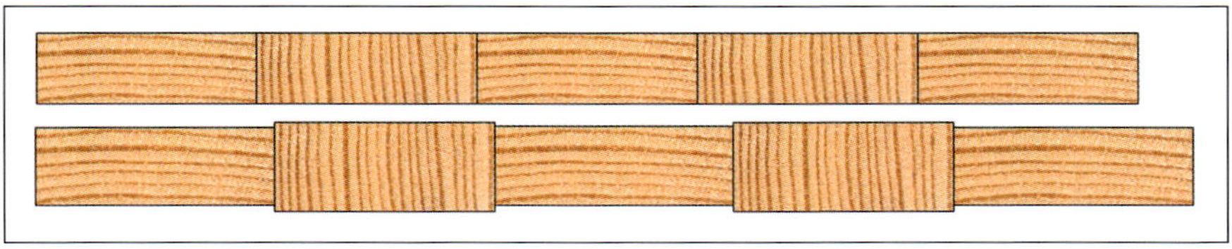

Bild 83 ▪ Querschnitt durch die Mittellage von Fertigparkett; oben mit $u = 5\,\%$ Holzfeuchte bei Herstellung, unten nach Feuchteaufnahme auf $u = 9\,\%$ und Quellung

Das vorgefundene wellige Bild erklärt sich aus dem unterschiedlich starken Quellen von Stäben mit stehenden und liegenden Jahrringen. In tangentialer Richtung (parallel zum Jahrringverlauf) quillt und schwindet Fichtenholz etwa doppelt so stark (V_{tang} = 0,39 %/%) wie in radialer Richtung (senkrecht zum Jahrringverlauf, V_{rad} = 0,19 %/%).

Die Dickenquellung einer 8 mm dicken Mittellage beträgt bei einer Holzfeuchtezunahme von 4 %:

$$\Delta d = \Delta u \cdot V \cdot d \,/\, 100\,\%$$

$$\Delta d_{tang} = 4\,\% \cdot 0{,}39\,\%/\% \cdot 8\,\text{mm} \,/\, 100\,\% = 0{,}125\,\text{mm}$$

$$\Delta d_{rad} = 4\,\% \cdot 0{,}19\,\%/\% \cdot 8\,\text{mm} \,/\, 100\,\% = 0{,}061\,\text{mm}$$

Die Rechnung zeigt, dass die Stäbe der Mittellage mit stehenden Jahrringen in der Dicke um 0,064 mm mehr als Stäbe mit liegenden Jahrringen quellen.

Durch starke Untertrocknung der Mittellage bei der Herstellung wird somit die Mittellagenabzeichnung im Gebrauch hervorgerufen. Im Streiflicht nimmt das menschliche Auge Höhendifferenzen von wenigen hundertstel Millimeter auf glänzenden Oberflächen als Reflexionsunterschiede wahr.

Sanierung

Durch ein angepasstes Raumklima lassen sich übermäßige Abweichungen von der Herstellungsfeuchte u = 7 % und damit ein stark welliges Erscheinungsbild von mehrschichtigem Parkett manchmal beheben. Sofern bei u = 7 % ein welliges Bild sichtbar ist, liegt ein Mangel vor, dessen Ursache auf untertrocknete oder unterschiedlich feuchte Mittellagenstäbe bei der Herstellung zurückzuführen ist. In diesem Fall ist das Parkett vollflächig abzuschleifen und eine neue Oberflächenbehandlung aufzubringen.

4.5 Ablösungen

4.5.1 Einleitung

Das allgemeine Schadensbild von Ablösungen zeichnet sich, im Gegensatz zu Hohlstellen (Kapitel 4.4), durch vollständig vom Untergrund abgelöste Parkettelemente aus. Sie klingen nicht nur hohl, sondern liegen lose und können ohne Nut- und Federverbindung leicht aufgenommen werden. Aufgrund von Quellspannungen können sie auch bereits hochgedrückt oder aufgewölbt sein (vgl. Kapitel 4.3 Aufwölbung). Bei Ablösungen handelt es sich meist um Brüche. Das Bruchbild ist von besonderer Wichtigkeit für den

Sachverständigen, da er aus den unten genannten Faktoren auf die Schadensursache schließt. Von Interesse sind hierfür:

1. die Art des vorgefundenen Bruchbilds,
2. das Bruchbild samt Höhe der notwendigen Kraft, die vom Gutachter aufgewendet werden muss, um noch festes Parkett gewaltsam auszubrechen,
3. die Klebstoffauftragsmenge,
4. Randverschiebungen, Schüsselung, Deckmaßbreiten und andere Quellungsindikatoren sowie Holz- und Estrichfeuchte.

Nachfolgend sind die Schadensfälle nach Lage der Bruchebene, von oben nach unten, beginnend mit der Holzschicht, gegliedert.

4.5.2 Kohäsionsbruch im Holz

Eine kuriose Ursache für die Ablösung eines verklebten Bodens ist der Einschlag eines Blitzes über einen feuchten Kamin in die Metalldrähte eines Mosaikfertigparketts. Die durch den Strom verursachte schlagartige Erhitzung des Holzes und die damit verbundene Dampfexplosion sprengte das Holz [90]. Von diesem Fall abgesehen sind flächige Brüche innerhalb der Holznutzschicht, die sich über das gesamte Verlegeelement erstrecken, außerordentlich selten. Kohäsionsbrüche im Holz sind nicht mit Rissen zu verwechseln (Kapitel 4.6).

4.5.3 Adhäsionsbruch zwischen Holz und Klebstoff – Benetzungsproblem

Schadensbild

Die Parkettelemente lagen lose und die Unterseiten der Eichenparkettstäbe waren nicht mit Klebstoff benetzt. Die Porenstruktur der Eiche hatte sich im angetrockneten Klebstoffbett abgezeichnet, ohne dass die Parkettstäbe dabei benetzt und verklebt wurden (Bild 84).

Grundlagen und Ursachen

Ungenügende Adhäsion des Klebstoffs zum Fußbodenelement lässt sich an einer unzureichenden Klebstoffbenetzung an der Unterseite des Elementes erkennen (Bild 75). Diese lässt sich entweder darauf zurückführen, dass zu wenig Klebstoff verstrichen wurde, besonders aufgrund einer falschen Spachtelzahnung (Kapitel 4.4.2), meist jedoch durch zu spätes Einlegen des Elementes, wenn der Klebstoff bereits angetrocknet war (Bild 84). Bei angetrocknetem Klebstoff kann keine Benetzung mehr stattfinden.

Bild 84 ▪ Abdruck der Porenstruktur (Pfeile) des Holzes in bereits angetrocknetem Klebstoffbett

4.5.4 Kohäsionsbruch innerhalb der Klebstoffschicht

Ein Kohäsionsbruch innerhalb der Klebstoffschicht kann im frischen, noch plastisch verformbaren oder im vollständig abgebundenen Klebstoff erfolgen. Zur Ablösung im noch plastisch verformbaren Zustand des Klebstoffs kommt es häufig durch zu hohen Klebstoffauftrag. Eine Ursache hierfür ist die Auswahl einer falschen Zahnspachtel (Kapitel 4.4.2 mit Bild 77) oder ein zu rauer Untergrund.

Wird eine Epoxidharzbeschichtung mit sehr grobem Korn und in großer Menge abgesandet, so führt dies zu einer rauen Oberfläche und damit zu erhöhtem Klebstoffauftrag und Quellung mit seitlicher Verschiebung (vgl. Kapitel 4.3.9 mit Bild 66). Bild 85 zeigt einen Lamparkettboden aus Rotbuche einen Tag nach der Verklebung. Es stellte sich heraus, dass der spezifische

Bild 85 ▪ Das Lamparkett (10 mm × 55 mm × 220 mm) aus Buche löste sich aufgrund zu hohen Klebstoffauftrages innerhalb von Stunden vom Untergrund.

Verbrauch des eingesetzten Lösungsmittelklebstoffs bei circa 1,8 kg/m^2 gelegen hat. Bei solchen Konstruktionen sind Klebstoffmengen von 1 bis 1,2 kg/m^2 [55] üblich. Der Zementestrich war, wie in Kapitel 4.3.9 beschrieben, durch eine Epoxidharzschicht abgesperrt. Das stark quellende Buchenholz wurde mit einer so hohen Menge an Lösungsmitteln beaufschlagt, dass es innerhalb von Stunden zum Schaden kam.

Auch bei anderen, nicht saugenden Untergründen, wie beispielsweise Gussasphaltestrichen, kam es, insbesondere bei rauer Oberfläche und zu hohem Klebstoffauftrag, zu Ablösungen.

Werden im Rahmen einer Renovierung alte Bodenbeläge entfernt, so verbleiben manchmal Reste von altem, noch festem Bitumenklebstoff auf dem Untergrund. Wird nun direkt z. B. ein Mosaikparkett mit Lösungsmittelklebstoff verklebt, weicht der alte Bitumenklebstoff auf und die Lamellen lösen sich innerhalb der Bitumenklebstoffschicht [111, S. 20].

Bei manchen alten Kunstharzlösungsmittelklebstoffen findet im Laufe der Jahre ein Bruch durch Versprödung des Klebstoffs statt.

4.5.5 Adhäsionsbruch zwischen Klebstoff und Grundierung

Bild 86 zeigt einige 22 mm dicke Klötze eines Holzpflasterbodens RE-V aus Kiefer, der vollständig lose auf einem neuen Zementestrich lag. Der Holzpflasterleger verwendete einen Dispersionsklebstoff, der auf einer zuvor bereits vom Bauherrn aufgebrachten, ölhaltigen Naturharzgrundierung nur sehr wenig haftete.

Bild 86 ▪ Adhäsionsbruch zwischen Dispersionsklebstoff und mit ölbasierter Grundierung vorgestrichenem Zementestrich

Bild 87 ▪ Adhäsionsbruch zwischen der Epoxidharzschicht auf dem Estrich und der Spachtelmasse unter den 18 mm dicken Holzpflasterklötzen RE-V aus Eiche

4.5.6 Adhäsionsbruch zwischen Spachtelmasse und alternativer Abdichtung

Bild 87 zeigt Klötze eines Holzpflasterbodens, der sich großflächig vom Untergrund löste. Die Spachtelmasse hing an der Unterseite der Klötze. Sie verband sich nicht mit der kaum abgesandeten Epoxidharzschicht, die auf den Zementestrich zur Verfestigung der Oberfläche aufgebracht worden war. Werden Estrichoberflächen zur Verfestigung oder zum Absperren von Restfeuchte mit einer Epoxidharzschicht versehen, so ist diese ausreichend mit Quarzsand abzustreuen. Wie bei Gussasphaltestrichen soll so der aufzutragenden Spachtelmasse oder dem aufzubringenden Klebstoff die Möglichkeit einer Verbindung gegeben werden.

4.5.7 Adhäsionsbruch zwischen Grundierung und Estrich

Schadensbild

Ein mit 1K-PUR-Klebstoff auf einem Calciumsulfat-Fließestrich verklebtes 16 mm dickes Eichenstabparkett hatte sich in weiten Bereichen, besonders am Rand, abgelöst. Es gab keine Anzeichen von übermäßiger Feuchteeinwirkung und Quellung, d. h. keine Vergrößerung der Deckbreiten, keine Verringerung der Breite von Randfugen und Kork-Dehnungsfugen und eine gleich verteilte Darr-Holzfeuchte von 9,4 % über den gesamten Querschnitt der Stäbe. Auffällig war jedoch das Bruchbild. Überall war eine glatte Trennung zwischen gelb eingefärbtem Dispersionsvorstrich und dem Calciumsulfat-Fließestrich aufgetreten. Der gelbe Dispersionsvorstrich haftete an der Unterseite der Parkettstäbe (Bilder 88 und 89).

Bild 88 ▪ Adhäsionsbruch zwischen gelber Grundierung und Estrich

Bild 89 ▪ Detail aus Bild 88 links, zweiter Stab von oben: Bruch ohne jede Estrichanhaftung, wie er an über 90 % der Fläche vorlag; die gelb eingefärbte Grundierung haftete am Klebstoff an den Stabunterseiten, jedoch nicht am Estrich

Grundlagen und Ursachen

Auch bei dieser Form von Ablösungen kommen zwei grundsätzlich verschiedene Ursachengruppen infrage:

1. übermäßige Spannungen (beispielsweise durch starke Feuchteeinwirkung), die eine selbst gute Verklebung zerstörten,
2. normale Quellspannungen (durch normale Nutzung und normale jahreszeitliche Klimaschwankungen), die eine mangelhafte Verklebung zerstörten.

Hierzu wurden vom Sachverständigen weitere Untersuchungen vorgenommen:

1. Bereiche, die 100 %ig fest verklebt waren, wurden mit dem Stechbeitel abgehebelt. Es war nur geringe Kraft erforderlich und es ergab sich wieder dasselbe Bruchbild.
2. Der Estrich und die Stabunterseiten wurden mikroskopisch auf das Vorhandensein einer Sinterschicht untersucht. Hierbei stellte sich heraus, dass der Estrich gut geschliffen worden war und damit auch keine aufgelagerte Schicht aufwies. Vielmehr besaß der Dispersionsvorstrich auch an Stellen mit besonders gut sichtbarem Korn an der Estrichoberfläche keine Haftung (Bild 90).

Auf einer anderen Baustelle mit Calciumsulfat-Fließestrich wurde ein Nachversuch mit dem gleichen Klebstoff, der gleichen gelben Dispersionsgrundierung und außerdem noch zwei anderen Grundierungen desselben Herstellers durchgeführt. Hierbei zeigte sich, dass die beiden anderen Grundierungen eine einwandfreie Haftbrücke zum Estrich bildeten, jedoch die gelbe Dispersionsgrundierung wieder nur unzureichende Haftung zum Calciumsulfat-Fließestrich herstellen konnte. Die auf der gelben Dispersionsgrundierung verklebte Stabhälfte trennte sich mitsamt der anhaftenden Grundierung glatt vom Estrich ab (Bild 91, linke Hälfte), während die **ohne** Grundierung ver-

Bild 90 ▪ Stabunterseite (obere Bildhälfte) an der zugehörigen Stelle (untere Bildhälfte) mit deutlichem Korn des Estrichs; trotzdem keine Adhäsion der Grundierung

Bild 91 ▪ Linke Bildhälfte: Verklebung auf Dispersionsgrundierung mit sehr geringer Haftung auf der Oberfläche des Calciumsulfat-Fließestrichs; rechte Bildhälfte: Verklebung ohne Grundierung mit sehr guter Haftung und tiefgründigem Bruch im Calciumsulfat-Fließestrich (Quelle: Architekt Dipl.-Ing. Martin Wegge, Braunschweig)

klebte Stabhälfte **hervorragend** haftete (Bild 91, rechte Hälfte). Zum Entfernen der ohne Grundierung verklebten rechten Stabhälfte war große Kraft notwendig und es trat ein tiefgründiger Bruch im Estrich auf.

Die Schadensursache ist damit eindeutig: Die Ablösung wurde weder durch übermäßige Spannungen (Feuchte-Temperatur-Wechsel) noch durch mangelnde Estrichvorbereitung hervorgerufen, sondern durch die Dispersionsgrundierung. Sie war vom Hersteller auch für Calciumsulfat-Fließestriche mit 1K-PUR-Klebstoff freigegeben, funktionierte aber **nicht**. Die gleiche Problematik ist auch mit Dispersionsgrundierungen anderer Hersteller auf Calciumsulfat-Fließestrich aufgetreten.

Sanierung

Entfernung des losen Parketts, Abschleifen der Grundierungsreste, Grundierung mit einem anderen, auf Calciumsulfat-Fließestrich funktionierenden Grundierungssystem und anschließender Neuverlegung des Parketts.

4.5.8 Ablösung in der obersten Estrichschicht

Schadensbild

Auf einem neuen Calciumsulfatestrich wurden nach Auftrag eines Dispersionsvorstrichs Breitlamellen aus Eiche mit einem Pulverparkettklebstoff verklebt. Bereits nach einem Monat lösten sich erste Lamellen und bald darauf lagen große Flächen lose und teilweise aufgewölbt. Mikroskopische Untersuchungen des Schichtenaufbaus zeigten, dass auf dem Anhydritestrich entstandene Gipsausblühungen eine Haftung verhinderten (Bild 92).

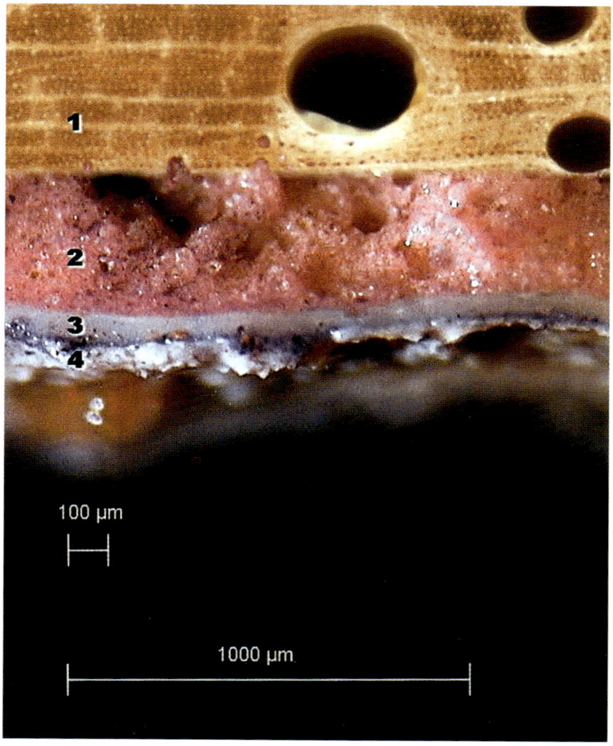

Bild 92 ▪ Schichtenaufbau nach Färbung mit Eosin: 1 = Eicheparkett, 2 = Pulverklebstoff, 3 = Vorstrich, 4 = weiße, mineralische Pulverschicht

Grundlagen und Ursachen

Die Ablösungen resultieren aus der ungenügenden Verankerung des Vorstrichs mit dem Untergrund. Vor der Parkettverlegung ist bei allen Untergründen eine Vorbereitung nötig. Diese richtet sich nach dem Untergrund und dem zu verlegenden Oberboden. Generell sind alle Calciumsulfatestriche zu schleifen, es sei denn, die Hersteller schreiben eine andere Behandlung vor. Calciumsulfatestriche bilden häufig eine für Ablösungen schadensursächliche weiße, poröse Schicht auf der Oberfläche des Estrichs aus. Im Merkblatt Beurteilung und Behandlung der Oberflächen von Calciumsulfat-Fliessestrichen steht unter dem Kapitel 2.1. Sinterschicht, Kalkhäutchen [24] zu dem gerade Beschriebenen:

»Bei der Trocknung wird durch Kapillartransport Wasser an die Oberfläche transportiert. Die eventuell darin gelösten Stoffe (z. B. Kalk, Additive) können sich an der Estrichoberfläche ablagern und bilden dann eine sogenannte ›Sinterschicht‹. Solche Sinterschichten entstehen in der Regel in den ersten Tagen nach der Estrichverlegung. Sie sind nur Bruchteile von Millimetern dick und erscheinen matt bis glänzend. Das Vorhandensein einer solchen Schicht ist visuell bzw. mittels Gitterritzprüfung, in

Zweifelsfällen mit der Oberflächenfestigkeitsprüfung, festzustellen. Sinterschichten sind materialbedingt und können auch bei einwandfrei hergestellten Fließestrichen auftreten. Sie können das Haftvermögen zwischen Estrich und Belag vermindern und sind daher durch Abschaben oder Anschleifen zu entfernen.«

Vermeidung

Im vorliegenden Fall wäre der Schaden durch ausreichendes Abschleifen der weißen Sinterschicht vermieden worden. Gründliche Prüfung und Beurteilung von Estrichoberflächen verhindern in Verbindung mit der richtigen Behandlungsmaßnahme in vielen Fällen Schäden durch Ablösungen. Tabelle 17 bietet hierzu eine Orientierung.

Vor der Verklebung von Holzfußböden ist der Untergrund zu überprüfen und nach Erfordernis vorzubereiten.

Anmerkung zur Prüfung des Untergrunds

Der Auftragnehmer von Parkett-, Bodenbelag- und Holzpflasterarbeiten hat bei nicht genügend fester Oberfläche des Untergrundes Bedenken geltend zu machen [46], [47], [48]. Gewerbeüblich ist bei mineralischen Estrichoberflächen die Gitterritzprüfung. Mit einem Ritzgerät, dessen Druck auf die Oberfläche über die Kraft einer Feder erzeugt wird, werden gitterförmige Ritzlinien

Tabelle 17 ▪ Beurteilung von Estrichoberflächen und Behandlungsmaßnahmen

Eigenschaften der Estrichoberfläche	Prüfung und Beurteilung	Behandlungsmaßnahmen*
Sinterschicht/Kalkhäutchen	visuell, ggf. Gitterritzprüfung; im Zweifelsfall Oberflächenfestigkeitsprüfung	Anschleifen, Abschaben
harte Schale	Hammerschlagprüfung	Abstoßen, Abschleifen, Abfräsen, Kugelstrahlen
Ausblühungen	visuell	Abkehren
weiche, mehlige Oberfläche	visuell, ggf. Gitterritzprüfung; im Zweifelsfall Oberflächenfestigkeitsprüfung	Abschleifen
unzureichende Saugfähigkeit	Benetzungsprüfung	maschinelles Bürsten, Anschleifen, selten Abschleifen
Verunreinigungen	visuelle Prüfung	maschinelles Bürsten, Reinigungsschleifen

* Nach allen Behandlungsmaßnahmen ist die Estrichoberfläche mit einem Industriestaubsauger zu reinigen.

erzeugt. Anhand des Aussehens der Schnittstellen wird die Festigkeit beurteilt [3, S. 173]. Wird eine ungenügende Festigkeit vermutet, kann eine weitere einfache, aber einige Tage Zeit beanspruchende Prüfmaßnahme vorgenommen werden. Dabei werden Parketthölzer auf die Estrichoberfläche verklebt und nach dem Abbinden des Klebstoffs abgeschlagen. Aus der zum Abschlagen des Parkettholzes (parallel zur Oberfläche) benötigten Kraft wird auf die Festigkeit geschlossen [3, S. 174]. Eine Haftzugprüfung ist hingegen keine handwerksübliche Prüfungsart [5]. Wird bei Anhydrit-Fließestrichen eine harte Schale vermutet, ist eine Hammerschlagprüfung durchzuführen [5]. Bei dieser Estrichart ist zudem ein Anschleifen und Absaugen der Oberfläche notwendig [6].

Es ist darauf zu achten, dass eventuell eingesetzte Vorstriche und Spachtelmassen mit dem Klebstoff kombinierbar sind und die Vorschriften über den Klebstoffverbrauch für die jeweilige Fußbodenart und den verwendeten Klebstofftyp eingehalten werden.

4.5.9 Ablösungen durch Neuversiegelung

Bei der Renovierung von jahrzehntealten Mosaikparkettböden und Lamparkettböden kommt es nicht selten zu Ablösungen von Lamellen während oder kurze Zeit nach dem Abschleifen und Versiegeln. Im schlimmsten Fall kann es passieren, dass während des Abschleifens der Umfang der Ablösungen so groß wird, dass eine Renovierung sinnlos wird und der Boden ausgebaut werden muss. Sind nur einige Lamellen oder kleine Teilflächen lose, so können diese nachgeklebt oder neue Lamellen verlegt werden. Sowohl durch das Abschleifen als auch durch das Versiegeln mit Wasserlacken wird die alte Verklebung stark beansprucht. Die durch den Wasserlack verursachten Quellvorgänge lassen den Boden als feste und fugenfreie Fläche erscheinen. Bei der Austrocknung des Parkettholzes können sich nun vorher nur schwach verklebte Lamellen ablösen, im Extremfall auch größere Flächen. Oft ist hierbei ein Bruch in der oberen Estrichschicht zu beobachten, manchmal auch ein Adhäsionsbruch am Holz oder an der Estrichoberfläche, wenn bei der ursprünglichen Verlegung das Parkettholz nicht innerhalb der Verarbeitungszeit des Klebstoffs eingelegt oder wenn zu wenig Klebstoff aufgetragen wurde (Bild 93). Wenn in den Randbereichen Lamellen nachgeklebt werden und zur Raummitte hin Ablösungen stattfinden, kann es bei hoher relativer Luftfeuchte zu flächigen Aufwölbungen kommen (Bild 94).

Bei der Renovierung alter Parkettböden, bei denen eine schwache Verklebung vermutet wird, sollte bei der Versiegelung mit Wasserlack pro Tag nur ein Anstrich erfolgen [122]. Eine wichtige Rechtsfrage in diesem Zusammenhang ist, ob eine Hinweispflicht auf die Möglichkeit späterer Ablösungen

Bild 93 ▪ Ein alter Mosaikparkettboden aus Eiche hat sich nach der Renovierung durch Abschleifen und Versiegeln mit Wasserlack an zahlreichen Stellen gelöst. Der ursprüngliche Klebstoffauftrag war viel zu gering.

Bild 94 ▪ Ein alter Mosaikparkettboden aus Mecrusse hat sich nach der Renovierung durch Abschleifen und Versiegeln mit Wasserlack flächig vom Untergrund gelöst.

besteht. Es besteht jedoch keine Möglichkeit, mit vertretbarem Aufwand durch Vorabprüfungen sicher festzustellen, ob sich ein alter Boden im Zuge der Renovierung ablösen wird. Der Parkettleger sollte daher auf die möglichen Gefahren hinweisen.

4.5.10 Kohäsionsbruch im Estrich

Ist die Verklebung ausreichend fest, werden Quellspannungen des Holzfußbodens je nach Verformbarkeit des Klebstoffs zum Teil im Klebstofffilm abgebaut und ansonsten in den Untergrund abgeleitet. Ist dieser nicht ausreichend fest, kommt es zu einem Bruch. Das Problem unzureichend fester Estriche ist seit Jahrzehnten bekannt [25]. In den 1990er-Jahren traten vermehrt Schäden bei Verklebungen massiver Parkettelemente aus quellfreudigen Holzarten mit hochfesten Polyurethan-Parkettklebstoffen auf [135]. Die schwächste

Stelle des verklebten Verbundes liegt nun nicht mehr im Klebstofffilm, sondern hat sich in die obere Estrichschicht verlagert, wo dann der Bruch erfolgt.

4.5.11 Adhäsionsbruch zwischen Betonplatte und Bitumenpappe mit Holzpflaster

Zwischen Unterlagspappe und Betonplatte kam es bei einem Holzpflasterboden zu einem Adhäsionsbruch [11]. Auf den mit einer Bitumengrundierung versehenen Betonuntergrund wurde eine Dachpappe mit Heißbitumen verklebt. Hierauf erfolgte die Verklebung eines Holzpflasters RE-W aus Kiefer mit einem Kunstharzlösungsmittelklebstoff. Aufgrund starker Schwankungen der relativen Luftfeuchte wurden im Holzpflaster große Schwund- und Quellspannungen erzeugt, die zu Wölbspannungen in der Fläche führten. Die Verklebung zwischen Unterlagspappe und Holzpflaster hielt diesen Kräften stand, nicht jedoch die Verklebung der Pappe auf dem Beton, da diese nicht fachgerecht ausgeführt worden war.

4.5.12 Ablösungen bei Räuchereiche

Schadensbild

Ein Räuchereichenparkett wurde mit einem PUR-Klebstoff verklebt. Der Klebstoff ist nicht komplett ausgehärtet, sondern ist ›kaugummiartig‹ geblieben und konnte die entstehenden Quellkräfte nicht aufnehmen. Es kam zu Ablösungen und Aufwölbungen, zudem roch es nach Ammoniak.

Anmerkung

Der AGW (Arbeitsplatzgrenzwert, früher MAK-Wert) für Ammoniak beträgt nach TRGS 900 14 mg/m^3 = 20 ml/m^3. Grenzwerte oder Richtwerte für die Innenraumluft liegen bislang nicht vor (Stand: März 2009). Die Geruchsschwelle variiert bei Menschen, sie wird häufig mit 1,9 bis 4 mg/m^3 angegeben. Da die Geruchsschwelle deutlich unterhalb des AGWs liegt, besteht in der Regel keine Gefahr der Schädigung von Menschen.

Grundlagen und Ursachen

Ablösungen können sowohl innerhalb des Parketts (Deckschichtablösungen bei Mehrschichtparkett) als auch zwischen Parkett und Untergrund auftreten.

Nach den Ursachen wurde in einer Untersuchung von Rapp [105] in Zusammenarbeit mit Klebstoff- und Parkettherstellern geforscht. Es zeigte sich, dass der Restammoniakgehalt einen entscheidenden Einfluss auf die Festigkeit der PUR-Verklebung hat, da Ammoniak chemisch sehr schnell mit den Isocyanatgruppen reagiert und diese somit nicht mehr für die langsamere normale Vernetzungsreaktion des PUR zur Verfügung stehen (Bild 95).

Wenn der Restammoniakgehalt zu groß ist, findet statt einer normalen PUR-Bildungsreaktion

Tri-Isocyanatmonomer + *Polyalkohol* → *dreidimensionales PUR*

die folgende unerwünschte Reaktion statt:

Tri-Isocyanatmonomer + *Ammoniak* → *Harnstoffderivat.*

Das Harnstoffderivat vernetzt nicht dreidimensional, sondern lediglich linear und besitzt dadurch andere Eigenschaften.

Bei sehr geringem Vernetzungsgrad bleibt der Klebstoff auch bei Zimmertemperatur plastisch, bei etwas höherem Vernetzungsgrad scheint der Klebstoff ausgehärtet, verliert jedoch bei erhöhter Temperatur an Festigkeit. Ammoniak macht während der Abbindephase damit aus einem hochfesten duroplastischen PUR-Klebstoff einen wärmeempfindlichen, thermoplastischen Klebstoff. Der durch Ammoniakeinwirkung nicht ausreichend vernetzte Klebstoff kann die auftretenden Kräfte nicht in einem erforderlichen Maße aufnehmen und es kommt zu Ablösungen. Ein geringer Restammoniakgehalt des Holzes bei der Verarbeitung ist entscheidend für die Festigkeit der Verklebung. Eine Untersuchung ([105], [106]) der Festigkeit der Verklebung bei Zweischichtparkett mit Räuchereichendecklage durch PUR-Schmelzklebstoff zeigt deutlich den schadensursächlichen Einfluss des Ammoniaks (Bild 96).

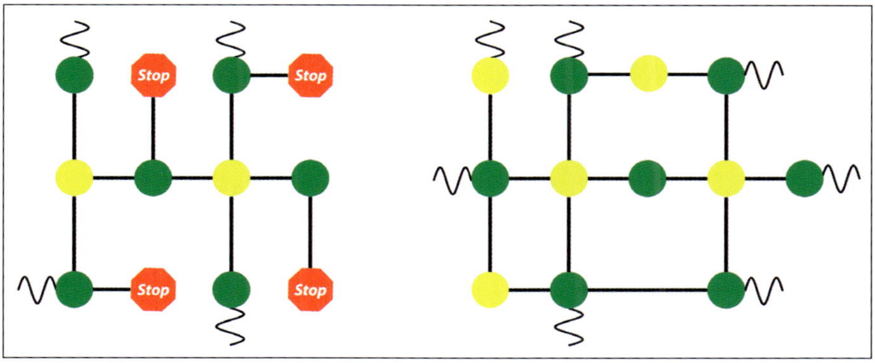

Bild 95 ▪ Links: Das reaktionsfreudige Ammoniak (rote Stop-Schilder) hat die reaktiven Gruppen belegt, sodass keine vollständige dreidimensionale Vernetzung (geringer Vernetzungsgrad) möglich ist; rechts: vollständige dreidimensionale Vernetzung (hoher Vernetzungsgrad)

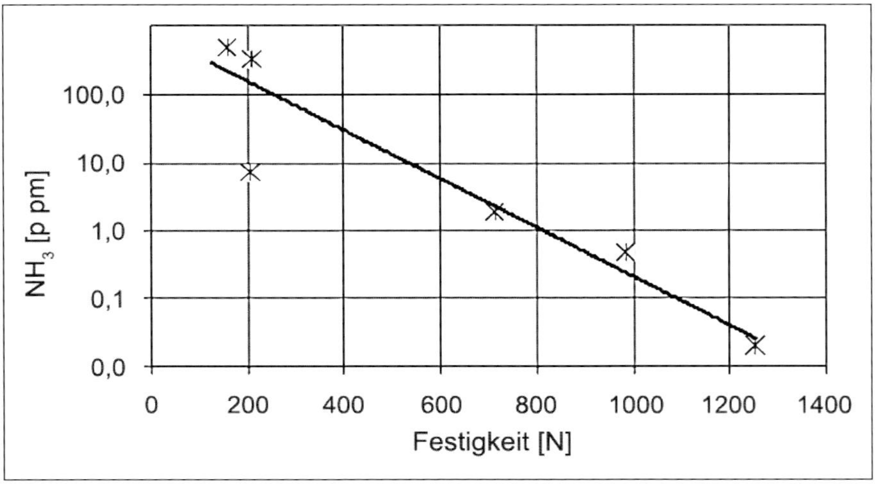

Bild 96 ▪ Festigkeitsabnahme bei steigendem Restammoniakgehalt von Räuchereichenlamellen in Zweischichtparkett, verklebt mit PUR-Schmelzklebstoff; nach [105]

Vermeidung

Schäden lassen sich durch Überprüfung des Restammoniakgehalts vor der Verklebung vermeiden. Hierzu gibt es eine einfache Handwerkermethode, die ohne Messgeräte auskommt – die sogenannte Kontakträuchermethode. Es gibt außerdem eine exakte Methode, die sogenannte Becher-Wasser-Messmethode für Sachverständige, die innerhalb von 15 Minuten Messzeit und mithilfe eines Schnelltests durchgeführt werden kann. Sofern bei der einfachen Kontakträuchermethode keine Verfärbung auftritt oder bei der Becher-Wasser-Messmethode 0,4 ppm nicht überschritten wird, darf davon ausgegangen werden, dass keine Beeinträchtigungen bei der Verarbeitung von Räuchereiche zu erwarten sind. Die beiden Methoden mit Grenzwerten und Bewertung der Ergebnisse werden ausführlich in den Anhängen A und B beschrieben.

Hinweis

Ein zu hoher Restammoniakgehalt führt nicht nur zu Ablösungen, sondern auch zu Randverfärbungen bei Musterböden (Kapitel 4.8.4).

4.5.13 Deckschichtablösung bei Mehrschichtparkett

Schadensbild

Es traten offene Leimfugen zwischen Deckschicht und Unterlage bei einem Zweischichtparkett (Lapacho auf Esche) auf. Aufstechprüfungen ergaben ein Bruchbild mit Kohäsionsbruch innerhalb der Klebstoffschicht ohne Holzbruch an der offenen Fuge (Bilder 97 und 98).

Grundlagen und Ursachen

Bei der Untersuchung des mit PVAc-Leim verleimten Materials aus dem originalverpackten Karton wurden bei insgesamt 60 Stäben acht Stäbe mit streckenweise offener Leimfuge festgestellt. Zur Beurteilung der Festigkeit wurde eine Aufstechprüfung gemäß DIN 53255:1964-06 Prüfung von Holzleimen und Holzverleimungen; Bestimmung der Bindefestigkeit von Sperrholzverleimungen (Furnier- und Tischlerplatten) im Zugversuch- und im Aufstechversuch [61] durchgeführt.

Der Aufstechversuch ist eine seit Jahrzehnten bewährte Prüfung, welche in der Qualitätsbeurteilung der Bindefestigkeit von Verklebungen bei mehrschichtigem Parkett und Sperrholz sowohl während der Produktion als auch nachträglich eingesetzt wird. Bei dieser Prüfung werden die verklebten Schichten mit einem Stechbeitel voneinander gewaltsam durch Einstechen in die Klebfuge und nachfolgendes Abhebeln getrennt. Das entstandene charakteristische Bruchbild gibt dem erfahrenen Prüfer Aufschluss über die Güte der Verklebung (Bindefestigkeit) und ggf. über die Ursachen einer nicht ausreichenden Bindefestigkeit zwischen den Schichten.

Bild 97 ▪ Stab mit Teilablösung der Lapacho-Deckschicht von der Eichenunterschicht mit offener Fuge (grüner Pfeil) zwischen beiden Schichten

Bild 98 ▪ Das Bruchbild zeigt die Leimbenetzung der Deckschicht und der Unterschicht **ohne** die typischen weißen Bruchstellen im Leim. Dieses Bruchbild tritt üblicherweise bei Trennung der Schichten im noch nicht abgebundenen Zustand des Leims auf.

Die Aufstechprüfung ergab in den Bereichen mit offenen Fugen eine Trennung **innerhalb** der Klebstoffschicht, die auch mit bloßem Auge erkennbar war (Bild 98). Bei genaueren mikroskopischen Untersuchungen wurde deutlich, dass es sich hierbei **nicht** um einen Kohäsionsbruch innerhalb der Leimschicht im üblichen Sinne handelte. Das Bruchbild zeigte, dass die Trennung zwischen Ober- und Unterschicht im noch nicht vollständig abgebundenen Zustand des Klebstoffs stattgefunden hat.

Vermeidung

Die partiellen Ablösungen sind auf einen Fehler bei der Herstellung des Parketts zurückzuführen. Als Ursache erscheint eine zu kurze Presszeit wahrscheinlich. In diesem Zusammenhang ist zu berücksichtigen, dass es sich bei der Holzart Lapacho um ein Material mit sehr langsamer und geringer Wasseraufnahme handelt und der eingesetzte Klebstoff (PVAc-Leim) rein physikalisch durch Abgabe seines Wasseranteils in das Holz abbindet.

4.5.14 Deckschichtablösung bei Zweischichtparkett auf Fußbodenheizung

Schadensbild

An einem vollflächig verklebten Zweischicht-Fertigparkett traten lediglich in einem Drittel des Raumes Ablösungen der Deckschicht, Schüsselungen und verstärkte Fugenbildung auf. Im übrigen Raumteil waren keine Schäden vorhanden.

Grundlagen und Ursachen

Durch die Schuhe hindurch war zu fühlen, dass die Fußbodentemperatur im schadhaften Raumteil weit höher lag als im schadensfreien Bereich. Bei 4 °C Außentemperatur ergab eine rasterförmig durchgeführte Messung der Fußbodentemperatur mit einem IR-Messgerät die in Bild 99 gezeigte flächige Temperaturverteilung.

Die Parkettschäden beschränkten sich auf den Bereich mit einer gemessenen Temperatur von > 29 °C. Eine Überprüfung der Temperaturregelung ergab, dass nur einer von drei Heizkreisen für diesen Raum in Betrieb war. Dementsprechend musste der gesamte Raum mit circa einem Drittel der Heizfläche beheizt werden. Hierfür sind sehr hohe Fußbodentemperaturen notwendig, die sich schädlich auf das Parkett auswirken. Die maximal zulässige Fußbodentemperatur von 29 °C war mit den gemessenen 33 °C bereits weit überschritten, obwohl am Tag der Messung die Außentemperatur von 4 °C nicht allzu gering war. An kälteren Tagen ist dementsprechend mit noch höheren Fußbodentemperaturen zu rechnen.

Die maximal zulässigen Fußbodentemperaturen sowie die bauphysikalischen Zusammenhänge zur Erklärung sind ausführlich in Kapitel 4.1.2 FUGEN BEI

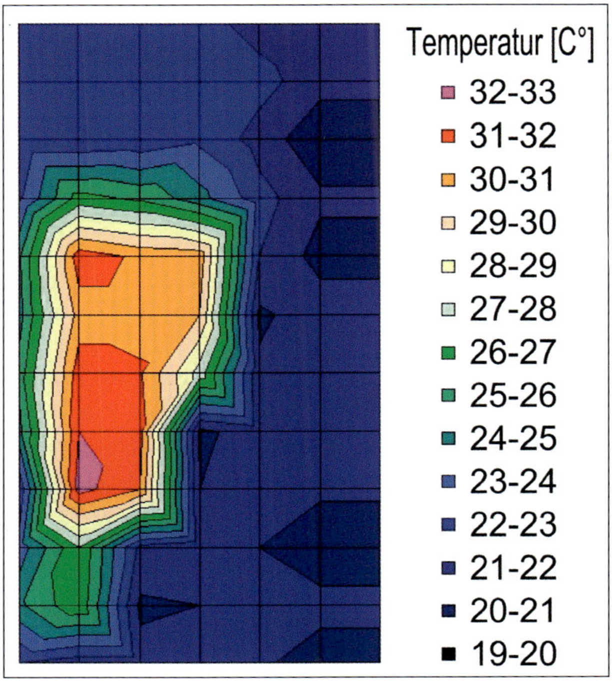

Bild 99 ▪ Grundriss des Raumes mit farblicher Darstellung der Fußbodentemperatur

Parkett auf Fussbodenheizung beschrieben. Dort wird erklärt warum und in welchem Maße an erwärmten Flächen eine geringe Holzfeuchte und damit verbunden eine starke Schwindung auftritt. Die Holzfeuchte wird mit steigender Fußbodentemperatur immer geringer (Bild 22) und die Schwindspannungen daher immer größer. Sie können, wie im vorliegenden Fall, die Festigkeit der Verklebung oder sogar die des Holzes übersteigen. Es kommt zu Deckschichtablösungen oder zu Rissen im Holz. Unabhängig von zu hohen Fußbodentemperaturen muss das Bruchbild bei jeder Art von Ablösung genau untersucht werden, da es ggf. auf andere Ursachen, wie z. B. eine Verklebung von geringer Güte, hinweisen kann (Kapitel 4.5.13).

Vermeidung

Um zu hohe Fußbodentemperaturen zu vermeiden, müssen **alle** Heizkreise betrieben werden und der Holzfußboden darf maximal in kleinen Bereichen durch ausgelegte Teppiche abgedeckt sein, da diese einen Wärmestau verursachen. Es dürfen nur Materialien eingesetzt werden, die für die Verlegung auf Fußbodenheizung vom Hersteller freigegeben sind. Bestimmte Produkte, wie beispielsweise breite Massivholzdielen, sind für die vollflächige Verklebung auf Heizestrich bei 29 °C maximaler Fußbodentemperatur ungeeignet. Manche Hersteller beschränken für ihr Produkt die maximal zugelassene Fußbodentemperatur auf 26 °C. Auf sämtliche weitere in Kapitel 4.1.2 unter Ursachen und Vermeidung bereits aufgeführten Punkte wird verwiesen.

4.6 Risse

4.6.1 Einleitung

Bei der Betrachtung des Schadensbildes muss eine klare terminologische Abgrenzung zwischen Riss und Fuge getroffen werden: Ein Riss geht durch das gewachsene Holz. Im Gegensatz dazu verläuft eine Fuge an Stellen, wo zuvor einzelne Holzstücke bei der Verarbeitung zusammengefügt worden sind. Risse im Holz lassen sich gemäß der in Tabelle 18 aufgelisteten Formen und Ausprägungen unterscheiden. Von besonderer Bedeutung sind in diesem Zusammenhang sogenannte seichte Risse (h), da sie in zahlreichen Produktnormen für Parkett und Dielen angesprochen werden.

Tabelle 18 ▪ Einteilung von Rissen nach: Verband der Europäischen Hobelindustrie -VEH- (Hrsg.): Sonder-Edition N°2 2007: Güterichtlinien für gehobelte Profile. Begriffsdefinition laut Österreichische Holzhandelsusancen 2006, Teil B. 6. Auflage, 2007

Kategorie	Begriff	Beschreibung
nach der Lage	a) Endriss	Riss, der auf einer Stirnfläche sichtbar ist und sich meist auf einer der anderen Flächen fortsetzt
	b) Kantenriss	bei besäumten Brettern und Pfosten ein Riss auf den Kanten (Längsseiten), bei unbesäumter Ware ein Riss auf der Baumwalze; Kantenrisse können sich auf den Flächen (Breitseiten) fortsetzen
	c) Flächenriss	Riss auf der oberen oder unteren Fläche (Breitseite)
nach dem Verlauf	d) gerader Riss	Riss, der in seinem Verlauf nicht mehr als 5 % (d. s. 5 mm auf je 10 cm) von der Stamm- bzw. Brettachse abweicht
	e) schiefer Riss	Riss, bei dem die Abweichung von der Stamm- bzw. Brettachse mehr als 5 % beträgt
nach der Rissfläche	f) senkrechter Riss	Riss, dessen Fläche im rechten Winkel zu einer der Flächen oder Kanten steht
	g) schräger Riss	Riss, dessen Rissfläche nicht im rechten Winkel zu den Flächen oder Kanten steht
nach der Tiefe	h) seichter Riss	Riss bis zu einer Tiefe von maximal 1/10 der Stärke des Stückes
	i) tiefer Riss	Riss mit einer Tiefe von über 1/10 der Stärke des Stückes, darf jedoch nicht durchgehen
	j) durchgehender Riss	Riss, der auf zwei gegenüberliegenden Seiten des Stückes sichtbar ist bzw. im Falle von Ringschäle auf einer Fläche zweimal aufscheint
besondere Arten	k) Eiskluft (Frostriss)	ein durch Frosteinwirkung am lebenden Baum verursachter Riss, der meist von der Rinde zur Stammmitte verläuft
	l) Haarriss (Luftriss, Sonnenriss, Trockenriss)	feine Risse, die nur an der Oberfläche durch Schwindungsspannungen des Holzes entstehen
	m) Stirnriss	Riss, der nur auf einer der beiden Stirnflächen sichtbar ist; er kann sich auf der Stammoberfläche fortsetzen
	n) Kernriss (Herzriss)	radial verlaufender, tief in das Holz eingreifender Riss, der von der Kernröhre ausgeht
	o) Kreuzriss (winkeliger Riss)	Riss, der teils radial, teils tangential bzw. entlang der Jahrringe verläuft
	p) Ringschäle (Ringriss, Kernschäle)	Riss, der dem Jahrringverlauf folgt; im Kernteil Kernschäle genannt
	q) Spinnerin	eine Vielzahl von der Kernröhre ausgehender Risse
	r) Sternriss	zwei oder mehrere Kernrisse

4.6.2 Längsrisse im Holz

Grundlagen

Die Produktionsnormen, z. B. DIN EN 13226 und DIN EN 13488, legen für die jeweiligen Holzarten Sortierklassen fest. In der Erscheinungsklasse ›O‹ ist jegliche Form von Rissen an der Oberseite eines Stabes unzulässig. Sind bei den Erscheinungsklassen ›△‹ und ›□‹ die Seiten links und rechts von seichten Rissen fest miteinander verbunden, so dürfen diese Risse gekittet werden (Kapitel 3.3.3). Sie stellen keinen Mangel dar, sofern sie dauerhaft fest mit Kitt verschlossen sind und **keinerlei** Verletzungsgefahr besteht.

Vermeidung

Das Erkennen und die Vermeidung von Rissen bei der Verlegung von Holzfußböden sind schwierig, da Risse häufig erst während des Auftragens der Versiegelung sichtbar werden. Betroffene Elemente sollten bereits in diesem Stadium ausgetauscht werden. In manchen Fällen werden die Risse jedoch auch erst nach der ersten Heizperiode sichtbar.

Sanierung

Sofern durch Klebstoffe und/oder Kitt kleine seichte Risse dauerhaft fest verschlossen werden können, sind sie auf diese Weise zu sanieren. Wenn jedoch aufgrund der Rissausprägung nicht zu erwarten ist, dass ein Riss dauerhaft fest verschlossen werden kann, so muss das ganze Element ausgetauscht werden.

4.6.3 Querrisse im Holz

Durch die anatomische Struktur des Holzes treten Risse meist in Längsrichtung (parallel zur Faserrichtung) auf. In seltenen Fällen besitzt Holz jedoch auch Querrisse. Diese können durch ein sogenanntes Brittle Heart (englische Bezeichnung für brüchiges Kernholz, das im Inneren von großen Baumstämmen bei tropischen Holzarten auftreten kann) oder Fäulnis entstanden sein. Sie schränken die Verwendbarkeit des Kernholzes stark ein.

Bei den quer zur Faserrichtung verlaufenden Rissen (Bild 100) handelt es sich in jedem Fall um Holzfehler, die ihren Ursprung unter keinen Umständen in falscher Nutzung, Pflege oder Beheizung haben.

Sanierung

Die Sanierung erfolgt wie in Kapitel 4.6.2 beschrieben.

Bild 100 ▪ Risse quer zur Faserrichtung

4.6.4 Aussplitterungen bei künstlich gealtertem Holz

Schadensbild

Ein großer Teil eines Dielenbodens (geschätzt etwa zwei Drittel der Dielen) wies ausgebrochene Kanten mit Aussplitterungen des Holzes auf. Bei etwa einem Drittel der Dielen waren aus aufrecht stehender Haltung keine Aussplitterungen im Kantenbereich erkennbar. Die Aussplitterungen waren gleichermaßen in stark und wenig beanspruchten Bereichen verteilt. Bei dem hier verwendeten dunkel gebeizten Eichenparkett lag die Färbung nur an der Oberfläche vor. Daher hob sich der überwiegende Teil aller Aussplitterungen hell vom übrigen dunkelbraunen Erscheinungsbild der Parkettfläche ab. An manchen Stellen war das Eichendeckfurnier in voller Tiefe (3,6 mm) ausgebrochen, wodurch die Mittellage aus einem anderen hellen Laubholz sichtbar wurde (Bild 101). Bei den Aussplitterungen mit abstehenden Holzsplittern (Bild 102) bestand erhöhte Verletzungsgefahr.

In einem anderen Fall mit künstlich gealterten Massivholzdielen war dies noch deutlicher (Bild 103). Neben der akuten Gefahr des Einrammens von Splittern blieben an der rauen Oberfläche Textilien hängen und wurden beschädigt (Bilder 104 und 105).

Bild 101 ▪ Absplitterung der Deckschicht in voller Dicke mit daraus resultierender freier Sicht auf die Mittellage bzw. die Feder aus einem hellen Laubholz; weiterhin zeigt sich das ungebeizte Eichenholz in seiner natürlichen hellen Farbe unter der dünnen oberflächlichen dunkelbraunen Pigmentierung

Bild 102 ▪ Bereits bei leichter Belastung mit dem Finger splittert die gebrochene Kante ab; leichte Verletzungsgefahr bei Begehung ohne Schuhwerk

Bild 103 ▪ Abschilferung in der Dielenmitte mit hoher Verletzungsgefahr durch Einrammen von Splittern in den Fuß

Bild 104 ▪ Ungekittete Fehlstelle, scharfkantig mit hoher Verletzungsgefahr durch Einrammen von Splittern bei Begehung; Textilfasern sind hängen geblieben

Grundlagen und Ursachen

Antike Optik liegt bei Holzfußböden schon seit längerer Zeit im Trend. Hierfür werden Hölzer einer künstlichen Alterung unterzogen. Dabei kommt es zu großen Qualitätsunterschieden. Bezüglich der künstlichen Alterung von Holzfußböden gibt es keine Normen und keine einschlägigen Regeln des Faches. Es gilt jedoch zumindest der Grundsatz, dass ein neuer Holzfußboden

Bild 105 ▪ An der ausgerissenen rauen Oberfläche blieben Baumwollfasern hängen.

kein erhöhtes Verletzungsrisiko darstellen darf. Bauwerke und Bauprodukte müssen sicher sein, d. h., von ihnen darf **während des bestimmungsgemäßen Gebrauchs keine Gefahr für Leib und Leben** ausgehen. Dieser Grundsatz ist in der Europäischen Bauproduktenrichtlinie ebenso verankert wie in der Musterbauordnung des Bundes und in den Bauordnungen der Länder. Er beinhaltet für Parkettelemente und Holzfußbodenelemente als Bauprodukte für den Innenraum mit ständigem Aufenthalt von Menschen im Besonderen, dass

1. von ihnen keine gefährlichen Stoffe in schädlicher Konzentration ausgehen dürfen.
2. von ihnen keine vermeidbare Verletzungsgefahr ausgehen darf. Dies gilt auch für werkseitig künstlich gealterte Parkett- und Dielenelemente. Entsprechend dürfen Elemente mit Aussplitterungen aufgrund der bestehenden Verletzungsgefahr nicht in den Verkehr gebracht werden. Sie sind **vom Hersteller** ab Werk auszusortieren.
3. sie so bemessen sein müssen, dass eine ausreichende Festigkeit, d. h. insbesondere keine Gefahr des Durch- oder Abbrechens von Teilen des Fußbodens, besteht.
4. sie so hergestellt und verlegt werden müssen, dass keine Unfallgefahr besteht, z. B. keine Stolpergefahr durch hohe Kanten und keine Verletzungsgefahr durch scharfe Kanten und Splitter.

Die genannten Forderungen beziehen sich auf den **bestimmungsgemäßen Gebrauch**. Dieser beinhaltet für Holzfußböden in Wohnräumen das Gehen mit Schuhen und ohne Schuhe, außerdem das Sitzen, Knien und Liegen sowie das Krabbeln (Kinder). Von keiner dieser Arten des bestimmungsgemäßen Gebrauchs darf eine Gefahr für Leib und Leben des Nutzers ausgehen.

Vermeidung und Sanierung

Parkett muss so künstlich gealtert werden, dass ein sicheres Bauprodukt entsteht. Elemente mit Aussplitterungen sind aufgrund bestehender Verletzungsgefahr vom Hersteller auszusortieren und dürfen nicht in den Handel gebracht werden. Die beschädigten Dielenelemente mit Verletzungsgefahr sind umgehend gegen unbeschädigte auszutauschen.

4.6.5 Aussplitterungen durch unsachgemäße Verlegung

Eine weitere Ursache für Aussplitterungen an Holzfußböden ist eine lokale Gewalteinwirkung, die zu den typischen Druckbrüchen führt. Auffällige Stauchlinien dienen als Indiz für eine vorausgegangene lokale Gewalteinwirkung, die zu einem Bruch mit späterer Loslösung eines Splitters geführt hat (Bild 106). Im vorliegenden Schadensfall waren keine Eindrücke von der Oberseite erkennbar. Als dem do-it-yourself-Verleger vom Sachverständigen die Schadensursache direkt vorgehalten wurde, gab dieser zu, bei der Verlegung mit dem Hammer die Kante versehentlich getroffen zu haben.

An den Ecken der Verlegeelemente waren ähnliche Druckbrüche vorhanden. Auch hier lag keine Ablösung der Deckschicht vor, da die Aussplitterung nicht

Bild 106 ▪ Circa 1,5 mm tief reichende Aussplitterung mit Quetschfalte, die nachträglich verkittet wurde

Bild 107 ▪ Absplitterung an einer Ecke

über die volle Deckschichtdicke reichte (Bild 107). Diese Aussplitterungen dürfen auf keinen Fall mit Deckschichtablösungen, also Fehler in der Herstellung, gleichgesetzt werden. Es handelte sich hierbei eindeutig um Fehlstellen, die aus Materialtransport und unsachgemäßer Verlegung resultieren.

4.6.6 Bruch der Oberwange durch Nutzung

Schadensbild

Die Oberwangen von massiven Dielen, die in einem Restaurant verlegt wurden, waren an einigen Stellen über der Nut gebrochen (Bild 108; sogenannter Oberwangenbruch). In stark belaufenen Bereichen waren die Ausbrüche bereits ausgebessert worden (Bild 109).

Grundlagen und Ursachen

Die gesamte Oberwangendicke lässt sich bei Holzfußböden mit Nut- und Federverbindung nicht nutzen. Bei einer Reduzierung der Oberwangendicke durch Abnutzung und/oder Abschleifen platzt die Oberwange unterhalb einer gewissen Mindestschichtdicke bei Belastung ab. Die schadensfrei nutzbare Mindestschichtdicke hängt von folgenden Faktoren ab:

1. Holzart: Nadelhölzer weisen eine geringere nutzbare Mindestschichtdicke auf als Laubhölzer mit hoher Dichte.
2. Konstruktionsart, insbesondere Steifigkeit der Unterkonstruktion: Ein vollflächig mit einem steifen Unterboden verklebter Holzfußboden kann, sofern keine punktförmigen Lasten wie beispielsweise Pfennigabsätze einwirken (siehe Punkt 4), bis 1 bis 2 mm Restschichtdicke der Oberwange genutzt werden. Bei einem Dielenboden, der fachgerecht jeweils nur auf den Lagerhölzern gestoßen ist und einen Lagerholzabstand von

Bild 108 ▪ Gebrochene Oberwange von zwei Dielen im Stoßbereich abseits des Lagerholzes

Bild 109 ▪ Alte Ausbesserung durch Einleimen einer Leiste

nicht über 40 cm aufweist, beträgt die schadensfrei nutzbare Mindestschichtdicke der Oberwange etwa 2 bis 3 mm. Bei einem Dielenboden mit sogenannten fliegenden Stößen, d. h., wenn die Dielen nicht auf, sondern neben den Auflagern gestoßen sind, ist eine höhere schadensfreie nutzbare Oberwangendicke von 4 mm oder mehr erforderlich. Auflagerabstände von über 40 cm erhöhen die Durchbiegung der Dielen bei Belastung und erfordern noch höhere Oberwangendicken.

3. **Belastungshöhe:** Je stärker die Belastung, desto höher die Durchbiegung und damit die Beanspruchung auf der Nut-Feder-Verbindung. Bei den oben genannten Punkten 1 und 2 wurde von den normalen Verkehrslasten in einem Wohnbereich ausgegangen.
4. **Belastungsart:** Je punktförmiger die Last, desto höher der Druck. Durch sogenannte Pfennigabsätze oder Nagelabsätze von Damenschuhen können Oberwangen über der Feder abgeschert bzw. abgestanzt werden, obwohl die Oberwange über 4 mm Dicke aufweist. Dies wird noch verstärkt, wenn eine Fugenbildung von über 1 mm Breite vorhanden ist.

Nutzschichtabnahme durch Schleifen, Sanierung

Durch das Abschleifen eines Holzfußbodens wird Material abgetragen und somit nicht nur die Gesamtdicke, sondern auch die Oberwangendicke vermindert. Abschleifen erhöht daher die Gefahr von Oberwangenbrüchen. Die übliche Größenordnung des Materialabtrags beträgt 0,5 bis 0,7 mm pro Schleifgang. Bei Renovierungen sollte der Handwerker daher darauf hinweisen, dass durch das Abschleifen die Gefahr von Oberwangenbrüchen und insbesondere bei Mehrschichtparkett die Gefahr des Durchschleifens der dünnen Deckschicht besteht. Wenn Brüche auftreten oder die Deckschicht durchgeschliffen ist, ist die Verschleißgrenze überschritten und es bleibt nur der Austausch einzelner Elemente oder des gesamten Bodens.

4.7 Bestimmungsgemäßer Gebrauch – Eindrücke, Härte, Kratzer und Verschleiß der Versiegelung

4.7.1 Eindrücke durch unsachgemäße Nutzung

Schadensbild und Ursache

Ein nur drei Wochen alter dreischichtiger industriell versiegelter Parkettboden mit 3,5 mm dicker Buchennutzschicht wies zahlreiche kleine über 1 mm tiefe punktförmige Eindrücke auf. Im Schuhschrank der Hausherrin fand der Sachverständige die in Bild 110 gezeigten Stöckelschuhe (auch Pfennigabsatzschuh, Nagelabsatzschuh oder High-Heel genannt) mit beschädigtem Absatz, aus dem ein dünner Stahlstift ragte, dessen Form genau zu den Eindrücken im Parkett passte.

Grundlagen zu bestimmungsgemäßem Gebrauch

Der bestimmungsgemäße Gebrauch bedeutet nicht nur, dass ein Holzfußboden sämtliche typische Nutzungen gefahrlos ermöglichen muss (Kapitel 4.6.4 Grundlagen und Ursachen), sondern verlangt andererseits auch vom Nutzer, dass

1. keine anderen chemischen Stoffe als die gemäß Pflegeanleitung zulässigen Reinigungs- und Pflegemittel auf den Fußboden einwirken und dass außerdem die vorgeschriebenen Reinigungs- und Pflegetechniken sowie -intervalle eingehalten werden.

2. dem Holzfußboden keine unzuträglich hohen Wassermengen zugeführt werden. So darf die Reinigung, wie in der Pflegeanleitung beschrieben, nur mit einem ›nebelfeuchtem Tuch‹, nicht jedoch mit einem tropfnassen Putzlappen erfolgen. Auch Wasserrohrbrüche und ein offen gelassenes Fenster bei Schlagregen sind aufgrund der dabei einwirkenden unzuträglich hohen Wassermengen **kein** bestimmungsgemäßer Gebrauch.
3. das übliche Raumklima eingehalten wird.
4. die maximal zulässige Fußbodentemperatur nicht überschritten wird.
5. die für die betreffende Fußbodenart vorgesehenen Verkehrslasten und anderen mechanischen Beanspruchungen nach Art und Höhe eingehalten werden.
6. **keine** bestimmungsgemäßen Nutzungen sind insbesondere das Begehen von Holzfußböden mit beschädigten Schuhen und sogenannten Stöckelabsätzen (Bild 110).
7. außerdem die Nutzung von Bürostühlen ohne geeignete Stuhlrollen sowie die Nutzung von Stühlen und Tischen ohne bzw. mit ungeeigneten oder beschädigten Möbelgleitern vermieden wird.

Bild 110 ▪ Eindrücke im Buchenholz verursacht durch Stöckelschuhe mit herausragendem Stahlstift – kein bestimmungsgemäßer Gebrauch, sondern unsachgemäße Nutzung

4.7.2 Härte

Härte ist keine exakt definierte physikalische Eigenschaft. Man versteht darunter allgemein den Widerstand, den ein Körper dem Eindringen anderer Körper an lokal begrenzter Fläche entgegensetzt. Da Holzfußböden ›mit Füßen getreten werden‹, ist ihre Oberfläche starken Beanspruchungen unterschiedlicher Art ausgesetzt:

1. Schmirgelwirkung von hereingetragenem Sand,
2. Ritzbeanspruchung bei Verrückung von Möbeln,
3. Stöckelabsatzeindrücken von Damenschuhen (Kapitel 4.7.1),
4. Eindrücken durch fallende Gegenstände.

Die Tiefe der Materialbeanspruchung nimmt von Beanspruchung 1 bis 4 zu. Es ist zu unterscheiden zwischen den Eigenschaften Abriebwiderstand (Beanspruchung 1 und 2) und Härte (Beanspruchung 3 bis 4). Für die Härte eines Holzfußbodens sind die gesamten oberen 3 bis 5 mm Material entscheidend. Für den Abriebwiderstand hingegen nur weniger als 1 mm der obersten Holz- oder Versiegelungsschicht. Der Abriebwiderstand bestimmt, wie schnell sich ein Fußboden bzw. dessen Oberflächenbehandlung abläuft. Die Härte bestimmt die Größe der auftretenden Eindrücke.

Verfahren zur Ermittlung des Abriebwiderstandes

Zur Ermittlung des Abriebwiderstandes von Lacken oder Holz wird die Oberfläche in Vorrichtungen mit Schleifpapier geschmirgelt und die zerstäubte Materialmenge bzw. die Anzahl der zur Zerstörung der Lackschicht notwendigen Schleifzyklen gemessen.

Verfahren zur Ermittlung der Härte

Bei den für Holz üblichen Härteprüfverfahren werden kugelförmige Stahlkörper ins Holz gepresst und die hierfür benötigte Kraft bzw. die erzielte Verformung gemessen. Härte wird an einer lokal begrenzten Fläche gemessen und ist nicht zu verwechseln mit Druckfestigkeit. Bild 111 zeigt die wesentlichen Unterschiede bei der Messung beider Kenngrößen.

Zur Härteprüfung von Holzfußböden finden in der Praxis drei unterschiedliche Verfahren Anwendung:

1. stationäre Härteprüfung nach Brinell, abgekürzt HB [71],
2. stationäre Härteprüfung nach Janka, abgekürzt HJ,
3. mobile Kugelfallprüfung zur Ermittlung der relativen Eindruckgröße, abgekürzt REG.

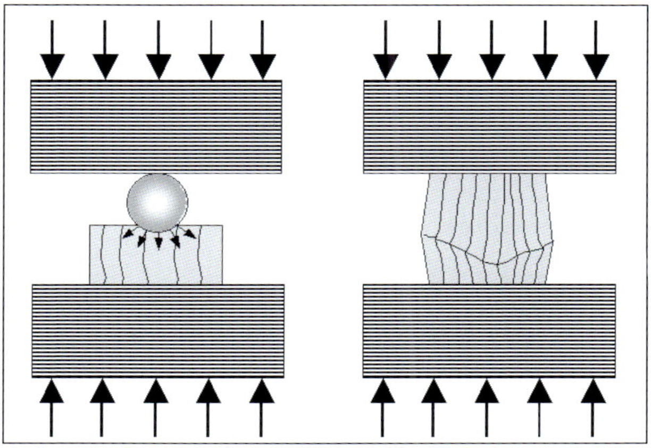

Bild 111 ▪ Prüfanordnung zur stationären Messung der Härte nach Brinell oder Janka (links) und der Druckfestigkeit (rechts)

Für dieselbe Holzprobe ergeben sich je nach Prüfverfahren unterschiedliche Härtewerte. Eine Umrechnung der verfahrensspezifischen Kennzahlen ist kaum möglich. Aus Tabelle 19 sind die Unterschiede der beiden stationären Härteprüfmethoden nach Brinell und Janka ersichtlich.

Bei der Methode nach **Janka** wird eine Kugel bis zur Hälfte in den Prüfkörper gepresst. Da die Kugel einen Durchmesser von 11,284 mm hat, beträgt die Kreisfläche des Eindrucks 1 cm^2 und die Kontaktfläche 2 cm^2. Die hierfür erforderliche Kraft wird gemessen und als Härte angegeben.

Bei der Methode nach **Brinell** wird mit einer vorgegebenen Kraft eine Kugel mit einem Durchmesser von $D = 10$ mm in den Prüfkörper gedrückt. Die übliche Kraft ist $F = 500$ N und bei sehr harten Hölzern $F = 1.000$ N [117]. Der Durchmesser des im Holz erzeugten Eindrucks wird gemessen. Die Kraft wird durch die Kontaktfläche, eine Kugelkalotte, geteilt. Die Härte wird hierbei als Kraft pro Fläche angegeben. Üblich ist die Einheit N/mm^2, manchmal auch als Einheit MPa ausgedrückt.

Tabelle 19 ▪ Unterschiede der Härteprüfmethoden nach Janka und Brinell

Härteprüfverfahren	Janka	Brinell
Stahlkugeldurchmesser *D*	11,284 mm	10,0 mm
Eindruckdurchmesser *d*	11,284 mm	ergibt sich als Messwert
Eindrucktiefe der Kugel *t*	5,642 mm	errechnet sich aus *d*
Eindruckkraft der Kugel *F*	ergibt sich als Messwert	500 N bzw. 1.000 N
Praxisbezug zu Fußböden	gering	gut
Anwendung	noch USA, GB	international

In DIN EN 1534 für die Härtemessung von Parkett wird die Eindruckkraft $F = 1.000$ N vorgegeben [71]. Da der physikalische Größenzusammenhang und die mathematischen Symbole in der Norm etwas unklar dargestellt sind, wird nachfolgend ausführlich die Formel zur Auswertung der Messung angegeben (Gleichung 4). Ergänzend folgen noch zwei Formeln, die den Zusammenhang zwischen den geometrischen Parametern und der Härte beschreiben.

Gleichung 4: Brinellhärte $HB = \frac{2F}{\pi D(D - \sqrt{D^2 - d^2})}$

Gleichung 5: Eindruckdurchmesser $\frac{d}{D} = \sqrt{1 - \left(1 - \frac{2F}{\pi D^2 HB}\right)^2}$

Gleichung 6: Eindrucktiefe $\frac{t}{D} = 1 - \sqrt{1 - \left(\frac{d}{2D}\right)^2}$

Die Bezeichnung der verwendeten Zeichen geht aus Tabelle 19 hervor.

Da bei der Härteprüfung nach Janka die Kugel sehr tief eingedrückt wird, nämlich 5,6 mm, treten außergewöhnliche Quetscheffekte und Materialaufwölbungen am Kugelrand auf. Die Verformung des Holzes bei der Härteprüfung nach Brinell entspricht eher den realen Beanspruchungen eines Fußbodens. Bei einer Eindruckkraft von 1.000 N beträgt die Brinellhärte senkrecht zur Holzfaser von Eiche, Buche und Esche in etwa 30 N/mm^2, gemessen an Mosaikparkettlamellen [117]. Mit der Gleichung 5 errechnet sich hieraus der Durchmesser des im Holz erzeugten Eindrucks zu 6,2 mm. Die Tiefe des Eindrucks ergibt sich aus Gleichung 6 und beträgt 0,5 mm.

Ein mobiles Prüfverfahren zur raschen Einschätzung der Härte von Holzfußböden stellt die Messung der relativen Eindruckgröße REG dar. Es handelt sich, wie in Bild 112 dargestellt, um eine **Kugelfallprüfung**.

Die auf das Pauspapier fallende Stahlkugel zeichnet auf den Fußboden entsprechend dessen Härte einen größeren oder kleineren farbigen Eindruck. Der mit einer Skalenlupe ausgemessene Eindruckdurchmesser wird in das Verhältnis zum Eindruckdurchmesser durchschnittlich harter Eiche gesetzt. Dieser Bezugswert, der im Rahmen einer Untersuchung an unversiegeltem Eichenparkett aus dem gesamten Bundesgebiet gemessen wurde [104], beträgt 9,62 mm. Hiermit lässt sich aus dem in Millimeter einzusetzenden Messwert die REG berechnen:

$$REG = \frac{\text{Messwert}}{9{,}62}$$

Tabelle 20 ▪ Brinellhärte einiger Holzarten nach Sell [120]

	Brinellhärte in N/mm²	
	parallel	senkrecht
	zur Holzfaserrichtung	
Fichte	31	12...16
Kiefer	39...41	14...23
Lärche	47...52	19...25
Ahorn	48...61	27...34
Azobe	130...160	53...65
Buche	70	28...40
Eiche	50...65	23...42
Erle	32...37	7...17
Esche	64	28...40
Iroko	59...73	24...36
Sipo-Mahagoni	45	15...21
Robinie	64...78	40...57
Tali		44...65
Teak	62	23...39
Ulme	58...63	27...37
Wengé		39...50

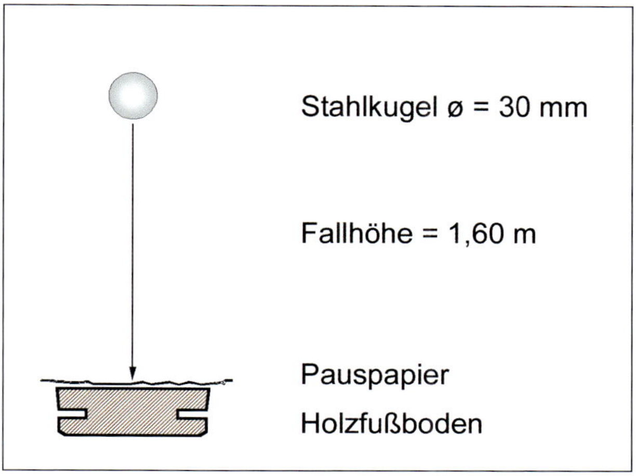

Bild 112 ▪ Mobiles Härteprüfverfahren zur Bestimmung der relativen Eindruckgröße REG

Die REG drückt damit aus, um wievielmal ein Eindruck am geprüften Fußboden größer oder kleiner ist als an Durchschnittseiche.

Aus den beschriebenen Unterschieden der Prüfverfahren zur Ermittlung des Abriebwiderstands und der Härte wird verständlich, dass weiches Holz durch eine ›harte Parkettversiegelung‹ nicht härter, sondern nur abriebfester werden kann. Praxis und Laborversuche haben gezeigt, dass Stöckelabsätze von Damenschuhen bzw. fallende Gegenstände oder eingedrückte Stahlkugeln gleich große Eindrücke auf versiegeltem und rohem Holz verursachen.

Holzarten lassen sich nach den Kriterien ›Härte‹ und ›optische Empfindlichkeit‹ auswählen. Der Einsatz harter Holzarten (vgl. Tabelle 20) verkleinert objektiv die auftretenden Eindrücke. Außerdem ist die subjektive, optische Kratzer- und Eindruckempfindlichkeit ein wesentlicher Faktor. Je feinporiger und heller die Holzart, desto auffälliger sind auch leichte Beschädigungen in der Oberfläche. Kratzer und Eindrücke, die bei grobporigen Hölzern wie Eiche und Esche in der natürlichen Textur des Holzes nahezu untergehen, wirken bei feinporigen Hölzern wie Buche und besonders dem hellen und feinporigen Ahorn bereits störend. Kanadischer Zuckerahorn (lat. *Acer saccharum*) überbietet beispielsweise bei Härtemessungen sogar heimische Eiche, ist jedoch empfindlicher, da sich unweigerlich auch die feinsten Kratzer mit Staub füllen und sich gegen den hellen Hintergrund der geschlossenen Versiegelungsoberfläche wie Bleistiftstriche abzeichnen.

4.7.3 Kratzer und Verschleiß der Versiegelung

Ursachen und Vermeidung

Die Lebenserwartung einer Parkettversiegelung ergibt sich aus dem Zusammentreffen von **Beanspruchung** und **Beanspruchbarkeit**. Die Beanspruchung setzt sich aus der Intensität und Häufigkeit der Benutzung des Fußbodens durch Begehen und durch das Verschieben von Gegenständen zusammen. Schmutz und Sand erhöhen die Beanspruchung unter sonst gleichen Bedingungen um ein Vielfaches. Die Beanspruchbarkeit ergibt sich aus der Art des gewählten Versiegelungssystems, seiner Schichtdicke und insbesondere seiner Pflege. Die Pflege eines Parkettbodens beeinflusst maßgeblich die Lebenserwartung der Versiegelung und den optischen Gesamteindruck. Praxis und Laborversuche haben gezeigt, dass durch mangelnde Pflege die Lebenserwartung einer Parkettversiegelung durchschnittlich um zwei Drittel verringert wird. Dies bedeutet beispielsweise, dass eine Versiegelung, die bei normaler Pflege eine Lebenserwartung von sieben Jahren hätte, bereits nach zwei Jahren verschlissen ist, wenn sie nicht richtig und ausreichend gereinigt und gepflegt wird. Ursachen und Hintergründe hierfür werden nachfolgend erläutert.

Die Lackschichtdicke und deren Messung sind entscheidend, da hier die Ursache für den Verschleiß liegen kann. Die Erfahrungen zeigen: Je mehr Beschichtungsmaterial aufgebracht worden ist, desto größer ist die Gebrauchsdauer der Versiegelung. Eine wichtige Orientierungshilfe gibt hier das Merkblatt Beurteilung von Versiegelungen/Schichtstärkenmessung der Chemisch-Technischen Arbeitsgemeinschaft Parkettversiegelung (CTA) [9], einem Zusammenschluss namhafter deutscher Versiegelungshersteller. Darin werden Messmethoden, exemplarische Berechnungen und die Auswahl geeigneter Messstellen aufgezeigt.

Bereits bei der Wahl der Oberflächenbehandlung ist der spätere Pflegeaufwand zu berücksichtigen. Geölte/gewachste oder heißgewachste Holzfußböden sind bei Einhaltung der notwendigen intensiven Pflegemaßnahmen starken Beanspruchungen gewachsen, da sich keine Versiegelung durchlaufen kann und die eigentliche Schutzschicht bei jeder Pflege erneuert wird. Bei versiegelten Holzfußböden sind Versiegelungstyp und Pflegeaufwand auf die spätere Nutzung abzustimmen.

Die Schadensursachen lassen sich in vier Gruppen unterteilen:

1. zu geringe Lackschichtdicke (Kapitel 4.7.3.1),
2. falsche Gleiter und Stuhlrollen (Kapitel 4.7.3.2),
3. Sand (Kapitel 4.7.3.3),
4. keine ausreichende Wachspflege (Kapitel 4.7.3.4).

4.7.3.1 Zu geringe Lackschichtdicke

Schadensbild

Bereits nach kurzer Zeit sah ein Parkettboden trotz Reinigung und Pflege gemäß Anleitung in den stärker begangenen Bereichen stark beansprucht aus. Der Auftragnehmer wollte durch einen Sachverständigen überprüfen lassen, ob die Oberflächenbehandlung gemäß Auftragsbestätigung mit vier Aufträgen (zweimal mit der Spachtel und zweimal mit der Rolle) ausgeführt worden war.

Die Bestimmung der Lackschichtdicke und Aussagen zum Schichtenaufbau sind mithilfe einer mikroskopischen Analyse an einem aus dem Boden entnommenen Span im Labor möglich. Bei dieser Untersuchung kann die Versiegelungsschichtdicke auf wenige tausendstel Millimeter genau ermittelt wer-

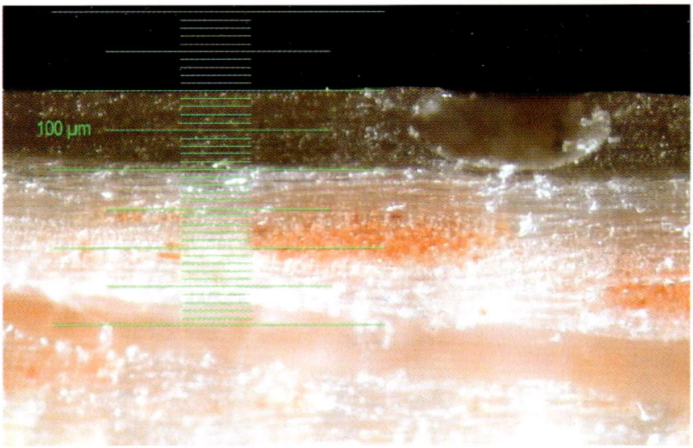

Bild 113 ▪ Die mikroskopische Schichtdickenbestimmung belegt eine Schichtdicke von 100 µm und nur **einen** Auftrag mit der Rolle, da sich die Luftblase (rechts oben im Bild) nahezu über die gesamte Schichtdicke erstreckt.

den. Anhand der Luftblasenverteilung ist, wie anhand des vorliegenden Falls beschrieben wird (Bild 113), ein Rückschluss auf die Anzahl der Aufträge mit der Rolle möglich.

Grundlagen

Aussagen über die Anzahl der Lackaufträge mit Pinsel oder Rolle sind meist möglich. Hierzu müssen an mehreren repräsentativ gewählten Stellen Materialproben entnommen werden und an jeder Probe mindestens 20 Messungen durchgeführt werden. Grundlage der Bewertung sind die für verschiedene Auftragsgeräte typischen Auftragsmengen, aus denen sich in Verbindung mit dem Feststoffgehalt der Versiegelung und ihrer Dichte die Dicke je Auftrag ergibt. Der erste Lack- oder Grundierungsauftrag dringt stark in das Holz ein und trägt meist nur wenig zur Trockenschichtdicke der Versiegelung bei. Es werden überwiegend die Kapillaren geschlossen und es bildet sich meist nur eine dünne 0 bis 20 µm Schicht, je nachdem, ob der Auftrag mit der Spachtel oder der Rolle durchgeführt worden ist. Jeder weitere Versiegelungsauftrag mit der Rolle ergibt bei normal viskosen Wasserlacken eine Nassauftragsmenge von üblicherweise circa 100 g/m² und eine Trockenschichtdicke von circa 30 bis 50 µm.

Gemäß CTA-Informationen zur Beurteilung von Versiegelungen [9] ist ein Gesamtlackauftrag von 300 bis 360 g/m² 1K- und 2K-Wasserlack im normalen und stärker beanspruchten Bereich aufzubringen. Bei üblichen Festkörpergehalten von 30 bis 45 % und einer Dichte von 1,0 g/cm³ errechnet sich hieraus eine mittlere Trockenlackschichtdicke von 90 bis 162 µm nach Gleichung 7.

Gleichung 7:

Gesamtauftragsmenge [g/m²]	·	Feststoffgehalt [%]	=	Schichtdicke [µm]
300 g/m²	·	30 %	=	90 µm
360 g/m²	·	45 %	=	162 µm

Zu berücksichtigen ist, dass das Versiegeln eine handwerkliche Tätigkeit ist, bei der es zu ungleichmäßigem Auftrag kommen kann. Die CTA gibt daher eine mögliche punktuelle Verringerung um bis zu 20 % an, die im Falle einer einzigen Stichprobe zugunsten des Handwerkers zu berücksichtigen ist. Für das in der Gleichung 7 gerechnete Beispiel ergibt sich demnach ein Grenzwert von 72 und 130 µm.

Befund

Im vorliegenden Fall war eine ausreichende Schichtdicke von im Mittel 94 µm vorhanden, jedoch erfolgte lediglich **ein** Auftrag mit der Rolle. Gemäß Auftragsbestätigung und Rechnung waren allerdings zwei Aufträge mit der Rolle geschuldet.

4.7.3.2 Falsche Gleiter und Stuhlrollen

Schadensbild

Die Versiegelung zeigte Eindrücke und Kratzer häufig in Schnittform (Bild 114). Die Abnutzung konzentrierte sich auf den Bereich der Tische (Bild 115), während die übrigen Flächen sogar im Durchgangsbereich nur normale Gebrauchsspuren aufwiesen.

Bild 114 ▪ Beschädigung des Bodens durch abgenutzte Möbelgleiter mit herausstehendem Befestigungsnagel

Bild 115 ▪ Beschädigung eines Bambusparketts durch harte Stuhlrollen und zu kleine Matten

Grundlagen, Ursachen und Vermeidung

Gegenstände, die auf Parkett häufig bewegt werden, insbesondere Stühle und Tische, dürfen nicht ungeschützt auf dem Parkett gleiten. Harte Kunststoffgleiter sind hierfür ungeeignet, da sich Sandkörnchen auf ihnen festsetzen und sie dadurch wie Schleifklötze wirken (Bild 117). Weiche Filzgleiter sind hingegen geeignet, sie verhindern direkte Riefen und reduzieren die Schmirgelwirkung von Sand. Beschädigungen, wie in Bild 114 gezeigt, werden durch fehlende, defekte, abgenutzte oder ungeeignete Stuhlgleiter verursacht.

Harte, einfarbige Stuhlrollen sind nur für elastische Beläge (z. B. PVC) und Teppich geeignet. Für harte Beläge wie Stein und Holz ist ein anderer Typ von Stuhlrollen erforderlich, da harte Stuhlrollen Riefen verursachen und eine erhöhte Schmirgelwirkung in Verbindung mit Sand hervorrufen. Die für Parkett erforderlichen Stuhlrollen sind breiter, weicher und durch ihre Zweifarbigkeit vom harten Stuhlrollentyp leicht zu unterscheiden (Bild 116).

Bei weichen Holzarten oder erhöhten Ansprüchen ist es empfehlenswert, ganz auf Stuhlrollen zu verzichten oder im Stuhlrollenbereich zusätzlich eine geeignete Matte auszulegen. Allerdings sollten diese, anders als in Bild 115, ausreichend groß dimensioniert sein.

Sanierung

Eine Sanierung ist bei vergrautem Holz und tiefen Beschädigungen nur durch tiefgründiges Abschleifen in mehreren Schleifgängen mit anschließender neuer Oberflächenbehandlung möglich.

Bild 116 ▪ Stuhlrollen nach DIN 68131; links: weiche, für Parkett geeignete Stuhlrollen (zweifarbig); rechts: harte, für Parkett **nicht** geeignete Stuhlrollen (einfarbig)

Bild 117 ▪ Beispiel eines für Parkett ungeeigneten Möbelgleiters mit eingedrücktem Sand

4.7.3.3 Sand

Schadensbild

In einem Kindergarten war die Parkettversiegelung im Eingangsbereich und in den Hauptlaufwegen bereits nach einem Jahr abgenutzt (Bild 118). Bei der Ortsbesichtigung fand der Sachverständige eine große Menge Sand auf dem Parkett. Es waren keine Sauberlaufzonen zwischen dem Parkett und der angrenzenden Außenanlage vorhanden.

Grundlagen und Ursachen

Schmutz und Sand werden mit den Schuhen von der Straße auf das Parkett getragen. Durch das Begehen ergibt sich eine Schmirgelwirkung. Es sollte deshalb für sogenannte Sauberlaufzonen durch großdimensionierte Matten oder Schmutzfangläufer zwischen Straße und Parkettboden gesorgt werden. Ausreichend bemessene Sauberlaufzonen nehmen den Hauptteil des an den Schuhen haftenden Sandes, Schmutzes und Wassers auf.

Von den Schuhabstreifern, Läufern und Teppichen und selbstverständlich auch vom Parkett ist der Sand durch gründliches Saugen und Fegen regelmäßig zu entfernen. Bei erhöhtem Sandeintrag ist ›regelmäßig‹ gleichbedeutend mit täglich. Sofern Läufer auf dem Parkett liegen, muss ihre Rückseite durch eine Latexschicht geschlossen sein. Bei offenen Läufern fällt der Sand durch

Bild 118 ▪ Abnutzung durch die Schmirgelwirkung von Sand

das Gewebe und wirkt auf den Boden wie Schmirgelpapier. Zur Vermeidung des Schmirgeleffektes müssen solche Läufer mit Filzbahnen unterlegt werden, außerdem muss auch hier der Sand regelmäßig auf und unter dem Läufer entfernt werden. Auch Filzpantoffel als Überschuhe, die häufig Besuchern in öffentlichen Gebäuden angeboten werden, bedürfen einer ähnlich intensiven Wartung wie Läufer, da sich sonst ihr Schutzeffekt in das Gegenteil umkehrt.

Sanierung

Eine Sanierung ist bei vergrautem Holz nur durch Abschleifen in mehreren Schleifgängen mit anschließender neuer Oberflächenbehandlung möglich.

4.7.3.4 Keine ausreichende Wachspflege

Schadensbild

Ein Parkettboden sah insgesamt mager, matt und stumpf aus. Die Versiegelung war im Bereich der Hauptlaufwege bereits nach zweieinhalb Jahren abgenutzt, obwohl unter den Regalen eine mittlere Versiegelungsschichtdicke von 103 µm vorlag. Der Sachverständige fragte nach allen für die Fußbodenpflege verwendeten Mitteln. Daraufhin wurden die in Bild 119 gezeigten Gebinde vorgelegt. Unter ihnen befand sich kein einziges wachshaltiges Parkettpflegemittel, sondern nur Reinigungsmittel (zur Entfernung von Wachs, Fett und Öl), die zudem nicht für die Reinigung von Parkett geeignet waren.

Neben dem bereits angesprochenen, regelmäßigen Entfernen von Sand und Schmutz erhöhen geeignete, auf die Versiegelung abgestimmte Pflegemittel die Lebensdauer eines Parkettbodens um ein Vielfaches. Eine dünne, in Monatsabständen (bei extremer Beanspruchung auch kürzer) zu erneuernde

Bild 119 ▪ Verwendete Reinigungsmittel: u. a. Scheuermilch, Essig-WC-Reiniger, Spiritus-Glasreiniger, Antikalkmittel und Kunststoffreiniger

Wachsschicht schützt die Versiegelung. Wachs bettet die scheuernden Sandkörner ein und bindet diese, ähnlich wie Öl den Metallabrieb in einem Kolbenmotor. In beiden Fällen wird der Verschleiß erheblich reduziert. Parkett ohne Wachs ist wie ein Kolbenmotor ohne Öl.

Die richtige Pflege erhöht die Lebensdauer eines Parkettbodens und beeinflusst den optischen Gesamteindruck entscheidend. Somit kommt der Übergabe einer Pflegeanleitung durch den Parkettleger an den Auftraggeber eine besondere Bedeutung zu.

In der VOB/C ATV DIN 18356 VOB heißt es hierzu im Abschnitt 3.1.4:

»Der Auftragnehmer hat dem Auftraggeber schriftliche Pflegeanweisungen zu übergeben. Diese müssen auch Hinweise auf das zweckmäßige Raumklima enthalten.«

Auftraggeber und Nutzer erlangen hierdurch erst die Möglichkeit und Verpflichtung, sich über den bestimmungsgemäßen Gebrauch (Kapitel 4.7) und die richtige Pflege des Parkettbodens zu informieren.

Sanierung

Eine Sanierung ist bei vergrautem Holz nur durch Abschleifen in mehreren Schleifgängen mit anschließender neuer Oberflächenbehandlung möglich. Sofern noch keine Vergrauung des Holzes eingetreten ist, kann auch durch eine Intensivpflege mit Mitteln, die auf die vorhandene Oberflächenbehandlung abgestimmt sind, eine deutliche Verbesserung des Zustandes erreicht werden.

4.8 Sortierung und farbliche Abweichung

4.8.1 Natürliche Farbveränderungen des Holzes durch Licht

Holz verändert im Laufe der Zeit durch Lichteinwirkung allmählich seine Farbe, dunkelt nach oder vergilbt und erreicht einen Alterston, der sich je nach Lichtintensität und Holzart mehr oder weniger vom Einbauzustand unterscheidet. Manchen Verbrauchern ist die Farbveränderung von Eicheböden bekannt, weniger jedoch die teilweise stärkeren Farbveränderungen manch anderer Holzarten. Vergleicht man nach einigen Jahren abgedecktes Robinienholz mit der umgebenden, belichteten Fläche, meint man zwei verschiedene Holzarten zu erblicken. Auch der warmrote Ton gedämpfter Buche verblasst im Laufe der Zeit (Bild 120). Helle, ungedämpfte Buche wird hingegen dunkler (Bild 121). Helle, ungedämpfte Buche und rötliche, gedämpfte Buche können sich durch Lichteinwirkung so angleichen, dass kaum noch ein Unterschied festzustellen ist [2].

Bild 120 ▪ Aufhellung der Buchennutzschicht eines circa sechs Jahre alten Furnierbodens im nicht vom Teppich abgedeckten Bereich (rechts)

4.8.2 Lichtechtheit von Thermo-Holzarten

Schadensbild

Ein halbes Jahr nach der Verlegung eines Fertigparketts mit Deckschicht aus Thermo-Buche war das schwarzbraune Holz im Bereich der bis zum Boden reichenden Fenster im Wohnzimmer stark aufgehellt, während in den übrigen Räumen mit gleicher Ausrichtung und Fenstertiefe kaum Farbveränderungen vorhanden waren.

Ursachen, Vermeidung und Sanierung

Die werkseitige Oberflächenbehandlung des Thermo-Buchen-Fertigparketts war wegen starker Beschädigungen im Wohnzimmer während der Bauphase abgeschliffen und neu versiegelt worden. Nur dort trat die extrem geringe Lichtechtheit des thermisch modifizierten Holzes zutage. Die geringe Lichtechtheit der dunkelbraunen Färbung von thermisch modifizierten Hölzern (Abkürzung: TMT von Thermally Modified Timber) ist seit einiger Zeit bekannt. Bild 121 zeigt, wie stark sich der anfangs dunkelbraune Farbton von TMT-Buche (links unten) durch Belichtung aufhellt (rechts unten). Bei intensiver Lichteinwirkung nähert sich der Farbton von TMT-Buche an den von ungedämpfter Buche bei Belichtung (oben rechts) an.

Einige Parketthersteller bringen deshalb eine dunkle Pigmentbeize vor der Versiegelung von TMT auf. Durch die Nachbesserung im Wohnzimmer ist diese Pigmentbeize entfernt worden und das nicht lichtechte Thermo-Holz

Bild 121 ▪ Farbveränderung von unbelichtetem (links) und belichtetem (rechts) Buchenholz; oben ungedämpfte Buche, unten Thermo-Buche

war ungeschützt dem Sonnenlicht ausgesetzt. Der Parkettleger hätte bei den Nachbesserungsarbeiten den geschliffenen Boden vor der Versiegelung ebenfalls dunkel beizen müssen. Dies muss nun nach nochmaligem vollflächigem Abschleifen im Rahmen der Sanierung geschehen.

Anmerkung:

Aufgrund der Problematik der Sichtbarkeit von Ansätzen bei der Verarbeitung von dunklen Beizen wird das Nachbeizen von Fußböden von vielen Handwerkern abgelehnt. Dies ist nachvollziehbar und legitim. In diesem Fall wird empfohlen, dass der Handwerker den Kunden auf die hohe Lichtempfindlichkeit von thermisch modifizierten Hölzern hinweist.

4.8.3 Unregelmäßige Färbung bei neuen Räuchereicheböden

Schadensbild

Ein neu verlegter Parkettboden aus Räuchereiche wurde durch das Schleifen zunehmend heller (Bild 122). Die gesamte Fläche zeigte nicht das übliche Farbenspektrum eines Räuchereichebodens, sondern erschien ungewohnt fleckig. Der Versuch, mit einem weiteren Schleifgang das Bild zu verbessern, vergrößerte die Anzahl gescheckter Stäbe.

Bild 122 ▪ Der Räuchereicheboden zeigte nach dem Schleifen zahlreiche Lamparkettstäbe, die nicht ausreichend tief geräuchert worden waren.

Grundlagen der Räucherung

Das Räuchern ist zu unterscheiden vom Dämpfen, bei dem das Holz mit Wasserdampf beaufschlagt wird. Bei Räuchereiche handelt es sich um eine mit **Ammoniak** dunkel gebeizte Eiche. Hierfür wird traditionell das in Mitteleuropa ›Eiche‹ genannte Handelssortiment aus Trauben- und Stieleiche verwendet. Die Farbgebung entsteht durch eine Reaktion des Ammoniaks mit den holzeigenen Gerbstoffen. Es lassen sich deshalb auch viele andere gerbstoffhaltige Holzarten, wie z. B. Roteiche, Esche, Merbau oder Robinie, mit Ammoniak unterschiedlich stark dunkel färben. Die Verbreitung von Räuchereiche hat aufgrund des Trends hin zu dunklen Hölzern in den letzten Jahren stark zugenommen. Geschätzt wird besonders die sehr hohe Lichtechtheit von Räuchereiche im Vergleich zu Thermo-Eiche (Bild 123) und

Bild 123 ▪ Vergleich der Lichtechtheit von Räuchereiche (oben) und Thermo-Eiche (unten); links unbelichtet, rechts nach intensiver Belichtung

anderen Thermo-Holzarten (Kapitel 4.8.2) sowie natürlich dunklen Holzarten wie Wengé oder Nussbaum.

Salmiakgeist ist eine wässrige Lösung von Ammoniak. Wird Eichenholz in eine gut abgedichtete Kammer gestellt und werden möglichst am Kammerboden Schalen mit Salmiakgeist aufgestellt, so entweicht Ammoniak und räuchert das Holz. Der Stoffübergang aus der wässrigen Lösung in die Gasphase nimmt mit der Größe der Grenzfläche zu. Deshalb werden großflächige, flache Schalen verwendet. Bei strenger Anwendung der Terminologie disperser Systeme handelt es sich bei dem entweichenden, gasförmigen Ammoniak zwar nicht um einen Rauch, also in Gas verteilte Schwebstoffe, jedoch hat sich die Bezeichnung Räuchern eingebürgert. So werden auch ammoniakalische Wasserbeizen als Räucherbeizen bezeichnet.

Drucklose Räucherung

Der Einsatz von Salmiakgeist beschränkt sich heutzutage auf die Räucherung des bereits verlegten Holzbodens auf der Baustelle und die handwerkliche Fertigung geringer Holzmengen in kleinen, drucklosen Behältnissen. Bei der **Baustellenräucherung** ist zu beachten, dass nicht nur der Eichefußboden, sondern auch andere Holzteile aus Eiche geräuchert werden. Ammoniak greift außerdem Buntmetalle an. Da es in hoher Konzentration stark reizend wirkt, sollte die Baustellenräucherung nur in Sonderfällen und unter strenger Beachtung der Arbeitssicherheit erfolgen. Die quantitative Bedeutung des bei der Räucherung in die Umgebung entweichenden Ammoniaks ist minimal, wenn man im Gegensatz dazu die jährlich in Deutschland emittierten über 500.000 t aus der Tierhaltung betrachtet. Die bekannte Dunkelfärbung von Eiche in der Umgebung von Ställen ist auf die hier größere Konzentration von Ammoniak in der Luft zurückzuführen.

1913 wurde Ammoniak NH_3 erstmals in technischem Maßstab aus Wasserstoff und Stickstoff produziert. Es besitzt bei 20 °C einen Dampfdruck von 8,6 bar und wird im flüssigen Aggregatzustand in Druckbehältern gehandelt. Aus den Druckbehältern wird das Ammoniakgas in die **Räucherkammern** geleitet, wo es verdampft. Die für den Räuchervorgang benötigte Dauer hängt wesentlich vom Ammoniakpartialdruck ab. Ein vor dem Einströmen des Gases erzeugter Unterdruck und eine hohe Temperatur beschleunigen somit den Vorgang, erhöhen jedoch den apparativen Aufwand. In einem heute üblichen Vakuumverfahren wird das Eichenholz für sieben Tage mit trockenem Ammoniakgas behandelt, wobei bis zu einem Kilogramm Ammoniakgas auf 15 kg Holz zum Einsatz kommt.

Die außerordentlich leichte Löslichkeit von Ammoniak in Wasser spricht für das Räuchern von ungetrockneten Parkettrohfriesen, wobei zu beachten ist, dass während des nachfolgenden Hobelns die äußeren, am stärksten geräucherten Schichten abgetragen werden.

Wenn bereits ausgehobelte Parkettelemente geräuchert werden, quellen diese auf und es ist ein nachträgliches Trocknen erforderlich. Die Holzfeuchte lässt sich bei Räuchereiche allerdings nicht mit elektrischen Methoden bestimmen, da die Leitfähigkeit durch die Räucherung verändert wird.

Kernräucherung, Druckräucherung, Tiefenräucherung

Um die Räucherzeit zu verkürzen oder eine besonders tiefe Räucherung zu erzielen, wird das Eindringen des Ammoniaks bei der industriellen Räucherung oft durch Anwendung von Vakuum und/oder Druck unterstützt. Im Englischen wird hier von ›pressure smoking‹, im Deutschen von Kernräucherung gesprochen. Die Eindringtiefe der Räucherung hängt vom Widerstand ab, den das Holz dem Stofftransport des Ammoniaks entgegensetzt. Da dieser aufgrund der besonders heterogenen Struktur der Eiche sehr große Unterschiede aufweist, kann unter sonst gleichen Bedingungen die Eindringtiefe bei den einzelnen Parkettelementen stark differieren. Bei sorgfältiger Einhaltung der erfahrungsgemäß erforderlichen Räucherzeiten ist es möglich, die Mehrzahl der Parketthölzer über den Querschnitt durchgehend zu räuchern und den Anteil, der durch das Abschleifen etwas heller wird, auf unter 1 % zu halten.

Aussehen

Räuchereiche ist nicht ein einheitlich schwarzer, dunkler Boden, sondern erfreut den Holzliebhaber mit einer ganz besonderen, nur ihr eigenen Farben- und Strukturvielfalt, die aus der Heterogenität des gewachsenen Naturstoffes resultiert (Bild 124). Weitere chemische und holzanatomische Grundlagen des Räucherns, welche das Verständnis zum Erscheinungsbild von Räuchereiche verbessern sollen, werden nachfolgend dargestellt.

Die Reaktion zwischen Ammoniak und dem Gerbstoff des Holzes führt zu einer Dunkelfärbung. Die Farbintensität wird hierbei wesentlich durch die Gerbstoffmenge bestimmt. Im Splintholz der Eiche beträgt der Gerbstoffanteil lediglich 1 %, im Kernholz schwankt er zwischen 3 und 13 %! Bei dieser großen Schwankungsbreite der Konzentration des Reaktionspartners **Gerbstoff** müssen sich zwangsläufig erhebliche Farbunterschiede ergeben. Manchmal ist zu beobachten, dass in einem Jahrring oder in einigen aufeinanderfolgenden Jahrringen sehr wenig Gerbstoff produziert wurde. Im Radialschnitt bilden sie helle, schmale Streifen, die auch als Mondringe bezeichnet werden (Bild 125).

Bild 124 ▪ Der Räuchereicheboden aus 10 mm dicken Lamparkettstäben in einem Bistro zeigt die typischen Merkmale dieses Produktes.

Die großvolumigen Frühholzporen der Eiche verhindern aus geometrischen Gründen, dass das Frühholz so dunkel wird wie das nur sehr kleine Poren aufweisende Spätholz. Im Radialschnitt sind deshalb feine, helle Linien zu erkennen, im Tangentialschnitt hingegen sehr breite, parabelförmige Streifen.

Die Holzstrahlen der Eiche zeigen eine andere Färbung als das umgebende Gewebe, da die Richtung ihrer Zellen senkrecht zur Richtung der übrigen Zellen verläuft.

Ursachen und Sanierung

Die Ursache ist im vorliegenden Fall eine ungenügend tiefe Räucherung des Holzes (Bild 126).

Handelt es sich nur um wenige Lamellen, ist ein Auswechseln oder Nachbeizen möglich. Ist die gesamte Charge fehlerhaft, wie in Bild 122 gezeigt, ist

Bild 125 ▪ Der 10 mm dicke Lamparkettstab zeigt, wie stark die Gerbstoffproduktion im Laufe der Jahre variieren kann. Da er nur stehende Jahrringe aufweist, treten bei ihm sämtliche holzanatomischen Merkmale deutlich hervor.

Bild 126 ▪ Die Mosaikparkettlamellen waren unzureichend tief geräuchert, sodass schon durch Schleifen nach der Verlegung helle Stellen auftraten.

zur Herstellung eines mangelfreien Zustandes der bestehende Boden komplett zu entfernen und neues Material zu verlegen. Eine mögliche, abzustimmende Alternative ist das flächige Beizen (nicht Räuchern) unter Berücksichtigung einer Wertminderung. Die sehr geringe Eindringtiefe und vor allem die große Häufung sind nicht durch natürliche Gerbstoffschwankungen erklärbar. Hier liegt keine Kern- oder Tiefenräucherung vor.

Hinweis

Nahezu sämtliche Streitfälle bezüglich des Erscheinungsbildes lassen sich vermeiden, wenn dem Auftraggeber eine möglichst repräsentative, alle Merkmale enthaltende **Fläche** als Muster gezeigt wird. Ein einzelner, dunkler Stab, könnte den Eindruck vermitteln, dass der spätere Boden genau diesem Farbton entsprechen müsste. Dies ist aus den oben erwähnten Gründen jedoch nicht der Fall.

Besonderheiten bei alten Böden

Alte Räuchereicheböden sind häufig unter Verwendung von Salmiakgeist in Kammern oder nach der Verlegung auf der Baustelle drucklos geräuchert worden. Da Massivholzböden mehrfach renovierbar sind, wird mit zunehmendem Materialabtrag die dunkle Oberschicht teilweise abgeschliffen. Um wieder eine möglichst dunkle Fläche herzustellen, kann eine Baustellenräucherung mit allen unter dem Abschnitt DRUCKLOSE RÄUCHERUNG beschriebenen Schwierigkeiten durchgeführt werden oder es muss nachgebeizt werden. Dies wird vor allem dann sinnvoll sein, wenn die geräucherten Parketthölzer mit hellen Hölzern kombiniert ein Verlegemuster ergeben. Ein typisches Beispiel hierfür ist ein durchgeschliffener Schachbrettmusterboden, bei dem die dunklen Quadrate abgeklebt und gebeizt (nicht geräuchert!) werden, da bei einem Nachräuchern die angrenzenden hellen Stäbe mit verfärbt würden.

4.8.4 Randverfärbung bei Musterböden aus Räuchereiche

Schadensbild

Einige Tage nach der Fertigstellung eines neuen Kassettenbodens mit Eichenwürfeln und Räuchereichenfriesen wurden dunkle Einläufe an den Stirnenden der 22 mm dicken Eichenstäbe festgestellt, die sich im Lauf der Zeit immer weiter ausdehnten (Bild 127).

Ursachen und Vermeidung

Wird ein Musterboden aus Räuchereiche und heller Eiche verlegt, so sind oft an den Hirnenden der unbehandelten Eichestäbe dunkle Einläufe zu beobach-

Bild 127 ▪ Randräucherung von Eichenwürfeln durch Räuchereichenfriese mit zu hohem Restammoniakgehalt (Quelle: Otto Hannemann GmbH & Co. KG, Hamburg)

ten, die durch Abschleifen nicht verschwinden. Die Ursache der Verfärbung ist das Restammoniak aus der Räuchereiche (Kapitel 4.5.12). Selbst bei sorgfältiger Trocknung und langer Lagerung nach dem Räuchern verbleiben Ammoniakreste im Holz. Das Beispiel des Räucherns durch ammoniakhaltige Umgebungsluft in der Nähe von Viehställen zeigt, dass geringe Gasmengen genügen, um Verfärbungen hervorzurufen. Bei Musterböden aus Räuchereiche ist deshalb mit leichten Randeffekten zu rechnen. Eine auffällige Randräucherung, wie bereits im obigen Beispiel aufgezeigt wurde, kann durch die Einhaltung der Grenzwerte für Restammoniak jedoch vermieden werden. Wenn die im Anhang A beschriebene einfache Kontakträuchermethode bei 60 °C keine Verfärbung zeigt, darf nach [105] und [106] davon ausgegangen werden, dass keine Beeinträchtigungen bei der Verarbeitung von Räuchereiche auftreten werden.

4.8.5 Optische Inselbildung oder Plakatbildung

Schadensbild

Bei einem Lamparkettboden aus Olivenholz waren einige hellere und einige dunklere Bereiche erkennbar, die teilweise linienförmig abgegrenzt waren. Die farblichen Abgrenzungen folgten dem Arbeitsverlauf bei der Verlegung. Dies wird als optische Inselbildung bezeichnet (Bild 128).

Bild 128 ▪ Zwei der etwas helleren Bereiche (›optische Inseln‹) in einem Raum

Grundlagen und Ursachen

Die vorliegende Parkettart (Lamparkett) bildet zusammen mit Mosaik- und Hochkantlamellenparkett das untere Preissegment aller massiven Parkettarten. Das hier vorliegende Verlegemuster, der sogenannte ›unregelmäßige Verband‹, ist das einfachste aller Parkettmuster. Eine Vorsortierung und Mischung des Materials ist bei der vorliegenden Parkettart und dem vorliegenden Verlegemuster unüblich. Die Stäbe der beanstandeten hellen wie auch der übrigen Bereiche liegen innerhalb der vom Hersteller definierten und angebotenen Grenzen der Sortierung.

Anders als bei Würfelmustern, Kassettenböden und hochwertigen Tafelparkettböden ist es bei den einfachen Verlegemustern, bei denen die Holzart und nicht das geometrische Parkettmuster im Vordergrund steht, allgemein nicht üblich, die Einzelstäbe vor der Verlegung zu sortieren und/oder zu mischen. Das Material wird vielmehr verarbeitet, wie es aus dem Paket kommt. Entsprechend sind zufällig auftretende Verteilungsmuster und Anhäufungen von hellen oder dunklen Stäben oder von Stäben mit einer auffälligen Maserung zu tolerieren, solange die Stäbe insgesamt im Rahmen des Spektrums der geschuldeten Sortierung liegen.

Das von manchen Parkettherstellern empfohlene Mischen und das gleichzeitige Verlegen aus mehreren Paketen wird bei einfachen Mustern nicht praktiziert. Helligkeitsunterschiede von Holz im Neuzustand gleichen sich mit fortschreitender Zeit und Einwirkung von Sonnenlicht an (Kapitel 4.8.1).

4.8.6 Eingestreute andere Holzart

Schadensbild

Der im englischen Verband verlegte Parkettboden aus 8 mm dickem Birkenmosaikparkett zeigte ein überwiegend lebhaftes Erscheinungsbild (Bild 129).

Grundlagen und Ursachen

Der Boden erfüllte alle Kriterien der Sortierung ›Natur‹ für Mosaikparkettlamellen nach DIN 280-2:1990-04. Die Lamellen des Parkettbodens waren im Sinne dieser Norm astfrei und bläuefrei. Der Parkettboden zeigte sich jedoch in betont lebhafter Struktur, mit kleinen Rindeneinwüchsen im Holz und starken Farbunterschieden zwischen den einzelnen Lamellen.

Neben diesen Unterschieden innerhalb der Holzart Birke wurden starke Farbunterschiede festgestellt (Bild 130), deren Ursache in anderen Holzarten (Ahorn und Buche) vermutet wurde. Zwei dieser Lamellen wurden für eine mikroskopische Bestimmung der Holzart im Labor des Sachverständigen entnommen. Die mikroskopischen Untersuchungen ergaben, dass es sich bei den untersuchten Holzarten, wie bereits vermutet, um Buche und Ahorn handelte. In den Birkenboden waren in sehr geringer Zahl Buchen- und Ahornlamellen eingestreut.

Eingestreute andere Holzarten sind weder nach der alten DIN 280 noch nach den entsprechenden aktuellen europäischen Normen zulässig und stellen somit im vorliegenden Fall einen Mangel dar. Aufgrund der uneingeschränkten Nutzungsmöglichkeit und der geringen Häufung handelt es sich um einen nicht erheblichen, geringfügigen und rein optischen Mangel.

Bild 129 ▪ Birkenmosaikparkettboden mit lebhafter Struktur

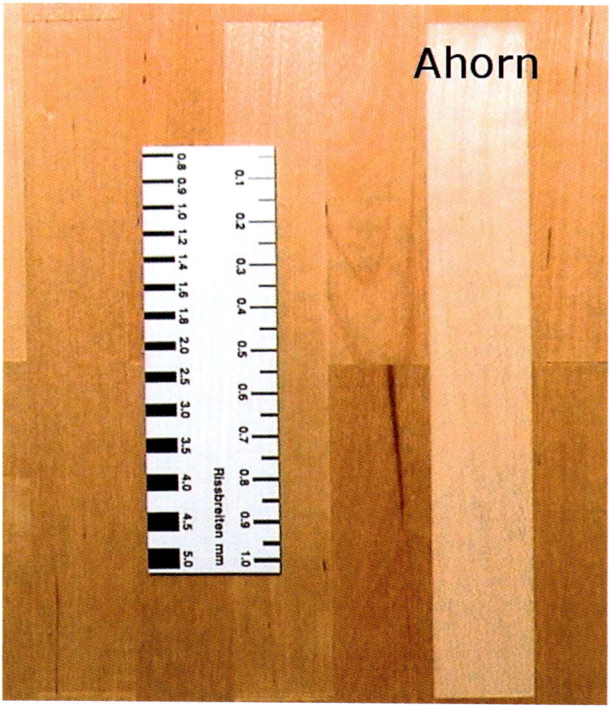

Bild 130 ▪ Eingestreute Ahornlamelle im Birken-mosaikparkettboden

Vermeidung

Besonders für das Verhältnis von Parkettleger und Parketthersteller ist es rechtlich relevant, ob der Mangel **vor** Fertigstellung des Fußbodens erkennbar war und durch einfaches Austauschen der wenigen falschen Lamellen **während** der Verlegung hätte vermieden werden können. Das gelieferte rohe Parkettmaterial war, wie bei Mosaikparkett üblich, sägerau. In diesem Zustand sind bei Birken-Mosaikparkettverlegeeinheiten vereinzelt eingestreute Lamellen aus Ahorn und Buchenholz nicht erkennbar. Diese treten ebenso, wie manche etwas dunklere Birkenlamellen, erst nach dem Schleifen und Versiegeln deutlich in anderer Farbe und Struktur hervor. Die sogenannte Anfeuerung, die durch die Oberflächenbehandlungsmittel verursacht wird, macht Farbunterschiede erst deutlich sichtbar.

Sanierung

Zur Herstellung eines vollständig mangelfreien Werkes wären die falschen Holzarten zu entfernen und durch die richtige zu ersetzen. Die Böden in den betroffenen Räumen wären danach vollflächig zu schleifen und zu versiegeln, da eine ansatzlose partielle Versiegelung der eingesetzten neuen Lamellen nicht möglich ist. Alternativ erscheint im vorliegenden Fall die Einigung auf eine Minderung als sinnvoll, da lediglich ein optischer und kein technologischer Mangel vorliegt und hierdurch der Grundsatz der Verhältnismäßigkeit (Kapitel 5.1) gewahrt bleibt.

4.9 Unregelmäßige Oberfläche

4.9.1 Einleitung

Unregelmäßigkeiten der Oberfläche von Holzfußbodenelementen treten in zahlreichen Formen mit den unterschiedlichsten Ursachen auf. Sie können bereits bei der Herstellung des Elementes, bei der Verlegung, bei der Oberflächenbehandlung oder erst während der Nutzung verursacht werden. In diesem Kapitel werden lediglich Unregelmäßigkeiten, die aus der Bearbeitung der Oberfläche resultieren, vorgestellt. Weitere Beispiele für Unregelmäßigkeiten von Holzfußbodenoberflächen finden sich in der umfangreichen Informationsbroschüre der CTA [8].

Die Oberflächenbehandlung wird vom Handwerker in stehender Haltung unter den gegebenen Lichtverhältnissen ausgeführt. Somit wird eine optische Beurteilung üblicher Parkettarbeiten ebenfalls ausschließlich im Stehen und unter Ausschluss von unnatürlichen Beleuchtungsverhältnissen durchgeführt. Bei flach einfallendem Kunst- und Gegenlicht sind geringe Höhenabweichungen von wenigen tausendstel Millimetern für das menschliche Auge problemlos zu erkennen. Deshalb gilt für die Beurteilung von Parkettarbeiten der Grundsatz, dass kleine Fehlstellen in der Oberflächenbehandlung zu tolerieren sind, sofern sie nicht den Gesamteindruck des Parkettbodens störend beeinträchtigen. Entscheidend für das Vorliegen eines optischen Mangels ist demnach nicht die Erkennbarkeit einer kleinen Unregelmäßigkeit, sondern die Frage, ob unter normalen Lichtverhältnissen in aufrecht stehender Haltung der Gesamteindruck des Bodens nach dem geschulten Empfinden eines Sachverständigen störend beeinträchtigt ist (Kapitel 3.3, 4.9.2.5 und 5.1).

4.9.2 Schleifspuren, Kittreste und raue Oberfläche

4.9.2.1 Schleifspuren

Schadensbild

Im versiegelten Parkettboden zeigten sich Schleifspuren (Bilder 131 und 132), die aus aufrecht stehender Haltung unter normalen Lichtverhältnissen deutlich zu erkennen waren. An manchen Verlegeelementen wurden Sägespuren (Bild 133) nicht vollständig ausgeschliffen. Bild 134 zeigt einen welligen Mosaikparkettboden.

Bild 131 ▪ Deutliche kreisförmige Schleifspuren am Rand einer Parkettfläche

Bild 132 ▪ Schleifspuren des Grobschliffs einer Walzenschleifmaschine

Bild 133 ▪ Nicht ausgeschliffene Sägeriefen

Bild 134 ▪ Welliger Schliff bei der Renovierung eines Mosaikparkettbodens aus Eiche

Grundlagen, Ursachen und Vermeidung

Die Bewertung von Schleiffehlern erfolgt unter Berücksichtigung der Raumgegebenheiten. Allgemeingültige Grenzwerte oder zu tolerierende Abweichungen für die Unregelmäßigkeiten können nicht aufgestellt werden. Auch eine Vermessung der Rauigkeit ist nur mit unverhältnismäßigem Aufwand möglich. Die in Kapitel 4.4.1 erwähnten Ebenheitsabweichungen der DIN 18202 lassen sich bei einer Oberflächenbeurteilung **nicht** anwenden, da die Werte zu groß sind. Bei dem Schleifen von Holzfußböden werden üblicherweise Walzenschleifmaschinen oder Bandschleifmaschinen sowie Einscheibenschleifmaschinen oder Mehrscheibenschleifmaschinen eingesetzt. Ein völlig wellenfreier Schliff ist auf der Baustelle nicht möglich. Inwieweit eine sichtbare Wellenbildung unvermeidbar ist oder aber auf nachlässiger Ausführung beruht, kann nur von einem mit diesen Arbeiten vertrauten und erfahrenen Fachmann beurteilt werden. Sämtliche Schleifspuren in den Ausprägungen wie in den Bildern 131 bis 134 gezeigt, stellen einen Ausführungsmangel dar.

Durch den Einsatz von Band- und Walzenschleifmaschinen lassen sich Schattierungen im Bereich der Wendestellen der Schleifmaschine, den ›Umkehren‹, und an den Übergängen der mit der Walzenschleifmaschine bearbeiteten Hauptflächen zu den mit rotierenden Schleiftellern der Randschleifmaschinen bearbeiteten Rändern nicht vollständig vermeiden. Diese hinzunehmenden ›Schattierungen‹ sind jedoch nicht zu verwechseln mit Vertiefungen, die durch falsches Ein- und Aussetzen der Walze im Umkehrbereich entstanden sind (Bild 132). Hierbei handelt es sich um handwerklich fehlerhafte Schleifspuren, die aus dem Mittel- oder Grobschliff resultieren und während des Feinschliffs nicht vollständig ausgeschliffen wurden.

Sanierung

Zur Sanierung ist in den meisten Fällen die gesamte Fläche abzuschleifen und neu zu versiegeln, da die Schadensursache in der obersten Holzschicht liegt. Weist der massive Holzfußboden eine ausreichende Dicke der Nutzschicht auf, so kann er nochmals fachlich korrekt geschliffen werden. Vorab ist hierzu die vorhandene Dicke zu prüfen. Für die üblichen Schichtdickenabnahmen und eine eventuelle Wertminderung gilt Kapitel 5.4.2. Des Weiteren sind im Hinblick auf den Grundsatz der Verhältnismäßigkeit die Kapitel 3.3, 4.9.1, 4.9.2.5 und 5.1 zu beachten.

4.9.2.2 Kittreste

Schadensbild

In Teilen des Raumes und besonders um die Heizungsrohre befanden sich wolkenartige Schleier (Bild 135).

Ursachen und Vermeidung

Bei dem abschließenden Feinschliff wurde die zuvor zum vollflächigen Abspachteln verwendete Fugenkittmasse nicht ausreichend abgeschliffen. Nach dem anschließenden Versiegeln entstanden hierdurch wolkenartige Schleier,

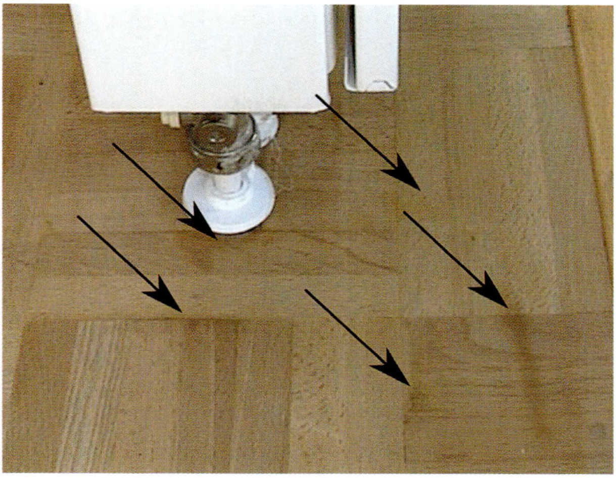

Bild 135 ▪ Nicht ausgeschliffene Kittreste

da der Kitt und die Holzoberfläche durch die Versiegelung unterschiedliche Farbtöne angenommen haben. Es ist darauf zu achten, dass flächige Vertiefungen, in denen sich der Kitt befindet, vollflächig ausgeschliffen werden. Aus aufrecht stehender Haltung deutlich sichtbare Kittreste stellen einen Mangel dar. Unabhängig davon ist das fachgerechte Kitten zulässig und üblich.

Sanierung

Die Sanierung erfolgt wie in Kapitel 4.9.2.1 beschrieben, sofern der Grundsatz der Verhältnismäßigkeit (Kapitel 5.1) gewahrt bleibt.

4.9.2.3 Harzaustritt bei Holzpflasterklötzen

Zu Holzpflasterklötzen werden auch harzhaltige Nadelhölzer wie Kiefer, Fichte und Lärche verarbeitet. Bei Erwärmung der Holzpflasteroberfläche, z. B. durch intensive Sonneneinstrahlung, kann Harz austreten. Dies zeigt sich bei Kiefernklötzen in Form von kleinen Blasen, während bei Fichtenklötzen dünnflüssigeres Harz austritt, das beseitigt werden sollte [119]. Es handelt sich hierbei nicht um einen Mangel, sondern um eine typische Materialeigenschaft. Das Harz kann auch nach oben ausgequetscht werden, wenn ein Holzpflasterboden unter sehr großer Quellspannung steht.

4.9.2.4 Raue Oberfläche

Schadensbild

Es befanden sich übermäßig viele Staubeinschlüsse (Bild 136), Pinselhaare (Bild 137) und Restlackpartikel aus unzureichend gesäuberten Auftragsgeräten in der Versiegelungsoberfläche. Es entstand eine raue Oberfläche.

Grundlagen, Ursachen und Vermeidung

Bei der handwerklichen, bauseitigen Applikation von Versiegelungen ist aufgrund der Baustellensituation, insbesondere durch Feinstaub, Zugluft und Lichtverhältnisse, mit Unregelmäßigkeiten zu rechnen. Diese Merkmale sind in geringem Umfang zu tolerieren (Kapitel 3.3.3). Es können keine Ergebnisse wie bei Möbeln, Autokarosserien oder Fertigparketten erzielt werden. Oft

Bild 136 ▪ Feinstaubagglomerate in einem versiegelten Parkettfußboden

Bild 137 ▪ Pinselhaar nach Trocknung der Versiegelung

bilden sich Agglomerate aus Feinstaub, die vom Handwerker nicht gesehen werden können, da sie im noch flüssigen Lackfilm versunken sind. Bei der Trocknung des Lackes nimmt die Schichtdicke entscheidend ab. Die vorher eingesunkenen Partikel werden erst dann als kleine Erhebungen sichtbar. Deshalb stellen einzeln auftretende kleine Erhebungen, Staubfusseln, Pinselhaare und Insekten keinen Mangel dar.

Jedoch stellen auch hier vermeidbare Häufungen von Einschlüssen aller Art, insbesondere von Staubagglomeraten sowie deutlich sichtbare Spuren der Auftragsgeräte, einen Mangel dar (Bild 138).

Aus Gründen der Raumgeometrie und Verarbeitung von Versiegelungen müssen Fußböden meist in mehreren Teilflächen versiegelt werden. Dies führt zwangsläufig zu erhöhten Filmdicken in den Überlappungsbereichen. Die Bereiche sind in der Regel nur bei gezieltem Hinschauen aufzufinden und somit zu tolerieren. Bei dunklen, mit Wasserlack versiegelten Holzböden tritt der Überlappungsbereich häufig deutlicher in Erscheinung. Generell ist darauf zu achten, dass Auftragsgeräte verwendet werden, die den Versiegelungsherstellerangaben entsprechen.

Sanierung

Da die Ursachen der beschriebenen Unregelmäßigkeiten nicht im Holz, sondern in der Lackschicht liegen, können sie durch einen Zwischenschliff der Versiegelung beseitigt werden. So lassen sich übermäßig viele Pinselhaare, Schmutzeinschlüsse und Restlackpartikel aus unzureichend gesäuberten Auftragsgeräten so nacharbeiten, dass keine Wertminderung des Bodens verbleibt [111, S. 26 bis 27].

Bild 138 ▪ Spuren der Auftragsrolle im Öl-Kunstharzlack eines renovierten Stabparkettbodens aus Eiche

4.9.2.5 Grundsätzliches zu Nachbesserungen von versiegelten Böden

Bei Nachbesserungen von versiegelten Parkettböden kommt es oft zu schlechteren Ergebnissen als bei der ersten Oberflächenbehandlung. Nachbesserungen weisen häufig deutlich sichtbare Partikeleinschlüsse und Farb- bzw. Glanzdifferenzen im Rand- und Übergangsbereich auf. Die auftretenden Probleme sind in Anbetracht der erhöhten Hausstaubmenge in bewohnten Räumen und dem teilweise notwendigen Anschleifen einer bereits vorhandenen Patina (Holz und Versiegelung verändern im Laufe der Zeit ihre Farbe durch Einfluss von Licht und Luft; Kapitel 4.8.1 und 4.8.2) unausweichlich. Der bewusste Verzicht auf die Nachbesserung eines Makels, der das Gesamtbild des Bodens nicht oder kaum beeinflusst, stellt deshalb oft das geringere Übel dar. Der Grundsatz der Verhältnismäßigkeit (Kapitel 5.1) ist in jedem Fall zu berücksichtigen. Sofern trotzdem nachgebessert wird, empfiehlt es sich, große abgeschlossene Flächeneinheiten (d. h. ganze Zimmer) an- oder abzuschleifen und neu zu versiegeln, um die unvermeidlichen Ansätze und sichtbaren Übergänge auf ein Minimum, z. B. unter Türen, zu reduzieren.

Besondere Vorsicht ist bei der Nachversiegelung von Fertigparkett geboten. Die Hersteller beschichten teilweise mit sogenannten Nano- oder Antiscratch-Effekten. Es ist in jedem Fall zu prüfen, ob überhaupt eine Nachversiegelung möglich ist.

4.9.3 Ablösung der Versiegelung

Stauchblase an einem Holzfußboden

Eine Stauchblase wird bei elastischen Bodenbelägen erzeugt, wenn durch Möbelfüße aufgebrachte Schubspannungen den Belag blasenförmig nach oben drücken [114, S. 108]. Im Zusammenhang mit Holzfußböden stellt dieses Phänomen jedoch eine Rarität dar (Bild 139).

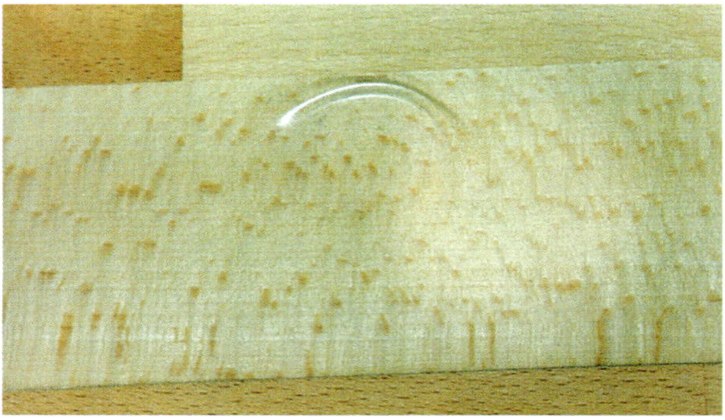

Bild 139 ▪ Stauchblase auf einem Furnierboden

Bild 140 ▪ Der Lackfilm lässt sich von der oberen Holzschicht des Furnierbodens abziehen.

Liegt der werkseitig aufgebrachte, aber nicht haftende Lackfilm eines Furnierbodens lose auf dem Holz, verhält er sich wie ein dünner, elastischer Belag (Bild 140).

In beiden geschilderten Fällen liegt ein Mangel vor.

4.9.4 Ablösung auf Spielfeldmarkierungen

Schadensbild

In einer Turnhalle wurde Eichenparkett verlegt. Auf das mit Öl-Kunstharzlack versiegelte Parkett wurden u. a. schwarze Spielfeldmarkierungen aufgebracht. Anschließend wurde die gesamte Fläche nochmals mit Öl-Kunstharzlack überversiegelt und es kam im Bereich der Spielfeldmarkierungen zu Ablösungen der letzten Öl-Kunstharzversiegelungsschicht (Bilder 141 und 142).

Bild 141 ▪ Versiegelungsablösung auf den Spielfeldmarkierungen

Bild 142 ▪ Der Mikroschnitt mit 40-facher Vergrößerung zeigt die Ablösung der letzten Versiegelung (grau) auf der Spielfeldmarkierung (schwarz)

Grundlagen und Ursachen

Die Problematik der Verträglichkeit von Spielfeldmarkierungsfarbe und Öl-Kunstharzsiegel war bekannt. Deshalb verlangte der Parkettleger vom Spielfeldmarkierungshersteller Muster, auf denen er die Verträglichkeit seines Öl-Kunstharzsiegels testete. Hierbei war es zu keinen Komplikationen gekommen, wohl aber später auf der Baustelle. Eine mikroskopische Laboruntersuchung hatte gezeigt, dass auf der Baustelle ein anderer Spielfeldmarkierungslack eingesetzt worden war als zuvor bemustert. Die im Muster gelieferte hochwertige Spielfeldmarkierungsfarbe ermöglichte eine gute Haftung des Öl-Kunstharzsiegels, jedoch ermöglichte die auf der Baustelle verwendete minderwertige Spielfeldmarkierungsfarbe diese nicht. Dies erklärt die aufgetretenen Ablösungen trotz vorheriger Verträglichkeitsprüfung.

Sanierung

Zur Sanierung muss der Boden vollflächig abgeschliffen und mit Öl-Kunstharzlack versiegelt werden. Für die Spielfeldmarkierung ist der gleiche Lack zu verwenden, der sich in der Verträglichkeitsprüfung als geeignet erwiesen hat. Abschließend ist mit Öl-Kunstharzlack nochmals zu versiegeln.

4.10 Verfärbungen

Verfärbungen von Holzfußbodenelementen treten in zahlreichen Formen mit den unterschiedlichsten Ursachen auf. Sie können bereits bei der Lagerung und Trocknung der Rohfriese oder erst während der Nutzung verursacht werden. Einige typische Beispiele werden nachfolgend vorgestellt. Den spezifischen Besonderheiten der Räuchereiche ist das Kapitel 4.8.3 gewidmet. Weitere Beispiele für Farbreaktionen finden sich in der Informationsbroschüre der CTA [8].

4.10.1 Helle punktuelle Verfärbungen

Schadensbild

In einem Boden aus Zweischichtparkett mit einer Decklage aus Doussie (Afzelia) befanden sich deutlich sichtbare, helle punktuelle Verfärbungen in einzelnen Parkettstäben. Sie waren nicht stabübergreifend (Bilder 143 und 144).

Ursachen

Die Ursache und Herkunft der hellen Verfärbungen kann nur durch eine mikroskopische Untersuchung festgestellt werden. Es gilt zu prüfen, ob die oberflächlich sichtbaren, hellen Flecken aufgelagert sind, oder ob es sich um Lufteinschlüsse im bzw. unter dem Lack handelt oder aber um Einschlüsse im Holz. Es soll ggf. festgestellt werden, ob die Einschlüsse eines natürlichen Ursprungs sind, d.h. vom Baum gebildet wurden, oder in Zusammenhang mit

Bild 143 ▪ Afzelia mit hellen punkt- und streifenförmigen Verfärbungen

Bild 144 ▪ Eingeschlossene Inhaltsstoffe (weiß) und Kittreste (braun) im Auflichtmikroskop

dem Fertigungsprozess, insbesondere dem Einsatz von Klebstoff und Oberflächenbehandlungsmittel, stehen oder durch die Verlegung/Nutzung verursacht worden sind.

Die bereits makroskopisch erkennbaren hellen Streifen und Flecken traten ausschließlich decklamellenweise auf, d.h. sie endeten abrupt von einer Decklamelle zur nächsten und folgten der natürlichen anatomischen Struktur des Holzes. Aus den Bildern 144 und 145 ist ersichtlich, dass es sich um weiße Inhaltsstoffe im Leitgewebe (Gefäße) und in gefäßnahen Parenchymzellen (Speicher- und Synthesegewebe) handelt. Bild 145 zeigt, dass die hellen Poreninhaltsstoffe in der gesamten Dicke der Decklamellen vorliegen und vom Speicher- und Synthesegewebe ausgehen. Es handelt sich somit weder um Auflagerungen noch um Produkte aus dem Klebstoff, der Grundierung oder der Versiegelung.

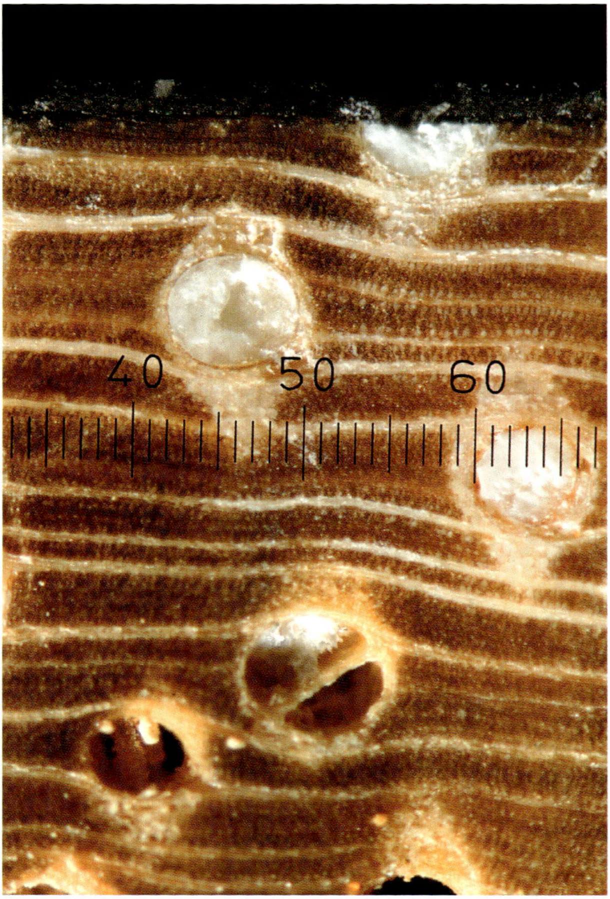

Bild 145 ▪ Vergrößerter Schnitt durch den Parkettstab (1 Teilstrich = 20 µm)

Schlussfolgerung aus den mikroskopischen Untersuchungen

Die mikroskopischen Untersuchungen belegen, dass es sich nicht um Erscheinungen handelt, die durch das Verlegen oder die Nutzung entstanden sind. Die Befunde zeigen zweifelsfrei, dass die hellen Strukturen im stehenden Baum entstanden sind. Sie sind damit natürlichen Ursprungs.

Vermeidung

Im UV-Licht zeigten diejenigen Decklamellen, welche weiße Poreninhaltsstoffe besaßen, keine Gelbfluoreszenz, während die Lamellen ohne weiße Poreninhaltsstoffe eine mittlere bis starke zitronengelbe Fluoreszenz aufwiesen. Es ist bekannt, dass sich das Handelssortiment Doussie aus verschiedenen Spezies der Gattung Afzelia zusammensetzt, die unterschiedliche Fluoreszenzen aufweisen.

Möglicherweise lässt sich dieser Effekt künftig für eine einfache Unterscheidung von Holz oder Lamellen mit potenziell störenden hellen Inhaltsstoffen einsetzen. Theoretisch sind zwei Einsatzbereiche denkbar: eine einfache Kontrolle während des Rohholzeinkaufs bzw. der Materialeingangskontrolle, mittels einer mobilen UV-Handlampe oder eine aufwendige automatische Sortierung der Lamellen im Durchlauf während der Produktion.

Sanierung

Es ist keine Sanierung notwendig, da die hellen Einschlüsse natürlichen Ursprungs und für einige tropische Holzarten wie Doussie typisch sind.

Hinweis

Es ist zu empfehlen, dass der Handwerker bei der Herstellung seiner Muster von Doussie, Wengé und anderen Exotenholzarten auch Stäbe mit andersfarbigen Inhaltsstoffen einbaut. Dadurch könnte er zweifelsfrei belegen, dass es sich um ein natürliches Merkmal der betreffenden Holzart handelt.

4.10.2 Helle fugennahe Verfärbungen

Schadensbild

Helle fugennahe Verfärbungen, die überwiegend vom Kopfende der Stäbe ausgehen (Bilder 146 und 147) können eine der beiden nachfolgend beschriebenen Ursachen und Hintergründe haben.

Bild 146 ▪ Brick-Effekt bei einem Lamparkettboden (10 mm × 50 mm × 250 mm) aus Esche

Brick-Effekt

Unzulänglichkeiten der Freilufttrocknung der Rohfriese können bei hellen Holzarten wie Ahorn und Esche dazu führen, dass sich der innere Bereich dunkel verfärbt. Bei dem Dämpfen oberseitig abgetrockneter Buchenfriese bleibt der äußere Bereich heller als der innere. In beiden Fällen zeigen sich hellere Ränder. Mehrschichtige Elemente mit derartig gefärbten Deckschichten sollten spätestens bei der Endkontrolle aussortiert werden. Bei massiven Elementen werden sie meistens erst nach dem Schleifen des Holzbodens deutlich sichtbar (Bild 146). Der zumeist unternommene Versuch, durch weiteres Abschleifen die Unregelmäßigkeiten zu beseitigen, wird fehlschlagen, da die Verfärbung bis tief in das Holz hineinreicht. Eine Mängelbeseitigung ist nur durch das Auswechseln des Bodens möglich. Das Muster der verlegten Fläche erinnert an einen Mauerverband und führt zur Namensgebung Brick-Effekt, denn die englische Bezeichnung für einen Ziegelstein ist ›brick‹.

Bild 147 ▪ Verfärbungen eines Lamparkettbodens (10 mm × 55 mm × 220 mm) aus Buche durch den Einsatz von zu viel Wasser bei der Reinigung

Ungeeignete Reinigung

Bestimmte, für Holzfußböden ungeeignete Reinigungsmittel können sowohl die Versiegelungsschicht angreifen als auch das Holz selbst verfärben. Auch eine zu feuchte Reinigung führt zu Verfärbungen durch Unterwanderung der Versiegelung (Bild 147). Um Pflegefehlern vorzubeugen, sollte der Auftragnehmer nicht nur im eigenen Interesse schriftliche Pflegeanweisungen an den Kunden übergeben. Hierzu verpflichten ihn die Normen für Parkettarbeiten [46], Bodenbelagsarbeiten [47] und Holzpflasterarbeiten [48]. Die Normen für Parkettarbeiten und Holzpflasterarbeiten verlangen zudem, dass die Pflegeanleitungen Hinweise auf das zweckmäßige Raumklima enthalten.

4.10.3 Dunkle fugennahe Verfärbungen

Einläufe

Dunkle Einläufe im Stirnholzbereich von Verlegeelementen können als Reste eingedrungener Imprägnierungen bei der Renovierung des Holzbodens verbleiben oder aber durch eingedrungenes Öl hervorgerufen werden. Neben diesen beiden häufigen Ursachen gibt es eine seltene, nicht so bekannte Ursache von Einläufen, die bereits bei der Freilufttrocknung oder -lagerung der Rohfriese heller Holzarten auftritt. Die Friese sollten allseitig von Luft umspült und gleichzeitig vor einer direkten Bewitterung geschützt werden. Werden allerdings Friese aus empfindlicheren Holzarten wie Ahorn, Buche, Esche oder Kirschbaum genauso behandelt wie die robusten Eichefriese, ist mit Verfärbungen zu rechnen. Die in Bild 148 gezeigten Einläufe an den Kopfenden der massiven Eschelamellen traten nach dem Schleifen und Verkitten besonders deutlich hervor. An unverlegten Elementen können diese Einläufe bei sorgfältiger, zielgerichteter und somit bei der Parkettverlegung unüblicher Betrachtung der Stirnseiten festgestellt werden. Die betroffenen Lamparkettstäbe zeigen jeweils nur an einer Stirnseite solche Einläufe. Dies ist ein weiterer Hinweis darauf, dass bereits die Rohfriese verfärbt wurden, da diese vor der weiteren Verarbeitung zu Stäben in Mehrfachlängen vorgelegen haben.

Angeschmutzte Fugen

Dunkle Fugen können ebenfalls durch unsachgemäße Reinigung entstehen. In einem gerichtsanhängigen Fall lagerte sich Schmutz an den Stößen der Verlegeelemente ab und wurde als dunkle, circa 1 mm breite Fuge sichtbar (Bild 149). Die scheinbare Fuge ließ sich vom Sachverständigen durch leichtes Kratzen mit dem Fingernagel entfernen. Im Fugenbereich hatte sich eine Wachsschicht abgelagert, an der Schmutz haftete. Dadurch entstand die Dunkelverfärbung des Wachses.

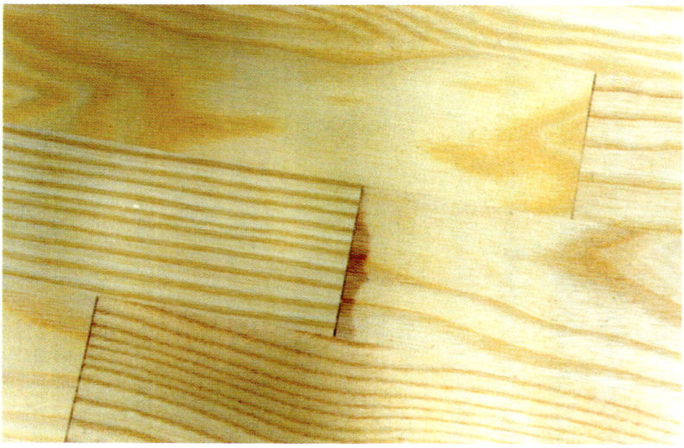

Bild 148 ▪ Stirnseitige Einläufe an einem Lamparkettstab (10 mm × 50 mm × 250 mm) aus Esche

Bild 149 ▪ Dunkle Wachsanschmutzung im Fugenbereich; Anschein einer circa 1 mm breiten dunklen Fuge – das angeschmutzte Wachs war jedoch mit dem Fingernagel entfernbar (rechts der Bildmitte); tatsächlich lag 0,0 mm Fugenbreite vor

Verfärbungen können durch Überdosierung von Reinigungsmitteln oder durch falsche Mittel, aber auch durch komplett versäumte Reinigung auftreten.

Dunkle Fugen durch basische Reinigungsmittel

In der Wohnung wurde ein American Black Cherry Zweischichtparkett fachgerecht auf einer Fußbodenheizung verlegt. Nach einiger Zeit kam es zu dunklen, regelmäßigen Verfärbungen der Fugen insbesondere an den Kopfenden (Bild 150). Den Schilderungen des Kunden zufolge wurde der Boden nach der mitgelieferten Pflegeanleitung behandelt, die bei starker Beanspruchung auch einen puren Auftrag des Pflegemittels vorsah.

Die weiteren Untersuchungen des Pflegemittels ergaben einen hohen Ammoniakgehalt und damit verbunden auch eine stark alkalische Wirkung (hoher pH-Wert) des Mittels. In Versuchen (Bild 151) wurde die Wirkung des pur aufgetragenen Pflegemittels in Verbindung mit erhöhten Fußbodentemperaturen untersucht. Hierbei wurden die Proben im Wechsel dem Pflegemittel und der Wärme ausgesetzt.

Die Versuche belegen eindeutig, dass dunkle fugennahe Verfärbungen durch ungeeignete Pflegemittel in Verbindung mit höheren Temperaturen hervorgerufen werden können.

In der VOB/C ATV DIN 18356 wird die Übergabe einer Pflegeanleitung durch den Parkettleger an den Auftraggeber explizit angesprochen. Dies war hier der Fall, aber es ist ebenso entscheidend, dass ein geeignetes Pflegemittel zum Einsatz kommt.

Bild 150 ▪ Ansicht der regelmäßigen dunklen Fugen des Parkettbodens der Holzart American Black Cherry

Bild 151 ▪ Verfärbung von American Black Cherry Fertigparkett nach zehn ›Warm-Pflege-Durchgängen‹ mit einem ungeeigneten basischen Pflegemittel

Vergrauung durch Wasser

Das Zusammentreffen von flüssigem Wasser und Parkett ist kein bestimmungsgemäßer Gebrauch (vgl. Kapitel 4.7.1), sondern führt zu Schäden an Holzfußböden. Flüssiges Wasser ist neben Sand der größte Feind eines Parkettbodens. Um das Schadensbild der Vergrauung zu erhalten, muss flüssiges Wasser langfristig oder vielfach kurzfristig einwirken. Eine einmalige, kurzzeitige Wassereinwirkung verursacht nicht das in Bild 152 gezeigte Schadensbild.

Eine lange oder vielfache Wassereinwirkung kann unterschiedliche Ursachen haben, die häufigsten werden nachfolgend kurz beschrieben.

Bild 152 ▪ Vergrauung von Buchenparkett durch vielfach verschüttetes Blumengießwasser (Blumentopf wurde nach rechts verrückt)

Blumenwasser und/oder unter Blumentöpfen gestautes Putzwasser

Für die Ausbildung der starken, tiefen und grauen Einläufe unter Topfpflanzen ist eine mehrfache Einwirkung von Wasser unabdingbar. Ein erhöhter pH-Wert des Wassers verstärkt die Dunkelverfärbung des Holzes. Blumendünger im Gießwasser, aber auch aus Blumenerde ausgeschwemmte Stoffe erhöhen den pH-Wert von Leitungswasser. Es ist möglich, dass bei feuchtem Reinigen Putzwasser unter die großen Blumentöpfe gelangt und dort nur langsam abtrocknet.

Verschüttetes Putzwasser und zu nasses Wischen

Speziell von professionellen Putzkolonnen werden immer dieselben Stellen zum zentralen Abstellen der Putzeimer genutzt. An diesen Stellen, wo flüssiges Wasser auf das Parkett einwirkt, zeigt sich frühzeitig, dass zu feucht gewischt wird, denn dort treten Vergrauungen und eine verstärkte Fugenbildung auf. Diese lokal begrenzte Fugenbildung ist nicht notwendigerweise mit einer Vergrauung verbunden, besonders dann nicht, wenn das Wasser nur einmalig einwirkt. Jedoch kann auch bei nur einmaliger intensiver Wassereinwirkung eine plastische Verformung von Parkettstäben auftreten (Kapitel 4.1.5).

Auslaufendes Wasser aus der Klimaanlage

Bei besonderen Wandkonstruktionen mit Klimaanlagen, wie bei Vorsatzschalen vor Aggregaten, kann ausgelaufenes Wasser lange unbemerkt auf den Parkettboden einwirken (Bild 153).

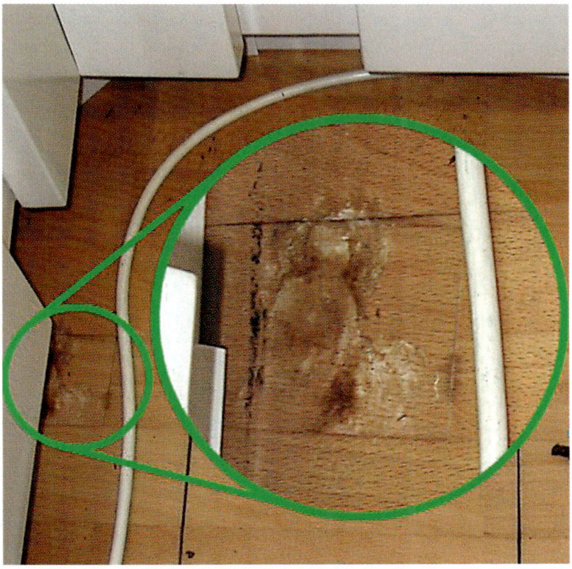

Bild 153 ▪ Verfärbung durch ausgelaufene Flüssigkeit aus einer Klimaanlage

4.10.4 Dunkle fugennahe Verfärbungen aus dem Untergrund

Vergleichende Untersuchungen haben gezeigt, dass häufig neuartige Zusatzmittel von Estrichen, wie Trocknungsbeschleuniger, Pumphilfen und Zusätze zur Erhöhung der Festigkeit, aber auch andere für die Verfärbungen von Holzfußböden verantwortlich sind. Sie diffundieren durch das Parkett an die Oberseite und verursachen besonders unter Lichteinwirkung Verfärbungen des Holzes [36]. Meist handelt es sich hierbei um basische Gase.

Schadensbild

Das Schadensbild mit dunklen Verfärbungen ähnelte dem in Kapitel 4.10.3 beschriebenen (Bild 154). Es fehlten jedoch die typischen Spuren von Wassereinwirkung, d. h. es sind keine lokalen Fugen vorhanden. Bei der Entfernung des Parketts waren Verfärbungen auch an der Unterseite und im Sockelleistenbereich (Bild 155) sichtbar.

Bild 154 ▪ Dunkle fugennahe Verfärbungen

Bild 155 ▪ Eiche-Sockelleisten; Stoßverbindung mit am Schnitt erkennbarer Dunkelverfärbung

Ursachen und Vermeidung

Seit Jahrzehnten sind Verfärbungen von Parketten durch ammoniakhaltige Gase aus dem Estrich bekannt, die durch Zusatzmittel entstehen können [111, S. 17]. Weiterhin führt eine fehlende Absperrung zum direkten Kontakt von Zementmörtel mit einer harnstoffharzverstärkten Papierkaschierung der Wärmedämmung und es kann durch den Kontakt des Estrich-Anmachwassers mit den Aminogruppen des Harnstoffharzes der Papierkaschierung zur Freisetzung von **Ammoniak** kommen [101]. In allen Fällen werden die Ränder der Verlegeelemente dunkler. Nach dem Aufnehmen lässt sich eine unterseitige, ins Holz reichende Verfärbung bei denjenigen Verfärbungsreaktionen, die auch ohne Lichteinwirkung ablaufen, feststellen. Der Nachweis von basischen Gasen kann mit einer Gasspürpumpe und einem Ammoniakprüfröhrchen erbracht werden (Bild 156). Für eine erste Überprüfung ist es häufig

Bild 156 ▪ Gasspürpumpe zum Auffinden von Ammoniak, hier in der Dämmschicht

Bild 157 ▪ Knapp 2 ppm Ammoniak ließen sich mit der Gasspürpumpe direkt unter dem Parkett nachweisen. Aus diesem Befund ist in tieferen Schichten mit höheren Konzentrationen zu rechnen.

ausreichend, ein Loch in das Parkett zu bohren und die Luft unter dem Parkett mit der Gasspürpumpe abzusaugen (Bild 157). Wenn hier Ammoniak nachgewiesen wird, sollte die Konstruktion aufgebrochen werden, um die einzelnen Schichten chemisch zu analysieren und so die Ammoniakquelle zu lokalisieren.

Bei der gerbstoffarmen Buche führt Ammoniak allein nicht zu einer Verfärbung. An Stellen mit Sonneneinstrahlung tritt jedoch die Grauverfärbung der Hirnenden auf (Bild 158), während an lichtgeschützten Stellen des Buchenparketts keine Verfärbung eintritt. Es handelt sich um eine fotochemische Wechselwirkung, zu der alle drei Komponenten (basisches Gas, Holz und Licht) notwendig sind, wenn das Holz keine Gerbstoffe enthält.

In anderen Schadensfällen mit auffälligen geometrischen Verfärbungsmustern waren diese durch die Klebstoffverteilung erklärbar. Verfärbungen traten dort verstärkt auf, wo auf der Unterseite kein Klebstoffauftrag vorhanden war. Dieser Zusammenhang zwischen der unterseitigen **Klebstoffabsenz** (Bild 160) und der oberseitigen Verfärbung (Bild 159) wurde auch bei Holzpflasterklötzen festgestellt, die auf eine Entkopplungsmatte verklebt waren, unter welcher ein schnelltrocknender Ausgleichsestrich eingebracht worden war.

Der Klebstoff wirkte hier als Sperre gegen die von unten aus dem Estrich kommenden verfärbenden Gase.

Bild 158 ▪ Verfärbung von Buche durch basische Gase aus dem Untergrund bei gleichzeitiger starker Sonneneinstrahlung

Bild 159 ▪ Dunkle Verfärbungen an der Oberfläche von 18 mm dicken Holzpflasterklötzen RE-V aus Lärche

Bild 160 ▪ Die Rückseiten der im Bild 159 dargestellten Holzpflasterklötze nach unten gekippt zeigen den Zusammenhang zwischen Klebstoffabsenz und Verfärbung.

4.10.5 Dunkle oder orange punktuelle Verfärbungen

Schadensbild

Es befanden sich dunkle oder orange punktuelle Verfärbungen auf dem Holzfußboden.

Ursachen

Dieses Schadensbild hat bei den verschiedenen Holzarten unterschiedliche Ursachen mit unterschiedlichen chemischen Reaktionen. Ihr Verteilungsmuster gibt dem Sachverständigen wichtige Hinweise auf die Schadensursache. Im Folgenden werden die häufigsten Schadensbilder und Ursachen beschrieben.

Dunkle Flecken auf Eicheböden durch Eisen-Gerbstoff-Reaktion

Treffen gerbstoffreiche Hölzer, wie Eiche, und Eisen in einem feuchten oder sauren Milieu zusammen, so kommt es zu einer dunkel verfärbenden chemischen Reaktion. So zeichnen sich eisenhaltige Möbelfüße bei sehr feucht gewischten, gewachsten Eicheböden bereits nach kurzer Standzeit ab (Bild 161).

Werden durch das Schleifen des Bodens Eisenpartikel verteilt, entstehen bei der nachfolgenden Versiegelung mit Wasserlack dunkle Verfärbungen. Weitere mögliche Ursachen sind im Baum enthaltene Metallpartikel, wie überwachsene Nägel oder Munitionsteile, die nicht während der Fertigung aussortiert wurden, oder eisenhaltige Schleifpapierpartikel. Der in Bild 162 dargestellte Effekt trat noch bei weiteren Eicheböden und auch bei Musterplatten

Bild 161 ▪ Verfärbung eines Eichebodens durch einen eisenhaltigen Möbelfuß

Bild 162 ▪ Dunkle Verfärbungen in einem mit Wasserlack versiegelten Parkettstab aus Eiche

auf, die in der Tischlerei mit üblichen Tischbandschleifmaschinen hergestellt wurden. Die Oberflächenbehandlung erfolgte in allen Fällen mit einem Wasserlack.

Im Labor des Sachverständigen wurden verschiedene Schadensfälle mit schwarzen Verfärbungen untersucht. Wenn sich das schwarze Holz durch Applikation einer 2 %igen salzsauren Lösung von gelbem Blutlaugensalz (Kaliumhexacyanoferrat-(II), $K_4[Fe(CN)_6]$) leuchtend blau färbt, ist der Eisennachweis als Verfärbungsursache erbracht. Diese sogenannte Berliner-Blau-Reaktion ist ein sehr empfindlicher Eisennachweis, der bereits geringste Spuren von Eisen anzeigt.

Die in Bildern 161 und 162 gezeigten dunklen Verfärbungen werden durch die seit der Antike bekannte Eisen-Gerbstoff-Reaktion (vgl. Abschnitt ANMERKUNG) hervorgerufen:

$$\textit{Gallussäure} + \textit{Wasser} + \textit{Eisen(III)} \rightarrow \textit{Eisen(III)-gallat} + \textit{Säure}$$

$$C_7O_5H_6 + H_2O + Fe^{3+} \rightarrow [C_7O_5H_2Fe]\,H_3O^+ + H_3O^+$$

Diese Reaktion wird auch als Eisen-Gallus-Reaktion bezeichnet. Die Entstehung des blauschwarzen Farbstoffs aus Eisen und Eichengerbstoffen geschieht wie folgt:

Zunächst wird das Eisen durch Luftsauerstoff im sauren Milieu des Eichenholzes zum löslichen Eisenion Fe^{3+} oxidiert, danach erfolgt die Komplexbildung zwischen Gallussäure (als einen Baustein der natürlichen Eichengerbstoffe) und Eisenionen.

Anmerkung

Die ersten Hinweise auf die Kenntnis und die Anwendung der Farbreaktion von Eisen mit Gerbstoffen finden sich in der NATURALIS HISTORIA des Plinius (23 bis 79 n. Chr.), in der eine chemische Nachweisreaktion auf Eisen beschrieben wird. Hierbei wurde die Probe auf einen mit Eichen-Galläpfelextrakt getränkten Papierstreifen aufgetragen. Bei Anwesenheit von Eisen färbte sich das Papier tiefschwarz. Bei diesem antiken ›qualitativen Schnelltest‹ handelt es sich um die älteste überlieferte Nachweisreaktion überhaupt. Aus diesen Ausführungen geht weiter hervor, dass Eisensalze in Verbindung mit Gerbstoffen in der Textil- und Lederfärberei seinerzeit eine breite Anwendung fanden.

In der Enzyklopädie der sieben freien Künste des im 5. Jahrhundert in Karthago lebenden Schriftstellers Martianus Capella findet sich die älteste Überlieferung einer echten Eisen-Gallustinte zum Schreiben. Seit dieser Zeit wurden Eisen-Gerbstoff-Tinten bis weit in das 20. Jahrhundert hinein wegen ihrer tief blauschwarzen Farbe und Lichtechtheit besonders als Urkundentinte verwendet.

Dunkle oder orange Flecken durch Gummi und Oxidationsmittel

Punktuelle Verfärbungen entstehen nicht nur durch Kontakt mit Eisen, sondern auch durch Kontakt mit Gummi. Die lokalen dunklen oder orangen Verfärbungen stellen einen optischen Mangel dar, ohne jedoch die Funktion der Oberfläche zu beeinträchtigen. Die auffällige Anordnung der Punkte lässt sich zumeist einem mit Gummifüßen (Bild 163) versehenen Gegenstand zuordnen. Beispiele sind Klappgestelle für Diaprojektoren, Räder an Beistellmöbeln und Füße von Heimtrainingsgeräten bis hin zu Autoreifen in repräsentativen Ausstellungsräumen von Autohäusern mit Parkettboden. Auch manche zur Rutschhemmung vorgesehenen Teppichunterlagen enthalten den Holzboden verfärbende Stoffe. Durch Kunststoffunterlegschalen zwischen

Bild 163 ▪ Orangeverfärbungen auf einer mit PUR-Wasserlack beschichteten Holzoberfläche, auf der Geräte mit Gummifüßen gelagert wurden

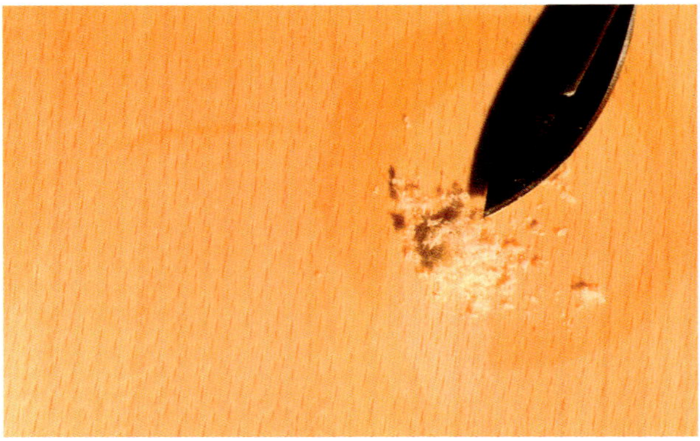

Bild 164 ▪ Die Orangeverfärbung aus Bild 163 befindet sich nur in der PUR-Beschichtung und nicht im Holz.

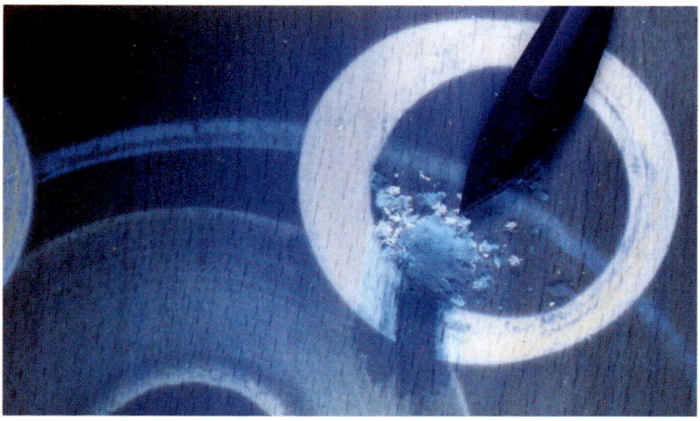

Bild 165 ▪ Gleiche Stelle wie in Bild 164, jedoch unter UV-Licht; die Verfärbungen und ihre Frühstadien sind durch Gelbfluoreszens besonders deutlich sichtbar

Versiegelung und Gummi kann die Verfärbung vermieden werden. Auf die allgemein bekannten Schwarzverfärbungen von Versiegelungen durch Gummi wird nachfolgend zugunsten der weniger bekannten Orangeverfärbungen (Bilder 163 bis 168) verzichtet.

Bei näherer Betrachtung und vorsichtigem Abschaben der Beschichtung (Bild 164) wird ersichtlich, dass sich die Verfärbungen ausschließlich auf die PUR-Beschichtung beschränken.

Noch deutlicher zeigt dies Bild 165. Durch das UV-Licht eines Geldscheinprüfers sind die Beschichtungsverfärbungen in einem frühen und unter normalen Lichtverhältnissen nicht sichtbaren Stadium bereits durch ihre deutliche Gelbfluoreszens zu erkennen.

Orange Flecken auf Bambusparkett

Es zeigten sich auffällige orange Flecken auf einem mit PUR-Wasserlack versiegelten Bambusparkettboden. Im Bereich der Nodien (Bild 166 zeigt zum besseren Verständnis ein Nodium des stehenden Bambushalms) traten die Verfärbungen besonders stark auf und folgten der anatomischen Struktur der Bambusstrips (Bild 167).

Eine Beschränkung der Verfärbung auf die Versiegelungsschicht wird aus Bild 168 ersichtlich. Somit weist alles auf einen Materialfehler hin, der nicht im Verantwortungsbereich des Nutzers liegt.

Aus anderen Schadensfällen, bei denen in einer Zahnarztpraxis bei Wurzelbehandlungen Wasserstoffperoxid auf den mit PUR-Lack versiegelten Parkettboden gelangte, ist bekannt, dass sich manche Polyurethane mit Oxidationsmitteln wie beispielsweise Wasserstoffperoxid oder Chlor orange verfärben. Hiervon betroffen sind insbesondere die aromatischen Urethane.

Bild 166 ▪ Nodium an einem Bambushalm

Bild 167 ▪ Orangeverfärbung im Bereich der Nodien

Bild 168 ▪ Orangeverfärbung der PUR-Versiegelung im Bereich der Nodien wie in Bild 167, jedoch nach Entfernung der Beschichtung

Auch im Produktionsprozess von Bambusparkett werden häufig Wasserstoffperoxid und andere Bleichmittel zur Erzielung einer einheitlichen Färbung der Bambusstrips eingesetzt. Es ist davon auszugehen, dass das Wasserstoffperoxid über die Leitbündel, welche an den angeschnittenen Nodien offen liegen, in das Bambusmaterial eingedrungen ist. Die oberflächlichen Reste dieser Substanz wurden abgetragen, nicht jedoch an den Nodien, an denen die Substanz über die Leitbündel tiefer eingedrungen war. Durch die Versiegelung mit einem Urethan kamen die notwendigen Komponenten Oxidationsmittel und Urethan zusammen. In Laboruntersuchungen konnte diese Reaktion eines Wasserlacks, der aromatische Urethane enthält, mit verschiedenen Oxidationsmitteln nachgestellt werden.

Anmerkung

Chlorhaltige oder wasserstoffperoxidhaltige Substanzen finden häufig bei der Produktion von Bambusparkett Anwendung, um unerwünschte Verfärbungen durch Schimmel und Bläue zu vermeiden oder nachträglich durch Bleichen zu beseitigen.

Sanierung

Da sich nur die PUR- haltige Versiegelung und nicht das Holz selbst verfärbt hat (Bild 168), erfolgt die Sanierung durch vollflächiges Abschleifen des Parketts sowie Kitten und Beschichten mit PUR-freiem Material. Wenn die alte PUR-Versiegelung nicht vollständig entfernt wird, besteht das Risiko einer erneuten Orangeverfärbung.

4.10.6 Dunkle oder helle Löcher bzw. Insektenfraßgänge

Schadensbild

Auf einem Eichenholzboden fand eine Kundin Käfer. Im Boden entdeckte sie nach intensiver Suche dunkle Löcher; es handelte sich um Insektenfraßgänge (Bild 169).

Ursachen und Vermeidung

Wenn Insektenfraßgänge wie in Bild 169 bewertet werden sollen, ist es entscheidend, ob diese durch Frischholzinsekten oder Trockenholzinsekten verursacht wurden. Die für verbautes Holz gefährlichen Trockenholzinsekten, wie beispielsweise Hausbock (großer Holzwurm), Anobien (kleiner Holzwurm) und Lyctus (Parkettkäfer), überleben auch im trockenen Holz, Lyctus sogar bei Holzfeuchten unter 10 %. Sie leben und vermehren sich daher auch

Bild 169 ▪ Dunkle Insektenfraßgänge in einer Laubholzdiele, hier Eiche

im Wohnraumklima. Die Gruppe der Frischholzinsekten, zu denen u.a. die Holzwespen und Borkenkäfer gehören, benötigt jedoch sehr hohe Holzfeuchten, wie sie nur im stehenden Baum, am gefällten Stamm im Wald oder auf dem Rundholzplatz vorkommen.

Ambrosiakäfer (Borkenkäfer) züchten in ihren Bohrlöchern einen schwarzen Pilzrasen, den sie abweiden. Hierzu sind hohe Holzfeuchten nötig. Die Fraßgänge aus Bild 169 sind schwarz, damit handelt es sich eindeutig um die Bohrlöcher eines Ambrosiakäfers, also eines Frischholzkäfers. Diese sind im feuchten Holz vor der Trocknung und Weiterverarbeitung entstanden. Sie haben in dem vorliegenden technisch getrockneten Material keine Überlebensmöglichkeit und stellen keine Gefahr dar.

Ein weiterer Beleg dafür, dass es sich hier um kein neues Ausflugloch eines Trockenholzkäfers handelt, sind die teilweise mit Lack und Schleifstaub (Bild 170) gefüllten Fraßgänge. Die von der Kundin entdeckten Käfer stammten in diesem Fall also nicht aus dem Holz, da aus den mit Lack und Staub verschlossenen Löchern kein Ausflug stattgefunden hat. Eine Untersuchung der von der Kundin gefundenen Käfer ergab, dass es sich um Vorratsschädlinge aus der Speisekammer handelte.

In DIN EN 13629 sind die verschiedenen Sortierungen mit ihrer Zulässigkeit von Bläue und schwarzen Fraßgängen explizit aufgeführt. Wurde in diesem Fall eine solche Sortierung vereinbart, so stellen die vorliegenden schwarzen Insektenfraßgänge keinen Mangel dar, sondern sind vielmehr zulässiges Merkmal dieser Sortierung.

Anmerkung

Die technische Trocknung von Parketthölzern findet meist bei Temperaturen über 58 °C statt. Bei diesen Temperaturen gerinnt Eiweiß und alle ggf. im

Bild 170 ▪ Im Bohrloch befinden sich Staub und Lack, d. h. es hat kein Ausflug im verlegten Holz stattgefunden.

Holz lebenden Insekten sterben. Da Eichenholz bei der Trocknung zum Reißen neigt, muss es besonders schonend getrocknet werden. In Einzelfällen überleben Holzwespen, wenn die Trocknung unter 58 °C stattfindet. Wenn sie dann im verlegten Parkett ausfliegen, so findet kein Wiederbefall statt, da es sich um Frischholzinsekten handelt. Es genügt, das Ausflugloch mit Hartwachs oder Kitt zu schließen.

4.11 Oberflächenglätte

4.11.1 Bewertungsgruppen der Rutschhemmung

In der berufsgenossenschaftlichen Regel BGR 181 Fussböden in Arbeitsräumen und Arbeitsbereichen mit Rutschgefahr [21] wird ein Verfahren zur Prüfung der Rutschhemmung beschrieben, mit dem Bodenbeläge in Bewertungsgruppen eingeordnet werden können. Es handelt sich dabei um ein stationäres Verfahren, dessen Ergebnisse nicht mit den Reibungszahlen, die durch ortsunabhängige Messverfahren bestimmt werden, verglichen werden können. Prüfpersonen begehen hierbei den zu prüfenden, oberflächlich mit Öl versehenen Belag, dessen Neigung so lange erhöht wird, bis ein sicheres Begehen nicht mehr möglich ist. Aus dem Neigungswinkel wird die **Bewertungsgruppe** ermittelt. Dieses Verfahren ähnelt der Bestimmung der Reibkraft über die Messung des Winkels der schiefen Ebene, bei dem der Prüfkörper zu rutschen beginnt (Bild 171).

Die BGR 181 gibt in ihrem Anhang 1 an, welche Anforderungen für typische Arbeitsräume und Arbeitsbereiche gelten. Die Bewertungsgruppe R 9 für die Rutschhemmung wird hiernach z. B. für Eingangsbereiche, Treppen und Pausenhallen gefordert.

Laut eines Prüfberichts des Berufsgenossenschaftlichen Instituts für Arbeitssicherheit (BIA) wurde ein heißgewachster Mosaikparkettboden aus Eiche in die Bewertungsgruppe R 9 eingestuft.

Zum Anwendungsbereich der BGR 181 wird unter Ziffer 1.2 ausgeführt:

»Diese BG-Regel findet keine Anwendung auf Fußböden in Arbeitsräumen, Arbeitsbereichen und betrieblichen Verkehrswegen, die trocken genutzt werden, und wo die Gefahr des Ausrutschens auf Grund gleitfördernder Stoffe nicht besteht.«

4.11.2 Prinzip der Reibkraftmessung

Ein Körper haftet auf einer Unterlage, wenn er gegen diese gepresst wird und in Ruhe bleibt. Wird die Unterlage geneigt oder eine seitlich wirkende Kraft aufgebracht, beginnt sich der Körper irgendwann zu bewegen. Mithilfe des in diesem Moment gemessenen Winkels oder der gemessenen Kraft lässt sich die Haftzahl (Haftreibungskoeffizient, Reibungszahl für Haftung) berechnen.

Wesentlich für die Fortbewegung auf Fußböden ist die Reibung der Bewegung, die **Gleitreibung**, die dann einsetzt, wenn der Körper die Haftreibung überwunden hat und sich in Bewegung setzt. Nach dem Coulombschen Gleitreibungsgesetz ist dann das Verhältnis aus Reibungskraft F_R und Normalkraft F_N konstant und wird Gleitreibungskoeffizient μ (Gleitreibungsbeiwert, Reibungszahl für Gleitreibung) genannt.

Gleichung 8: Gleitreibungsbeiwert $\mu = \frac{F_R}{F_N}$

Die Normalkraft ist die Kraft senkrecht zur Oberfläche (Bild 171). Sie ist für den Fall einer horizontalen Fläche gleich dem Gewicht des sich bewegenden Körpers.

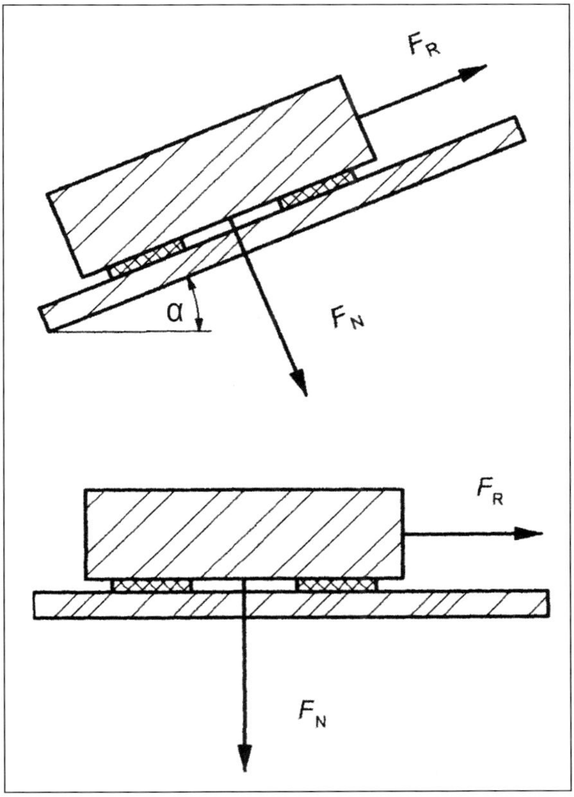

Bild 171 ▪ Die Reibungszahl kann über die direkte Messung der Reibkraft (unten) oder indirekt über die Messung des Winkels (oben) bestimmt werden.

Für die Bestimmung der Reibungszahl μ aus dem Winkel α gilt Gleichung 9.

Gleichung 9: $\mu = \tan \alpha$

Hierbei ist α der Winkel, bei dem das Gewicht mit konstanter Geschwindigkeit gleitet, ohne schneller zu werden.

4.11.3 Sporthallenböden

In der DIN 18032 wird das ›Gleitmessgerät Stuttgart‹ für die Bestimmung des Gleitverhaltens von Bodenbelägen in Sporthallen vorgeschrieben. Für Sporthallen wird in dieser Norm ein Gleitreibungsbeiwert zwischen 0,4 und 0,6 gefordert [39, Tabelle 1, Zeile 10]. Eine obere Grenze ist notwendig, da durch eine zu hohe Stoppwirkung und eine Behinderung der Drehbewegungen des Fußes die Bein- und Fußgelenke übermäßig strapaziert werden [121].

Gemessen wird mit dem Gerät ein von der Größe der Reibkraft abhängiges Drehmoment, aus dem mithilfe einer in der Norm angegebenen Gebrauchsformel der Gleitreibungsbeiwert zu berechnen ist.

In den älteren Ausgaben der DIN 18032 wurde als zweites für Sportböden einsetzbares Gerät das ›Gleitmessgerät der Bundesanstalt für Materialprüfung Berlin (BAM)‹ genannt, mit welchem ein Prüfkörper über den Bodenbelag geschossen wird. Das Messergebnis ist dann eine Gleitstrecke, die zwischen 0,6 m und 0,9 m lang sein soll.

Großgeräte wie z. B. das ›Gleitmessgerät Stuttgart‹ sind nur mit sehr großem technischem und finanziellem Aufwand bei Objektmessungen einsetzbar. Das Messverfahren ist zudem sehr kompliziert. Es wird deshalb überwiegend bei der labormäßigen Typenprüfung eingesetzt [114, S. 200]. Als praktikableres Gerät erweist sich deshalb das ›Schuster-Gerät‹, mit dem zuverlässige Ergebnisse vor Ort zu erzielen sind [113].

4.11.4 Schuster-Gerät

Das bekannteste transportable Reibungsmessgerät beruht auf einem Gebrauchsmuster von Kurt Schuster [116] und wird in der Branche deshalb kurz ›Schuster-Gerät‹ genannt. Es handelt sich hierbei um ein Gerät, das sich für Glättemessungen bewährt hat [121]. Ein circa 4 kg schweres Schleppgewicht, das mit Lederstreifen aus Sohlenmaterial bestückt ist, wird über die zu prüfende Oberfläche gezogen (Bild 172). Ein Dynamometer zeigt die Reibungszahl an. Die Gebrauchsanweisung des Gerätes enthält folgende Beurteilung der Messergebnisse:

weder schritt- noch laufsicher	0,0 bis 0,4,
schrittsicher	0,4 bis 0,6,
schritt- und laufsicher	0,6 bis 1,0.

Die Grenzwerte der gerade genannten Bereiche sind jedoch zu hoch (Kapitel 4.11.6). Die Ursache hierfür ist das ursprüngliche Vorhaben von Schuster gewesen, die Haftreibungszahl zu messen, die um einiges höher ist als die Gleitreibungszahl [113]. Man kann dies der Zeichnung in der Anmeldung zum Gebrauchsmuster entnehmen, die ein Gerät mit integriertem Kraftmesser und mechanisch angekoppelter Anzeige darstellt [116].

Das ›Schuster-Gerät‹ nutzt das Prinzip der Reibkraftmessung auf einer horizontalen Fläche (Bild 171). Die Normalkraft errechnet sich aus der Masse des Schleppgewichts von 4 kg zu circa $F_N = 40$ N. Das Dynamometer ist eine Federwaage mit einer Skala von 0 bis 40 N und einer zweiten von 0 bis 1 für die

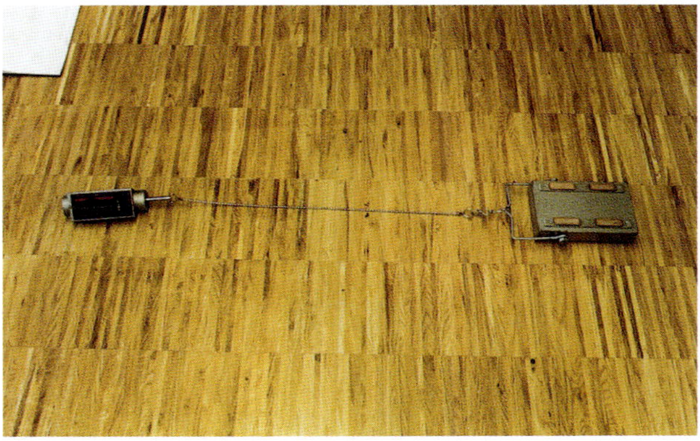

Bild 172 ▪ Das ›Schuster-Gerät‹ besteht aus einem Schleppgewicht, das über eine Kette mit einem Kraft und Reibungszahl anzeigenden Dynamometer verbunden ist.

Reibungszahl. Ist für das Gleiten z. B. eine Kraft $F_R = 16\,N$ erforderlich, ergibt sich mit der Gleichung 8 der Gleitreibungsbeiwert $\mu = 0{,}4$.

Aufgrund des leicht durchschaubaren Messaufbaus lassen sich mögliche systematische Messfehler einfach erkennen und korrigieren. Hierzu gehört z. B. die Masse des Schleppgewichts, die gewogen werden kann, oder die Federkonstante der Federwaage und hiermit zusammenhängend die Skalenanzeige. Letztere lässt sich durch das Aufhängen bekannter Gewichte an die Federwaage überprüfen. Während jahrzehntealte ›Schuster-Geräte‹ noch immer genaue Werte anzeigen, wurden in der letzten Zeit mehrere Geräte verkauft, die Messfehler bis zu 30 % aufwiesen. Jeder Nutzer eines ›Schuster-Gerätes‹ sollte somit diese Überprüfung durchführen.

4.11.5 Selbsttätige Messgeräte

Bei selbstfahrenden Gleitmessgeräten wird ein Gleitschuh mit definiertem Druck über den Boden geführt. Die Reibungszahlen werden auf einem Registrierstreifen festgehalten (Bild 173). Der Gleitschuh ist leicht austauschbar, sodass der Einsatz unterschiedlicher Sohlenmaterialien möglich ist. Vom Hersteller des Gerätes werden folgende Bewertungen der gemessenen Reibungszahlen angegeben:

sehr unsicher	0,00 bis 0,21,
unsicher	0,22 bis 0,29,
bedingt sicher	0,30 bis 0,42,
sicher	0,43 bis 0,63,
sehr sicher	0,64 bis 1,00.

Während sich eine Bauart von Messgeräten mit angetriebenen Rädern wie ein Fahrzeug über den Boden bewegt, ziehen sich andere Geräte selbst an

Bild 173 ▪ Selbstfahrendes Messgerät mit einer papierenen Messwertaufzeichnung

einem fixierten Stahlseil über den Fußboden. Die Geräte erfüllen die in der Norm DIN EN 13893 [82] gestellten Anforderungen an das Messverfahren.

4.11.6 Bewertung der Reibungszahlen

Die deutschen Normen für Parkett und Parkettarbeiten sowie der Fachkommentar hierzu enthalten keine Angaben zu Reibungszahlen. Der Zentralverband Parkett und Fußbodentechnik hat deshalb zu diesem Thema in Zusammenarbeit mit der Chemisch-Technischen Arbeitsgemeinschaft (CTA) und dem Institut für Fußbodentechnik Koblenz ein Merkblatt erarbeitet [1]. In diesem Merkblatt zur Rutsch- und Gleitsicherheit von Parkett und anderen Holzböden werden neben dem Sporthallenbereich (Kapitel 4.11.3) zwei weitere Typen von Oberflächen beschrieben.

1. **Oberflächen mit Gleitvermögen** sind z. B. in normal genutzten Räumen im Wohnbereich zu finden, in denen eine relative Gleitmöglichkeit als angenehm empfunden wird. Der Gleitreibungsbeiwert sollte hier zwischen 0,25 und 0,35 liegen.
2. **Oberflächen mit Trittsicherheit** werden z. B. in Hotels, Heimen und Foyers verlangt. Der Gleitreibungsbeiwert dieser Flächen sollte zwischen 0,35 und 0,55 betragen.

Die Grenzwertbereiche orientieren sich nicht an physikalischen Grenzzuständen, sondern sind das Ergebnis einer Meinungsbildung der beteiligten Fachleute. Sie können somit im Laufe der Zeit geändert werden. In der älteren Ausgabe des erwähnten Merkblattes betragen die beiden Bereiche des Gleitreibungsbeiwertes 0,20 bis 0,30 und 0,30 bis 0,50 [111, S. 129 bis 130]. Einer noch größeren Veränderung unterlag der für Sportböden genormte Wertebereich in der DIN 18032-2, der von 0,5 bis 0,7 auf 0,4 bis 0,6 herabgestuft wurde.

Im Rahmen der Arbeiten für das Merkblatt wurden umfangreiche Vergleichsmessungen zwischen dem ›Gleitmessgerät Stuttgart‹ und dem ›Schuster-Gerät‹ durchgeführt. Die Ergebnisse erwiesen sich trotz des sehr unterschiedlichen Messaufbaus als in etwa vergleichbar [132].

Unter dem ganz speziellen Aspekt der **Arbeitssicherheit** wurden an der Gesamthochschule Wuppertal folgende ›Sicherheitsgrenzwerte zur Rutschhemmung der Reibpartner Sohle – Fußboden‹ aufgestellt [121]:

unsicher	< 0,30,
bedingt sicher	0,30 bis 0,45,
sicher	0,45 bis 0,60,
sehr sicher	> 0,60.

Sachverständige, die häufig mit ›Schuster-Geräten‹ messen, stellen fest, dass der Großteil der deutschen Parkettböden in privaten Haushalten einen Gleitreibungsbeiwert von 0,25 bis 0,35 besitzt und sich diese Böden gut begehen lassen. Dies deckt sich mit Feststellungen, dass Werte von > 0,3 mit Gleitermaterial aus Leder nicht als unsicher empfunden werden [114, S. 202 bis 203].

4.12 Akustische Beanstandungen

4.12.1 Trittschall

Schadensbild

Im Verlauf der Wände lag an mehreren Stellen ausgehärteter Klebstoff auf einer Länge von mehreren Zentimetern auf den auf Estrichhöhe abgeschnittenen Randstreifen. An diesen Stellen war eine harte Verbindung, d. h. eine Schallbrücke zwischen Parkett und Wand durch den Klebstoff gegeben (Bild 174).

Grundlagen

Der tatsächlich zu erzielende Trittschallschutz durch dünne Dämmschichten zwischen Parkett und Estrich ist gering, zudem verlangen viele Parkettarten und keramische Beläge sowie Steinböden eine direkte steife Verbindung mit dem Estrich. Daher ist die Trittschalldämmung durch den schwimmenden Estrich zu leisten. Der Oberbelag und der Estrich bilden im Idealfall eine auf einer weichen Dämmung schwimmende Einheit, die **keinerlei** harte Verbin-

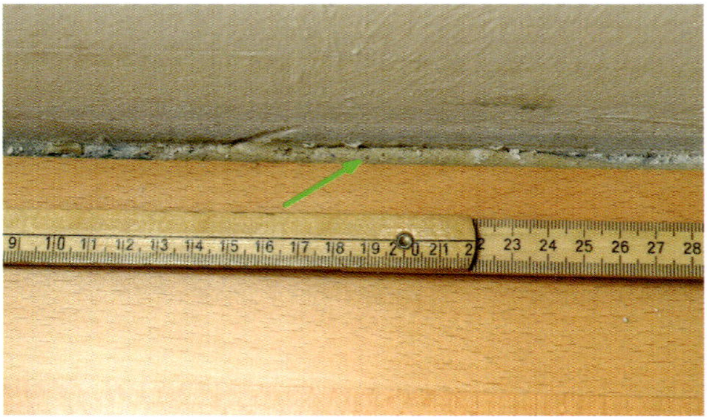

Bild 174 ▪ Auf dem Randstreifen ausgehärteter Klebstoff (Pfeil) zwischen Parkett und Wand

dungen zu den feststehenden Wänden oder der Betondecke besitzt. Hierdurch schwingt die durch Tritte angeregte Estrichplatte mit Oberbelag nur in sich und gibt die Schwingungen (Körperschall) nicht an andere Bauteile weiter.

Typische Schallbrücken sind:

1. nicht sorgfältig gedämmte Heizungsrohre,
2. nicht gedämmte Wasser- und Abwasserrohre,
3. Spachtelmassen und/oder Klebstoffe, die zwischen Estrichrand und Wand gelaufen sind,
4. Steinchen, Mörtel oder Gips, die sich zwischen Estrichrand und Wand befinden,
5. nicht fachgerecht ausgeführte Sockelleisten, die sowohl zur Wand als auch zum Parkettboden eine harte Verbindung haben,
6. Fußböden, die an der Wand oder an Türzargen anstehen,
7. Regale oder Schränke, die auf dem Fußboden stehen und zusätzlich mit der Wand verdübelt sind,
8. Waschbecken oder Badewannen, die mit dem Fußboden und zusätzlich mit der Wand verbunden sind.

Eine einzige der genannten Schallbrücken ist ausreichend, um eine drastische Verschlechterung der Trittschalldämmung zu verursachen, die durch andere Schallschutzmaßnahmen nicht oder kaum wieder verbessert werden kann.

Eine der häufigsten Ursachen für Schallbrücken ist die nicht fachgerechte Ausführung des Estrichrandstreifens. In der DIN 18560-2 [49] steht dazu im Abschnitt 5.2:

»Randstreifen müssen vom tragenden Untergrund bis zur Oberfläche des Oberbelags reichen. Bei mehrlagigen Dämmschichten muss der Randstreifen vor dem Einbringen der Dämmschicht für die Schalldämmung verlegt sein. Der Randstreifen muss gegen Lageänderung beim Einbringen des Estrichs gesichert sein. Die überstehenden Teile

des Randstreifens und der hochgezogenen Abdeckung dürfen erst nach Fertigstellung des Fußbodenbelags, bzw. bei textilen und elastischen Belägen erst nach Erhärtung der Spachtelmasse, abgeschnitten werden.«

Es ist jedoch in der Praxis, insbesondere bei der Verlegung von Fertigparkett, üblich, die Randstreifen vor der Parkettverlegung im Rahmen der Unterbodenvorbereitung zu entfernen bzw. bündig mit der Estrichoberfläche oder mit geringem Überstand abzuschneiden. Dies steht im Widerspruch zu den oben genannten fachlichen Regeln. Durch das Abschneiden **vor** der Parkettverlegung ist sichergestellt, dass am verlegten Fertigparkett keine Beschädigungen durch das nachträgliche Abschneiden entstehen. Sofern dies gemacht wird, muss jedoch darauf geachtet werden, dass kein Klebstoff zwischen Parkett bzw. Estrich und Wand läuft und so keine Schallbrücke entsteht.

4.12.2 Praxisnahe Schalluntersuchungen vor Ort

Oft sind fundierte schalltechnische Untersuchungen des Fußbodenaufbaus und der Ausbildung des Fußboden-Wand-Bereiches nachträglich nur mit großem Aufwand möglich. Dennoch lassen sich einige orientierende Schalluntersuchungen auch ohne Spezialgerät vom handwerklichen Sachverständigen durchführen. Der Sachverständige sollte allerdings vor Auftragsannahme darauf hinweisen, dass diese Untersuchungen keine teuren professionellen akustischen Untersuchungen ersetzen können. Sie stellen lediglich eine Orientierung für die streitenden Parteien und den Richter dar.

Luftschall (Sprache)

In dem zu untersuchenden Raum wird eine Sprach-CD mit Stimmen in guter Zimmerlautstärke abgespielt. In einer angrenzenden Wohnung findet eine ›Hörprobe‹ statt. Wenn außer dem Brummen von Netzteilen etc. und den durch die geschlossenen Fenster gedämpft eindringenden Fahrgeräuschen nichts hörbar ist, so kann von einer ausreichenden Luftschalldämmung ausgegangen werden.

Körperschall

In der zu untersuchenden Wohnung geht eine Person, mit harter Sohle, auf der Parkettfläche mit raschem Schritt auf und ab. In der darunterliegenden Wohnung wird überprüft, ob diese Gehgeräusche deutlich hörbar sind. Ist normalerweise ein Großteil des Parketts mit Teppichen bedeckt, kann der beschriebene Gehversuch nochmals auf Teppich durchgeführt werden.

Anmerkung

Bei älteren Gebäuden sind die Anforderungen an den Schallschutz generell niedriger anzusetzen. Außerdem ist zu berücksichtigen, dass die unterschiedlichen Schallarten in einem Bauwerk nicht gleichermaßen gut oder schlecht übertragen werden. So ist es möglich, dass im gleichen Bauwerk die Luftschalldämmung als ›gut‹ bezeichnet werden kann und die Trittschalldämmung ein unzureichendes Maß aufweist.

4.12.3 Knarrgeräusche

Schadensbild

Beim Begehen eines Parkettbodens kam es zu Knarrgeräuschen. Die Sockelleisten waren auf dem Parkettboden durch Klammern befestigt. Im Randbereich bewegten sich die Sockelleisten zusammen mit dem Parkettboden und dem Estrich gegenüber der Wand wenige zehntel Millimeter bis etwa 1 mm (im Eckbereich bei Belastung mit zwei Personen). Hierbei traten deutlich hörbare bis laute Knarrgeräusche auf. Auch in der Fläche trat an einer Stelle ein Knarrgeräusch bei Belastung auf.

Grundlagen

Es gibt keine DIN-Normen oder andere fachliche Regeln, die in schriftlicher Form über das Ausmaß der Zulässigkeit von Knarrgeräuschen bei Holzfußböden und Dielenböden Auskunft geben. Die Erfahrung vieler Jahrzehnte hat gezeigt, dass laute Knarrgeräusche bei alten genagelten Dielenböden regelmäßig auftreten und selbst bei neu verschraubten Dielenböden vereinzelt auftreten können. Bei vollflächig verklebten Dielenböden treten Knarrgeräusche nicht notwendigerweise auf, es ist jedoch trotz mangelfreier Verlegung möglich, dass vereinzelt (d. h. ein bis maximal drei Stellen je Raum) leise Knarrgeräusche während des Begehens auftreten. Das heißt vereinzelt auftretende Knarrgeräusche sind trotz fachgerechter Verlegung nicht sicher auszuschließen, sie stellen deshalb keinen Mangel dar. Bei größeren Feuchte- und Temperaturschwankungen (Fußbodenheizung) ist mit einer Verstärkung der Knarrgeräusche zu rechnen. Schwimmende Estriche bewegen sich durch das Begehen relativ zur feststehenden Wand. Sofern eine Berührung zwischen dieser schwingenden Estrich-Parkett-Einheit und der feststehenden Wand besteht, kommt es durch Reibung zu Knarrgeräuschen. Die häufigsten Fehler sind:

1. Verbindungen in Form von Verunreinigungen, Steinchen und Ähnlichem zwischen Estrich, Estrichstreifen und Wand sind peinlich genau zu vermeiden bzw. zu entfernen.
2. Starre Verbindungen zwischen Parkett und Sockelleiste (Nägel oder Schrauben) sind zu vermeiden. In der Regel wird dies dadurch erreicht, dass die Sockelleiste nur an der Wand, nicht jedoch am Parkett befestigt wird.

Mit schwimmend verlegten Parkettböden verhält es sich ähnlich wie mit schwimmenden Estrichen. Beide bewegen sich naturgemäß bei Belastung geringfügig. Sofern der sich bewegende Parkettboden an starre Teile wie beispielsweise Sockelleisten oder Schienen angrenzt, ergibt sich an dieser Stelle Reibung, die sich in Knarrgeräuschen äußern kann. Dies passiert insbesondere dann, wenn sich zwischen den reibenden Teilen Schmutz in Form von Steinchen oder Sand befindet. Da die Vermeidung des Zusammentreffens von schwimmenden Parkettböden und starren Teilen in der Praxis mit vertretbarem Aufwand nicht immer realisierbar ist, bleibt als Maßnahme zur Vermeidung oder deutlichen Reduzierung von Knarrgeräuschen die regelmäßige Entfernung von Schmutz und Sand an den reibenden Flächen oder der Einsatz von Gleitflächen oder Gleitmitteln an diesen Stellen.

Sofern keine handwerklichen Fehler erkennbar sind, ist im Einzelfall vom Sachverständigen zu entscheiden, ob vorhandene Knarrgeräusche einen Mangel darstellen.

Hierbei führt der Sachverständige eine vergleichende Bewertung des Istzustandes mit dem unter den gegebenen Randbedingungen zu erwartenden üblichen Maß an Knarrgeräuschen aus. Er hat dazu u.a. die Konstruktionsart, das Alter des Bodens, die Anzahl der knarrenden Stellen und die Lautstärke zu berücksichtigen.

4.12.4 Schmatzgeräusche

Schadensbild

Bei Belastung der zahlreichen Hohlstellen eines mit Dispersionsklebstoff verklebten Zweischichtparketts kam es zu ›Schmatzgeräuschen‹, die an das Abziehen eines Haftklebebandes erinnerten. Wenn die gleiche Stelle kurze Zeit später erneut belastet wurde, waren keine Geräusche mehr zu hören. Sie waren in der Intensität etwa vergleichbar mit dem Knarren, das durch das Begehen eines alten Dielenbodens entsteht.

Grundlagen und Ursachen

Über die Bewertung von bisher in der Praxis selten aufgetretenen ›Schmatzgeräuschen‹ finden sich in Normen und Normkommentaren für Parkettsachverständige keine Aussagen. Auch an den betroffenen Stellen lag eine ausreichende Klebstoffbenetzung der Parkettunterseite von mindestens 60 % vor (Tabelle 16). Auch die Ebenheitsabweichungen nach DIN 18202 (vgl. Kapitel 4.4) wurden eingehalten. Eine experimentelle Untersuchung im Labor des Sachverständigen ergab, dass die ›Schmatzgeräusche‹ nur bei dem Zusammentreffen folgender Faktoren auftreten:

- Hohllage,
- Klebstoff auf Estrich und Parkettunterseite,
- Trennung von Parkett und Estrich im noch feuchten Zustand,
- bestimmter Dispersionsklebstoff.

Die ›Schmatzgeräusche‹ aus der Praxis waren im Labor durch kurzzeitiges Zusammendrücken von zwei Parkettstäben, die hohl gelegen hatten, reproduzierbar. Die ausgehärteten Restklebstoffschichten zeigten dabei noch nach Jahren einen Nachklebeeffekt, der mit einem deutlichen ›Schmatzgeräusch‹ endete.

Es handelte sich hierbei um einen Materialfehler und nicht um einen Verarbeitungsfehler des Parkettlegers. Diese Schäden traten bei einigen wasserarmen Klebstoffneuentwicklungen auf Dispersionsbasis, Pulver-Klebstoffen und elastischen Klebstoffen auf.

Die ›Schmatzgeräusche‹ sind subjektiv ähnlich zu bewerten wie das Knarren eines Dielenbodens in einem Altbau: Ein wesentlicher Unterschied zu einem knarrenden alten Dielenboden besteht jedoch darin, dass das ›Schmatzen‹ eines neuen Parkettbodens nicht üblich ist und damit nicht zum Wesen eines neuen Bodens gehört. Im vorliegenden Fall war die Geräuschentwicklung als ›befremdlich und den Gesamteindruck störend‹ und damit als Mangel zu bewerten. Ähnlich wie für die Bewertung von Knarrgeräuschen sind auch hier die Anzahl der Stellen und die Lautstärke zu berücksichtigen.

Sanierung

Da es sich um einen Materialfehler an zahlreichen Stellen innerhalb des Klebstoffs handelt, also die Klebstoffschicht keine ausreichende Festigkeit zwischen Unter- und Parkettboden herstellt, müssen der gesamte Boden entfernt, die Klebstoffreste abgeschliffen und ein neuer Boden mit geeignetem Klebstoff verlegt werden.

5 Wertminderung

5.1 Hinnehmbarkeit von Mängeln

Die VOB Verdingungsordnung für Bauleistungen beschreibt im § 13 unter Nr. 6 des Teiles B Allgemeine Vertragsbedingungen für die Ausführung von Bauleistungen die Möglichkeit einer Minderung bei einem hinnehmbaren Mangel [50].

»Ist die Beseitigung des Mangels für den Auftraggeber unzumutbar oder ist sie unmöglich oder würde sie einen unverhältnismäßig hohen Aufwand erfordern und wird sie deshalb vom Auftragnehmer verweigert, so kann der Auftraggeber durch Erklärung gegenüber dem Auftragnehmer die Vergütung mindern.«

Das Verlangen nach Minderung der Vergütung bei mangelhafter Ausführung wird im Baugeschehen nicht nur bei VOB-Verträgen geäußert. Neben den deutlichen, nachzubessernden Mängeln zeigen sich auch an Holzfußböden mangelhafte Abweichungen, die zwar die hinzunehmenden Unregelmäßigkeiten etwas übersteigen, deren Nachbesserungsaufwand aber unverhältnismäßig hoch ist. Als Unverhältnismäßigkeit kann es angesehen werden, wenn die Nachbesserungskosten im groben Missverhältnis zur Wertminderung stehen. Zahlenmäßige Angaben zum Missverhältnis liegen nicht vor [86, S. 134].

Die Fragestellungen, ob ein Missverhältnis vorliegt, ob anstatt nachzubessern gemindert wird und wie eine vorzunehmende Minderung zu bemessen ist, sind rechtlicher Art und nicht vom Sachverständigen zu beurteilen. Er wird jedoch bei der Beantwortung der Rechtsfragen unterstützend tätig, indem er Nachbesserungskosten errechnet und Minderwerte als Grundlage für die Bemessung der Minderung ermittelt.

5.2 Wertminderungstabellen

Wertminderungssätze geben an, um wie viel Prozent der Wert des Fußbodens zu mindern ist. Sie hängen von der Art des Mangels und der Bedeutung des Bodens ab. Eine auch heute noch häufig zitierte Aufstellung dieser Sätze von Rosenbaum und Scheewe ist der Tabelle 21 zu entnehmen. Es handelt sich hierbei nicht um eine Nutzwertanalyse. Die Summe sämtlicher Minderungssätze pro Kategorie kann höher als 100 % sein. Die Wertminderungssätze dürfen deshalb auch nicht kumuliert werden. Der Minderungssatz für tole-

Tabelle 21 ▪ Wertminderungssätze für elastische und textile Bodenbeläge sowie Parkett nach Rosenbaum und Scheewe [110, Kapitel 3.3]

Nr.	Beeinträchtigung im Nutzungsbereich	I	II	III
3.1	ästhetische Werte			
3.1.1	Farbwirkungen	5 %	10 %	10 %
3.1.2	Schönheit	5 %	10 %	15 %
3.1.3	Musterfehler	5 %	10 %	15 %
3.1.4	Verschmutzungen bleibender Art	7,5 %	15 %	20 %
3.1.5	Verlegerichtungs- oder Nahtkantenfehler	10 %	15 %	25 %
3.1.6	Mängel, die nur durch teilweisen Ersatz zu beheben sind	15 %	15 %	20 %
3.2	Gebrauchswerte			
3.2.1	Ebenheitswerte gemäß DIN 18202	10 %	15 %	15 %
3.2.2	Abweichungen vom Trittschallschutz	15 %	15 %	15 %
3.2.3	unzureichende Strapazierfähigkeit	20 %	15 %	15 %
3.2.4	Form- und Maßveränderungen innerhalb der einzelnen Verlegeeinheiten	20 %	20 %	25 %
	Nutzungsbereiche:			
I	öffentlich gewerblicher Bereich			
II	Räume mittlerer Bedeutung, z. B. Schlafzimmer, Kinderzimmer, Gästezimmer, Flur, Küche			
III	Räume mit besonderer Bedeutung, z. B. Wohnzimmer, Esszimmer, Dielen, Empfangshallen			

ranzüberschreitende Unebenheiten 3.2.1 ist wegen der hier möglichen, immensen Unterschiede einzelner Fälle nur als grober Richtwert anzusehen. Mittlerweile liegt eine stark erweiterte, vom Bundesverband der Sachverständigen für Raum und Ausstattung (BSR) herausgegebene Wertminderungstabelle vor, die dem Bewertenden einen größeren Freiraum gibt. Es werden keine festen Sätze angegeben, sondern Wertebereiche [28].

Bei der Anwendung von Wertminderungssätzen ist zu beachten, dass sie sich auf den jeweiligen Zeitwert beziehen.

5.3 Funktionsanalyse

Ein Fußboden hat wie jedes Bauteil mehrere Funktionen zu erfüllen. Er muss als Fußboden genutzt werden können und soll ästhetischen Ansprüchen genügen. Diese beiden Grundfunktionen, **Gebrauchsnutzen und Geltungsnutzen**, können, falls dies im Einzelfall erforderlich ist, weiter unterteilt werden. Eine Wertminderung von Holzfußböden lässt sich in den meisten Fällen bereits mit den beiden Grundfunktionen ermitteln. Der Anteil von Gebrauchs- und Geltungsnutzen am Gesamtnutzen hängt von der Zweckbestimmung der Räumlichkeiten ab, in denen der Fußboden liegt. Für Natursteinböden im Innenbereich gibt es eine nach Bereichen gegliederte Aufteilung. Die in der Tabelle 22 wiedergegebenen Gewichtungen können im Holzfußbodenbereich als nützliche Orientierungsgrößen verwendet werden.

Beispiel

In einem repräsentativen Raum wurden dreischichtige Fertigparkett-Elemente verlegt. Die querliegenden Holzstäbchen der Mittellage zeichnen sich in der lackierten Deckschicht ab. Aufgrund der Nutzung des Raumes wird der Gebrauchsnutzen zu 30 % und der Geltungsnutzen zu 70 % gewichtet. Nach intensiver Begutachtung wird die Wertminderung des Geltungsnutzens auf 40 % beziffert. Der Gebrauchsnutzen ist nicht gemindert. Die gesamte Wertminderung errechnet sich hiermit zu 28 %.

Wie das Beispiel zeigt, liegt der Berechnung eine leicht nachvollziehbare, schematische Vorgehensweise zugrunde. Es handelt sich hierbei jedoch nicht um fixe Werte, da sowohl die Gewichtung der beiden Teilnutzen als auch die prozentuale Wertminderung des Geltungsnutzens von verschiedenen Personen unterschiedlich eingeschätzt werden können.

Zudem ist in jedem Fall zu prüfen, ob die Methode der Funktionsanalyse sinnvoll angewandt werden kann, da sich die Funktion eines Bauteils nicht immer additiv aus Einzelfunktionen ergibt. Wird z. B. bei einem Dielenboden auf La-

Tabelle 22 ▪ Auszug aus der Bewertungstabelle des Deutschen Naturwerkstein Verbandes e.V., Würzburg

	Vorzeigebereich	Normalbereich	nachgeordneter Bereich
Nutzen (= Gebrauchsnutzen)	30 %	50 %	70 %
Aussehen (= Geltungsnutzen)	70 %	50 %	30 %

gerhölzern der Gebrauchsnutzen auf 50 % festgelegt, die Dielen besitzen aber nicht die geforderte Tragfähigkeit, so wird eine prozentuale Wertminderung sinnlos, da der Boden unbrauchbar ist.

5.4 Nutzungsdauer

5.4.1 Nutzungserwartung von Holzfußböden

Werden Wertminderungsberechnungen nach einiger Zeit der Nutzung durchgeführt, muss der Zeitwert ermittelt werden. Hierbei spielt die zu erwartende Nutzungsdauer des Fußbodens eine große Rolle (Tabelle 23). Bei Restwertbestimmungen von besonders langlebigen Parkettarten sollte eine Nutzungsdauer von höchstens 50 Jahren angenommen werden. Im Merkblatt des BSR wird für Laminatböden eine Nutzungsdauer von 5 bis 15 Jahren und für Parkett von 15 bis 50 Jahren angegeben, dabei wird nicht nach Parkettarten differenziert [28, Anhang A].

5.4.2 Nutzschichtminderung

Durch das Abschleifen eines Holzfußbodens wird Material abgetragen und somit die Elementdicke vermindert. Die übliche Größenordnung des Materialabtrags beträgt 0,5 bis 0,7 mm [3, S. 118 und 157]. Wird ein neuer Parkettboden im Rahmen einer Nachbesserung der Lackschicht abgeschliffen, ist mit weniger als 0,5 mm Abtrag zu rechnen. Dieser ist bei allen Holzfußböden

Tabelle 23 ▪ Nutzungsdauer von Parkettböden nach Rosenbaum und Scheewe [110, Kapitel 4.3]; im Jahre 1990 wurden die DIN 280-1 und die DIN 280-3 zusammengefasst in DIN 280-1 und die DIN 280-4 wurde ersatzlos zurückgezogen

Parkettart	DIN	Dicke des Nutzholzes	Nutzungserwartung in Jahren
Parkettstäbe und -tafeln für Tafelparkett	280-1	22 mm	90…100
Mosaikparkettlamellen	280-2	8 mm	40…50
Parkettriemen	280-3	22 mm	60…75
Parkettdielen, Parkettplatten	280-4	13…26 mm	30…75
Fertigparkett-Elemente	280-5	4…5 mm	30…40
Obwohl die hohe Nutzungsdauer von Parkett aus Beobachtungen in der Praxis belegt ist, wird empfohlen, für die Restwertbestimmung eine Nutzungsdauer von höchstens 50 Jahren anzunehmen.			

mit einer Nutzschichtdicke von mindestens 5 mm im Neuzustand zu vernachlässigen. Bei neuen Holzfußböden mit weniger als 5 mm Nutzschichtdicke ist eine anteilige Wertminderung durch die Nutzschichtdickenabnahme infolge des zusätzlichen Schleifens zu berücksichtigen.

Wird die Lackschicht nur angeschliffen, erfolgt überhaupt kein Holzabtrag. Sollen durch das Abschleifen des neuen Bodens starke Schüsselungen beseitigt werden, sind die Werte mindestens so hoch wie bei einer Renovierung anzusetzen. Zu einem Grundabtrag von 0,5 mm ist die gemessene Schüsselungstiefe zu addieren.

Die Berechnung der Wertminderung basiert auf einer **Modellrechnung**. Es wird vorausgesetzt, dass nur bis zu einer verbleibenden Nutzschichtdicke von circa 1 mm abgeschliffen werden kann. Bei angenommenen Materialabträgen von 0,5 bis 0,7 mm pro Schleifgang lässt sich demnach eine im Neuzustand 3,4 mm dicke Nutzschicht dreimal abschleifen. Durch ein zusätzlich notwendiges Abschleifen erfolgt demnach eine Wertminderung um ein Drittel des Neupreises.

Modellrechnung:

Nutzschichtdicke im Neuzustand:	3,4 mm
notwendige verbleibende Nutzschichtdicke:	1,0 mm
Materialabtrag pro Schleifgang:	0,7 mm

$$\text{Anzahl der möglichen Schleifgänge} = \frac{3{,}4\,\text{mm} - 1\,\text{mm}}{0{,}7\,\text{mm}} = 3\ \text{Schleifgänge}$$

Das Ergebnis der Modellrechnung muss eventuell aufgrund von Besonderheiten des Einzelfalls korrigiert werden. Faktoren hierfür könnten z. B. starker Verschleiß oder große Nachgiebigkeit bei schwimmender Verlegung sein.

Literaturverzeichnis

[1] Arbeitskreis Parkett- und Holzbodenoberflächen: Merkblatt Rutsch- und Gleitsicherheit von Parkett und anderen Holzböden. boden wand decke 33(1987), Nr. 5, S. 90–91

[2] Barth, J.: Verfärbungen bei Buchenparkett: Ursachen und Folgen. boden wand decke 43(1997), Nr. 11, S. 62–63

[3] Baumann, O.; Fendt, P.; Barth, J.: Kommentar DIN 18356, DIN 18367 und DIN 18299 Parkett- und Holzpflasterarbeiten. Ausgabe Juni 1996 und Dezember 1992. Köln: Verlag Rudolf Müller, 1997

[4] Bundesverband Estrich und Belag -BEB- (Hrsg.): Beurteilen und Vorbereiten von Untergründen. Verlegen von elastischen und textilen Bodenbelägen, Schichtstoffelementen (Laminat), Parkett und Holzpflaster. Beheizte und unbeheizte Fußbodenkonstruktionen. Troisdorf, 2008

[5] Bundesverband Estrich und Belag -BEB- (Hrsg.): Oberflächenzug- und Haftzugfestigkeit von Fußböden – Allgemeines, Prüfung, Einflüsse, Beurteilung. Troisdorf, 2004

[6] Bundesverband Estrich und Belag -BEB- (Hrsg.): Hinweise zur Beurteilung und Vorbereitung der Oberfläche von Anhydrit-Fließestrichen. Troisdorf, 1990

[7] Becker, H.: Aufwölbungen einer Trockenestrichkonstruktion mit Parkett. Objekt (1999), Nr. 10, S. 62–64

[8] Chemisch-Technische Arbeitsgemeinschaft Parkettversiegelung -CTA- (Hrsg.): Technischer Ratgeber für Parkett-, Holz- und Korkoberflächenschutz. 3. Aufl. Unterföhring, 2001

[9] Chemisch-Technische Arbeitsgemeinschaft Parkettversiegelung -CTA- (Hrsg.): Beurteilung von Versiegelungen/Schichtstärkenmessung. floors & walls (2005), Nr. 5, S. 35–37

[10] Dittrich, H.: Einflüsse des Außenklimas auf die Holzfeuchtigkeit von versiegeltem Parkett. Parkett 17(1968), Nr. 10, S. 211–212

[11] Fachredaktionen Parkettmagazin und boden wand decke: Professorengutachten gibt Ausschlag. Parkettmagazin (1998), Nr. 1, S. 140–145 und boden wand decke 44(1998), Nr. 2, S. 118–124

[12] Frank, R.: Das Wichtigste über Zehn-Millimeter-Massivparkett. boden wand decke 38(1992), Nr. 12, S. 95–97

[13] Gaberdiel, J.: Deckschichtablösungen an Zweischichtparkettelementen. Objekt (2000), Nr. 5, S. 90–93

[14] Gasser, G.: Zur Hinweis- und Prüfungspflicht am Verlegeuntergrund. boden wand decke 43(1997), Nr. 1, S. 202–206

[15] Glas, A.: Holzpflaster – der Industrieboden für Generationen. Fußboden Forum (1983), Nr. 4, S.25–27

[16] Glas, A.: Holzpflaster, ein Fußboden ohne Umweltprobleme. FF Fußboden Forum (1982), Nr. 6, S. 2–7

[17] Gressel, P.; Bar, C.: Quelldruckverhalten von Massivholzparkett unter Feuchteeinwirkung. boden wand decke 41(1995), Nr. 3, S. 111–116

[18] Grosser, D.: Pflanzliche und tierische Bau- und Werkholz-Schädlinge. Leinfelden-Echterdingen: DRW-Verlag, 1985

[19] Haas, R.; Heck, H.-J.: Der Sachverständige des Handwerks. 4. Aufl. Stuttgart: Gentner Verlag, 1997

[20] Hart, W.: Wann gelten Fugenprofile als Stolperfallen? boden wand decke 47 (2001), Nr. 2, S. 91

[21] Hauptverband der gewerblichen Berufsgenossenschaften (Hrsg.): Berufsgenossenschaftliche Regel BGR 181 Fußböden in Arbeitsräumen und Arbeitsbereichen mit Rutschgefahr. Sankt Augustin, 1993. Aktualisierte Fassung 2003

[22] Henn, O.; Mensch, A.; Rosenbaum, E.: Kommentar zur VOB, Teil C Parkettarbeiten DIN 18356. Köln: Verlag Rudolf Müller, 1979

[23] Henn, O.: Die Verlegetechnik von Stab- und Mosaikparkett im Wandel der Zeit. Der Holzfußboden (1965), Nr. 8, S. 7 – 11

[24] Industrieverband Werkmörtel e.V. -IWM- (Hrsg.): Beurteilung und Behandlung der Oberflächen von Calciumsulfat-Fließestrichen. Duisburg, 2008

[25] Kaulen, H.: Poren-Estriche ohne genügend Festigkeit. Parkett (1960), Nr. 2, S. 30

[26] Keylwerth, R.: Betriebsblatt 1, Sorptionsgleichgewicht von Holz. Holz als Roh- und Werkstoff. 22(1964), Nr. 1, S. 31

[27] Keylwerth, R.: Untersuchungen der Holzgleichgewichtsfeuchte. Holz als Roh- und Werkstoff. 27 (1969), Nr. 8, S. 287 – 288

[28] Kille, R. A.; Lind, R.; Scheewe, H.-J.; Schwarzmann, P.: Leitfaden zur Ermittlung von Zeitwerten und Wertminderungen von Bodenbelägen. Stuttgart: Fraunhofer IRB Verlag, 2001

[29] Klopfer, H.: Feuchte. In: Lutz, P.; Jenisch, R.; Klopfer, H.; Freymuth, H.; Krampf, L.: Lehrbuch der Bauphysik. 2., überarb. u. erw. Aufl. Stuttgart: Teubner, 1989, S. 309 – 486

[30] Konrad, M.: Tragfähigkeit von Holzspanplatten. boden wand decke 40(1994), Nr. 11, S. 65, 106

[31] Kox, S.: Einfluß der plastischen Verformung auf die Fugenbildung bei 10 mm-Massivparkett. Diplomarbeit an der Universität Hamburg, Fachbereich Biologie. Anleitung: Prof. Frühwald, Dr. Rapp, Dr. Schwab. 1998

[32] Kuhle, E.: Die Beziehungen zwischen Außenklima, Raumklima und Holzfeuchtigkeit. Parkett 16(1967), Nr. 7, S. 163 – 167

[33] Kunert, P.: Maßtoleranzen im Fußbodenbau. Objekt (1999), Nr. 10, S. 126 – 131

[34] Lehnert, K.; Rapp, A.; Schwab, E.: Geschwindigkeit der Feuchteänderung von Stabparkett. Holzforschung und Holzverwertung 46(1994), Nr. 5, S. 80 – 83

[35] Liersch, K.W.: Schimmelbildung im Wohnhausbau. Ursachen und Abhilfe. Deutsche Bauzeitschrift. 943(1998), Nr. 10, S. 93 – 100

[36] Lysser, B.: Ungeklärte Parkettverfärbungen: Liegt's an den Zuschlagstoffen? boden wand decke 48(2002), Nr. 3, S. 48 – 50

[37] Noack, D.: Vergleichende Untersuchungen über einige physikalische und technologische Eigenschaften des Kern- und Splintholzes der mitteleuropäischen Eiche. Holz als Roh- und Werkstoff 21(1963), Nr. 3, S. 108 – 121

[38] DIN 1052-1:1988-04 Holzbauwerke; Berechnung und Ausführung

[39] DIN V 18032-2:2001-04 (Vornorm) Sporthallen – Hallen für Turnen, Spiele und Mehrzwecknutzung – Teil 2: Sportböden; Anforderungen, Prüfungen

[40] DIN 18201:1997 Toleranzen im Bauwesen; Begriffe, Grundsätze, Anwendung, Prüfung (zurückgezogen)

[41] DIN 18202:2005-10 Toleranzen im Hochbau – Bauwerke

[42] DIN 18334:2006-10 VOB Vergabe- und Vertragsordnung für Bauleistungen – Teil C: Allgemeine Technische Vertragsbedingungen für Bauleistungen (ATV) – Zimmer- und Holzbauarbeiten

[43] DIN 18353:2006-10 VOB Vergabe- und Vertragsordnung für Bauleistungen – Teil C: Allgemeine Technische Vertragsbedingungen für Bauleistungen (ATV) – Estricharbeiten

[44] DIN 18354:2006-10 VOB Vergabe- und Vertragsordnung für Bauleistungen – Teil C: Allgemeine Technische Vertragsbedingungen für Bauleistungen (ATV) – Gussasphaltarbeiten

[45] DIN 18355:2006-10 VOB Vergabe- und Vertragsordnung für Bauleistungen – Teil C: Allgemeine Technische Vertragsbedingungen für Bauleistungen (ATV) –Tischlerarbeiten

[46] DIN 18356:2006-10 VOB Vergabe- und Vertragsordnung für Bauleistungen – Teil C: Allgemeine Technische Vertragsbedingungen für Bauleistungen (ATV) – Parkettarbeiten

[47] DIN 18365:2006-10 VOB Vergabe- und Vertragsordnung für Bauleistungen – Teil C: Allgemeine Technische Vertragsbedingungen für Bauleistungen (ATV) – Bodenbelagarbeiten

[48] DIN 18367:2002-12 VOB Vergabe- und Vertragsordnung für Bauleistungen – Teil C: Allgemeine Technische Vertragsbedingungen für Bauleistungen (ATV) – Holzpflasterarbeiten

[49] DIN 18560-2:2004-04 Estriche im Bauwesen – Teil 2: Estriche und Heizestriche auf Dämmschichten (schwimmende Estriche)

[50] DIN 1961:2006-10 VOB Vergabe- und Vertragsordnung für Bauleistungen – Teil B: Allgemeine Vertragsbedingungen für die Ausführung von Bauleistungen

[51] DIN 280-1:1990-04 Parkett; Parkettstäbe, Parkettriemen und Tafeln für Tafelparkett

[52] DIN 280-2:1990-04 Parkett – Mosaikparkettlamellen

[53] DIN 280-4:1973 Parkett; Parkettdielen, Parkettplatten (ersatzlos zurückgezogen)

[54] DIN 280-5:1990-04 Parkett; Fertigparkett-Elemente

[55] DIN 281:1994-03 Parkettklebstoffe; Anforderungen, Prüfung, Verarbeitungshinweise

[56] DIN 4072:1977-08 Gespundete Bretter aus Nadelholz

[57] DIN 4074-1:1989-09 Sortierung von Nadelholz nach der Tragfähigkeit – Teil 1: Nadelschnittholz

[58] DIN 4108-5:1981 Wärmeschutz im Hochbau; Berechnungsverfahren

[59] DIN 4725-4:1992 Warmwasser-Fußbodenheizungen; Aufbau und Konstruktion

[60] DIN EN 13183-1:2007-07 Feuchtegehalt eines Stückes Schnittholz – Teil 1: Bestimmung durch Darrverfahren; Deutsche Fassung EN 13183:2002

[61] DIN 53255:1964-06 Bestimmung der Bindefestigkeit von Sperrholzverbindungen (Furnier- und Tischlerplatten) im Zugversuch und im Aufstechversuch

[62] DIN 68100:1984-12 Toleranzsystem für Holzbe- und Verarbeitung; Begriffe, Toleranzreihen, Schwind- und Quellmaße

[63] DIN 68364:1979-11 Kennwerte von Holzarten – Festigkeit, Elastizität, Resistenz

[64] DIN 68365:2008-12 Schnittholz für Zimmererarbeiten – Sortierung nach dem Aussehen – Nadelholz

[65] DIN 68701:1993 Holzpflaster GE für gewerbliche und industrielle Zwecke

[66] DIN 68702-1990 Holzpflaster RE für Räume in Versammlungsstätten, Schulen, Wohnungen (RE-V), für Werkräume im Ausbildungsbereich (RE-W) und ähnliche Anwendungsbereiche

[67] DIN 68702:2009-10 Holzpflaster

[68] DIN 68771:1973-09 Unterböden aus Holzspanplatten (ersatzlos zurückgezogen)

[69] DIN EN 1313-2:1999-01 Rund- und Schnittholz – Zulässige Abweichungen und Vorzugsmaße – Teil 2: Laubschnittholz; Deutsche Fassung EN 1313-2:1998

[70] DIN EN 13329:2009-01 Laminatböden – Elemente mit einer Deckschicht auf Basis aminoplastischer, wärmehärtbarer Harze – Spezifikationen, Anforderungen und Prüfverfahren; Deutsche Fassung EN 13329:2006+A1:2008

[71] DIN EN 1534:2000-04 Parkett und andere Holzfußböden – Bestimmung des Eindruckwiderstandes (Brinell) – Prüfmethode; Deutsche Fassung EN 1534:2000

[72] DIN EN 844-7:1997-08 Rund- und Schnittholz – Terminologie – Teil 7: Begriffe zum anatomischen Aufbau von Holz; Deutsche Fassung EN 844-7:1997

[73] DIN EN 844-10:1998-06 Rund- und Schnittholz – Terminologie – Teil 10: Begriffe zu Verfärbung und Pilzbefall

[74] DIN EN 942:1996-06 Holz in Tischlerarbeiten – Allgemeine Sortierung nach der Holzqualität; Deutsche Fassung EN 942: 1996 (zurückgezogen)

[75] DIN EN 13226:2003-05 Holzfußböden – Massivholz-Parkettstäbe mit Nut und/oder Feder; Deutsche Fassung EN 13226:2003

[76] DIN EN 13226:2009-09 Holzfußböden – Massivholz-Elemente mit Nut und/oder Feder; Deutsche Fassung EN 13226:2009

[77] DIN EN 13227:2003-06 Holzfußböden – Massivholz-Lamparkettprodukte; Deutsche Fassung EN 13227:2002

[78] DIN EN 13228:2003-06 Holzfußböden – Massiv-Overlay-Parkettstäbe einschließlich Parkettblöcke mit einem Verbindungssystem; Deutsche Fassung EN 13228:2002

[79] DIN EN 13488:2003-05 Holzfußböden – Mosaikparkettelemente; Deutsche Fassung EN 13488:2002

[80] DIN EN 13489:2003-05 Holzfußböden – Mehrschichtparkettelemente; Deutsche Fassung EN 13489:2002

[81] DIN EN 13629:2003-06 Holzfußböden – Massive Laubholzdielen; Deutsche Fassung EN 13629:2002

[82] DIN EN 13893:2003-02 Elastische, laminierte und textile Bodenbeläge – Messung des Gleitreibungskoeffizienten von trockenen Bodenbelagsoberflächen; Deutsche Fassung EN 13893:2002

[83] DIN EN 13990:2004-04 Holzfußböden – Massive Nadelholz-Fußbodendielen; Deutsche Fassung EN 13990:2004

[84] DIN EN 14354:2005-03 Holzwerkstoffe – Furnierte Fußbodenbeläge; Deutsche Fassung EN 14354:2004

[85] DIN EN 14761:2008-09 Holzfußböden – Massivholzparkett – Hochkantlamelle, Breitlamelle und Modulklotz; Deutsche Fassung EN 14761:2006+A1:2008

[86] Oswald, R.; Abel, R.: Hinzunehmende Unregelmäßigkeiten bei Gebäuden. Typische Erscheinungsbilder – Beurteilungskriterien – Grenzwerte. 3., vollst. bearb. u. erw. Aufl. Wiesbaden: Vieweg, 2005

[87] Oswald, R.; Abel, R.: Leitfaden über hinzunehmende Unregelmäßigkeiten bei Neubauten. Bauforschungsbericht des Bundesministeriums für Raumordnung, Bauwesen und Städtebau -BMBau-. Stuttgart: Fraunhofer IRB Verlag, 1995

[88] Papini, A.: A qualcuno piace caldo. Il posatore (2002), Nr. 44, S. 58–60

[89] Peter, W.: Die Kantenverleimung von Parkettsiegeln: Wie kann dieses Phänomen reduziert werden? boden wand decke 39(1993), Nr. 11, S. 63–66

[90] Pitt, W.: Blitzeinschlag in Parkettfußboden. boden wand decke 46(2000), Nr. 10, S. 70–71

[91] Pitt, W.: Formstabilität – wo liegen die Grenzen? boden wand decke 43(1997), Nr. 5, S. 44–46

[92] Pitt, W.: Geschichte der deutschen Parkettbranche Teil 4. boden wand decke 47(2001) Nr. 1, S. 100–102, 104

[93] Pitt, W.: Keine Minimierung erkennbar. Nach einem Vortrag von W. Schmidt auf dem Sachverständigen-Seminar 2004 in Kassel. boden wand decke 50(2004), Nr. 9, S. 30–37

[94] Pitt, W.: Klötzchenbildung bei Fertigparkett und Laminat. boden wand decke 45(1999), Nr. 6, S. 66–67

[95] Pitt, W.: Kopffugenbildung im Parkett. boden wand decke 46(2000), Nr. 6, S. 54–57

[96] Pitt, W.: Pflegefehler kommen teuer. boden wand decke 45(1999), Nr. 3, S. 100–102

[97] Pitt, W.: Quellung eines Ahornbodens. boden wand decke 46(2000), Nr. 3, S. 92, 94–95

[98] Pitt, W.; Rapp, A. O.; Schwab, E.; Kox, S.: Erkenntnisse zur Fugenbildung bei 10-mm-Stabparkett. boden wand decke 45(1999), Nr. 12, S. 64, 66, 68–69

[99] Plonsker, H. E.: Anhydritfließestrich – Fußbodenheizung – Parkett. Parkettmagazin (1997), Nr. 3, S. 138–139

[100] Rapp, A. O.: Experimentelle Untersuchung nachstoßender Feuchte aus jungen Betondecken. Parkettmagazin (1996), Nr. 3, S. 104–109

[101] Rapp, A. O.: Ungewollte Räuchereiche. Parkettmagazin (1994), Nr. 4, S. 76–80

[102] Rapp, A. O.: Quellung und Schwindung von Parkett bei unterschiedlicher Beheizung und Raumklima. Parkettmagazin (1993), Nr. 5, S. 86–89

[103] Rapp, A. O.: Quellung von Parkett durch organische Lösemittel aus Kunstharz-Lösemittelklebstoffen. boden wand decke 40(1994), Nr. 2, S. 183

[104] Rapp, A. O.: Relative Mackengröße: Untersuchung der durchschnittlichen Mackengröße an Eichenparkettstäben unter Berücksichtigung des Einflusses der Versiegelung. Bonn: Zentralverband Parkett- und Fußbodentechnik, Sachverständigenmitteilungen (1992), Nr. 3, S. 49–55

[105] Rapp, A. O.: Restammoniak beeinflusst die Verleimfestigkeit: Räuchereiche, Teil 1: Herstellung, Materialeigenschaften – und was passiert bei zu hohem Restammoniakgehalt. boden wand wecke 53(2007), Nr. 4, S. 24–27

[106] Rapp, A. O.: Tücken rechtzeitig erkennen: Räuchereiche, Teil 2: Kontaktverfahren – eine einfache Prüfmethode für den Handwerker zur Bestimmung des Restammoniakgehalts. boden wand decke 53(2007), Nr. 5, S. 50–53

[107] Rapp, A. O.: Schüsselung von mehrschichtig verleimten Dielenelementen im Wechselklima. Unveröffentlichte Untersuchung, 1995

[108] Rapp, A. O.; Lehnert, K.: Zehn-Millimeter-Parkett: Schüsseln und Wartezeit vor dem Schleifen. Herausgegeben vom Zentralverband Parkett- und Fußbodentechnik in boden wand decke 39(1993), Nr. 12, S. 111–113

[109] Rauer, K.: Kantenstippungen im Furnierboden. boden wand decke 45(1999), Nr. 6, S. 60–61

[110] Rosenbaum, E.; Scheewe, H.-J.: Abschreibungs- und Wertminderungsleitsätze für elastische und textile Bodenbeläge sowie Parkett. 2. Aufl. Koblenz, 1985

[111] Rosenbaum, E.: Problemkreis Fußboden; Entstehung und Behebung von Schäden an Unterkonstruktionen und deren Nutzschichten. Köln: Verlag Rudolf Müller, 1985

[112] Rosenbaum, E.: Richtlinien zur Beurteilung von Parkettarbeiten nach DIN 18356. boden wand decke 28(1982), Nr. 7–8, S. 43–45

[113] Scheewe, H.-J.: Gleitverhalten von Bodenbelägen. boden wand decke 40(1994), Nr. 10, S. 118–120

[114] Scheewe, H.-J.: Schäden an elastischen und textilen Bodenbelägen. Stuttgart: Fraunhofer IRB Verlag, 2001 (Schadenfreies Bauen; 22/hrsg. v. G. Zimmermann)

[115] Schnell, W.: Zur Ermittlung von Belegreife und Ausgleichsfeuchte von mineralisch gebundenen Estrichen. boden wand decke 31(1985), Nr. 1, S. 78–86

[116] Schutzrecht DE 7207352-U (1972-05-31). Schuster, K. – Glätte-Messgerät

[117] Schwab, E.: Die Härte von Laubhölzern für die Parkettherstellung. Holz als Roh- und Werkstoff 48(1990), S. 47–51

[118] Schwab, E.; Kox, S.; Rapp, A. O.: Einfluß der plastischen Verformung auf die Fugenbildung bei 10 mm-Stabparkett. Holzforschung und Holzverwertung 51(1999), S. 63–66

[119] Schwarz, H.: Harzaustritt bei Holzpflaster. Parkettmagazin (1993), Nr. 6, S. 83–84

[120] Sell, J.: Eigenschaften und Kenngrössen von Holzarten. 3. Aufl. Zürich: Baufachverlag, 1997

[121] Skiba, R.: Aktuelle Probleme beim Messen und Bewerten der Rutschhemmung. boden wand decke 42(1996), Nr. 10, S. 150–153

[122] Spang, H.: Altböden langsam versiegeln. Parkettmagazin (1998), Nr. 5, S. 144–145

[123] Strehle, N.: Warum ist eine Wärmedämmung auch im Sommer wichtig? boden wand decke 39(1993), Nr. 5, S. 84–86

[124] Technische Kommission Bauklebstoffe im Industrieverband Klebstoffe e.V. (Hrsg.): Merkblatt TKB-1 Kleben von Parkett. Düsseldorf, 1997

[125] Technische Kommission Bauklebstoffe im Industrieverband Klebstoffe e. V. (Hrsg.): Merkblatt TKB-2 Kleben von Laminatböden. Düsseldorf, 1997

[126] Unger, A.: Fußboden Atlas: Fußböden richtig planen und ausführen. 6., in Teilen neu bearb. Aufl. Donauwörth: Verlag QuoVado, 2008

[127] Verband der Europäischen Laminatfußbodenhersteller e.V. (Hrsg.): Merkblatt Verlegen von Laminatfußbodenelementen. Bielefeld, 2006

[128] Vondung, M.: Die Geschichte des Holzfußbodens Teil 2. boden wand decke 46(2000), Nr. 5, S. 74–78, 80–81

[129] Weinbrenner, R. (Hrsg.): Parkett: Herstellung – Verlegung – Oberflächenbehandlung. Stuttgart: Holz-Zentralblatt Verlag, 1964

[130] Zentralverband des Deutschen Baugewerbes e.V. (Hrsg.): Merkblatt Beurteilen und Vorbereiten von Untergründen, Verlegen von elastischen Bodenbelägen, textilen Bodenbelägen und Parkett. Bonn, 1982

[131] Zentralverband des Deutschen Baugewerbes e.V. (Hrsg.): Merkblatt Toleranzen im Hochbau nach DIN 18202. Berlin, 2007

[132] Zentralverband Parkett und Fußbodentechnik (Hrsg.): Die Gleitsicherheit von Parkett- und Holzfußböden. Zentralverbandsmitteilungen (1996), Nr. I, S. 11

[133] Zentralverband Parkett und Fußbodentechnik: Sachverständigen-Seminar in Mannheim. boden wand decke 42(1996), Nr. 12, S. 117–119

[134] Bundesverband Flächenheizungen und Flächenkühlungen e.V. (Hrsg.): Schnittstellenkoordination bei beheizten Fußbodenkonstruktionen. Hagen, 2005. Kostenloser PDF-Download unter URL: http://www.baufachinformation.de/artikel.jsp?v=230509

[135] Zimmermann, G.: Ahornparkett auf beheiztem Zementestrich. Ablösung des Parketts. In: Zimmermann, G. (Hrsg.): Bauschäden-Sammlung, Bd. 14. Stuttgart: Fraunhofer IRB Verlag, 2003, S. 104–107

[136] Zimmermann, G.: Holzpflaster auf Zementestrich mit Bitumenzusatz. Rißbildung und Ablösung des Pflasters. In: Zimmermann, G. (Hrsg.): Bauschäden-Sammlung, Bd. 9. 2., durchges. Aufl. Stuttgart: Fraunhofer IRB Verlag, 1993, S. 146–149

[137] Zimmermann, G.: Stabparkett mit Wasserversiegelung. Abrißfugen durch Kantenverleimung. In: Zimmermann, G. (Hrsg.): Bauschäden-Sammlung, Bd. 11. Stuttgart: Fraunhofer IRB Verlag, 1997, S. 126–127

Anhang A: Kontakträuchermethode

Zur Prüfung der Ammoniakemission von Räuchereiche

Ziel der Prüfung

Mit der Prüfung soll eine Einschätzung der Größenordnung der Ammoniakemission von geräucherter Eiche mit einfachsten Mitteln erzielt werden. Das Prüfprinzip ermöglicht dem Handwerker die Untersuchung von Lamellen, Stäben oder mehrschichtigen Elementen ohne Analysegeräte.

Prüfprinzip

Ammoniakemissionen, die so stark sind, dass sie benachbarte ungeräucherte Eichenstäbe über Hirn verfärben, bewirken auch andere unerwünschte Beeinträchtigungen. Wenn benachbarte ungeräucherte Eichenstäbe nicht verfärbt werden, treten in der Regel auch keine anderen Beeinträchtigungen auf. Dieses Prinzip liegt der nachfolgend beschriebenen Messmethode zugrunde.

Durchführung

Von der zu prüfenden Räuchereiche (Lamelle oder Stab) wird vom äußeren Ende ein in Faserrichtung 40 mm langes Stück abgesägt. An die frische Schnittfläche dieses Stückes wird ein Stück unbehandelte Eiche in gleicher Abmessung stumpf gestoßen. In dieser Lage werden die beiden Holzstücke mit Klebeband umwickelt. Das Klebeband hat nicht nur die Aufgabe, die beiden Holzstücke Hirn an Hirn zu fixieren, sondern auch die Abgabe von Ammoniak in den freien Raum zu bremsen und damit in die benachbarte unbehandelte Eiche zu leiten. Das Klebeband fungiert diffusionsbremsend, ähnlich einer Lackierung.

Die visuelle Beurteilung der Räucherung der unbehandelten Eiche an der Kontaktfläche erfolgt nach 24 Stunden Lagerung bei Raumtemperatur. Sofern sich keine Verfärbung bei 20 °C zeigt, wird der Prüfkörper für weitere 24 Stunden bei 60 °C im Trockenschrank gelagert und danach eine nochmalige visuelle Beurteilung durchgeführt (Bild A1). Die Prüftemperatur ist zusammen mit der mittleren Länge der Verfärbung in Faserrichtung in Millimetern anzugeben.

Bild A1 ▪ Verfärbungen unbehandelter Eiche durch die Kontakträuchermethode: links typisches Bild bei mittlerem Restammoniakgehalt, rechts bei hohem Restammoniakgehalt

Bewertung

Wenn innerhalb von 24 Stunden Lagerung bei 20 °C eine Verfärbung der unbehandelten Eiche auftritt, ist der Ammoniakgehalt deutlich zu groß. Sofern auch nach mehreren Stunden Lagerung des Prüfkörpers bei 60 °C ebenfalls keine Verfärbung eintritt, darf nach Rapp [A1], [A2] davon ausgegangen werden, dass keine Beeinträchtigungen bei der Verarbeitung von Räuchereiche auftreten werden.

Literatur

[A1] Rapp, A. O.: Restammoniak beeinflusst die Verleimfestigkeit: Räuchereiche, Teil 1: Herstellung, Materialeigenschaften – und was passiert bei zu hohem Restammoniakgehalt. boden wand decke 53(2007), Nr. 4, S. 24–27

[A2] Rapp, A. O.: Tücken rechtzeitig erkennen: Räuchereiche, Teil 2: Kontaktverfahren – eine einfache Prüfmethode für den Handwerker zur Bestimmung des Restammoniakgehalts. boden wand decke 53(2007), Nr. 5, S. 50–53

Anhang B: Becher-Wasser-Messmethode

Zur Prüfung der Ammoniakemission von Räuchereiche

Ziel der Prüfung

Mit der Prüfung ist die schnelle Einschätzung der Größenordnung der Ammoniakemission von geräucherter Eiche möglich. Das Prüfprinzip ermöglicht die Untersuchung von Lamellen, Stäben oder mehrschichtigen Elementen.

Prüfprinzip

Die zu messende Probe wird in definierte kleine Stücke mit großem Hirnholzanteil zersägt und für kurze Zeit (typischerweise 15 Minuten) in einen kleinen Becher eingeschlossen. Das emittierte Ammoniak wird durch Analyse von Wasser, das in den geschlossenen Becher zur Ammoniakabsorption mit eingestellt wurde, quantifiziert.

Notwendige Geräte und Reagenzien

Für die Durchführung der Untersuchung nach der Becher-Wasser-Methode werden folgende Geräte, Materialien und Reagenzien benötigt:

- Polystyrol-Verpackungsbecher mit Deckel 115 mm × 115 mm, 500 ml (auch zum Verkauf offener Lebensmittel wie z. B. Wurstsalat eingesetzt; die Becher können vom ›Metzger um die Ecke‹ erworben werden),
- Glaspetrischalen, mit drei am Boden aufgeklebten Edelstahlmuttern,
- Ammonium-Schnelltest.

Zu prüfendes Material

Die Prüfung erfolgt bei einer Holzfeuchte von (9 ± 3) %.

Es werden Prüfkörper aus dem zu untersuchenden Material geschnitten. Typische Abmessungen sind 20 mm × 73 mm × 4 mm (l × b × d). Dies ergibt bei acht Prüfkörpern je Prüfgefäß ein Verhältnis von Prüfvolumen zu Hirnholzfläche von 10,7 cm.

Durchführung

Die Prüfung ist bei einer Temperatur von 20 bis 25 °C durchzuführen. Zwei Stapel von je vier Prüfkörpern werden direkt nach dem Zuschnitt mit einem

Abstand von 2,5 cm in den Verpackungsbecher gelegt, unmittelbar danach wird die Petrischale eingestellt und mit dem zugehörigen Deckel sofort verschlossen. Aus der Darstellung der Seitenansicht (Bild A2) wird der Versuchsaufbau deutlich.

Vor dem Verschließen des Bechers wird die zuvor mit Wasser ausgespülte und sorgfältig getrocknete Petrischale so im Becher platziert, dass die Edelstahlmuttern auf den beiden Holzblöcken aufsitzen. Danach werden 20 ml demineralisiertes Wasser in die Petrischale gegeben. Es ist wichtig, dass kein Wasser verschüttet wird und die Schalenaußenseite trocken bleibt.

15 Minuten nach dem Verschließen des Bechers wird dieser geöffnet und das Wasser in der Petrischale gemäß Anleitung des Ammonium-Schnelltests analysiert.

Die Ammoniumbestimmung des Wassers in der Petrischale erfolgt colorimetrisch, mittels Ammonium-Schnelltest.

Bild A2 ▪ Seitenansicht: Aufbau für die Prüfung der Ammoniakemission von Räuchereiche nach der Bechermethode; 2 × 4 frisch geschnittene Räuchereichelamellen werden in den Becher gelegt; die Petrischale steht mit Abstandshaltern (M6-Edelstahlmuttern) auf den Räuchereichelamellen

Bewertung

Bei einer Konzentration von < 0,4 ppm Ammoniak im Wasser der Petrischale darf nach Rapp ([A1], [A2]) davon ausgegangen werden, dass keine Beeinträchtigungen bei der Verarbeitung von Räuchereiche auftreten werden.

Literatur

[A1] Rapp, A. O.: Restammoniak beeinflusst die Verleimfestigkeit: Räuchereiche, Teil 1: Herstellung, Materialeigenschaften – und was passiert bei zu hohem Restammoniakgehalt. boden wand decke 53(2007), Nr. 4, S. 24–27

[A2] Rapp, A. O.: Tücken rechtzeitig erkennen: Räuchereiche, Teil 2: Kontaktverfahren – eine einfache Prüfmethode für den Handwerker zur Bestimmung des Restammoniakgehalts. boden wand decke 53(2007), Nr. 5, S. 50–53

Stichwortverzeichnis

L

M

N

O

P

Fachbuchreihe SCHADENFREIES BAUEN

Herausgegeben von Dr.-Ing. Ralf Ruhnau ■ Begründet von Professor Günter Zimmermann

Die Fachbuchreihe SCHADENFREIES BAUEN stellt das gesamte Gebiet der Bauschäden dar. Erfahrene Bausachverständige beschreiben die häufigsten Bauschäden, ihre Ursachen und Sanierungsmöglichkeiten sowie den Stand der Technik. Die Bände behandeln jeweils ein einzelnes Bauwerksteil, ein Konstruktionselement, ein spezielles Bauwerk oder eine besondere Schadensart.

Band 43	Schäden an Schwimmbädern
Band 42	Nutzereinfluss auf Schäden an Gebäuden
Band 41	Schäden beim Bauen im Bestand
Band 40	Schäden an Dachdeckungen
Band 39	Schäden durch fehlerhaftes Konstruieren mit Holz
Band 38	Wasserschäden
Band 37	Windschäden
Band 36	Schäden an Abdichtungen erdberührter Bauteile
Band 35	Schäden an genutzten Flachdächern
Band 34	Gründungsschäden
Band 33	Schäden an Balkonen
Band 32	Schäden durch mangelhaften Wärmeschutz
Band 31	Die vorsorgliche Beweissicherung im Bauwesen
Band 30	Schäden an Tragwerken aus Stahl
Band 29	Schäden an Holzfußböden
Band 28	Schäden an Holztragwerken
Band 27	Mangelhafter Schallschutz von Gebäuden
Band 26	Schäden an polymeren Beschichtungen
Band 25	Schäden an Belägen und Bekleidungen mit Keramik- und Werksteinplatten
Band 24	Schäden an Installationsanlagen
Band 23	Schäden an Türen und Toren
Band 22	Schäden an elastischen und textilen Bodenbelägen
Band 21	Schäden an Glasfassaden und -dächern
Band 20	Schäden an Wärmedämm-Verbundsystemen
Band 19	Schäden an Außenwänden aus Mehrschicht-Betonplatten
Band 18	Schäden an Deckenbekleidungen und abgehängten Decken
Band 17	Schäden an Dränanlagen
Band 16	Tauwasserschäden
Band 15	Schäden an Estrichen
Band 14	Schäden an Tragwerken aus Stahlbeton
Band 13	Schäden an Außenwänden aus Ziegel- und Kalksandstein-Verblendmauerwerk
Band 12	Schäden an Fassaden und Dachdeckungen aus Aluminium und Stahl
Band 11	Schäden an Außenmauerwerk aus Natursandstein
Band 10	Schäden an Außenwänden mit Asbestzement-, Faserzement- und Schieferplatten
Band 9	Schäden an Fassadenputzen
Band 8	Schäden an Abdichtungen in Innenräumen
Band 7	Rissschäden an Mauerwerk
Band 6	Schäden an Fenstern
Band 5	Schäden an Wänden und Decken in Holzbauart
Band 4	Schäden an Industrieböden
Band 3	Schäden an Sichtbetonflächen
Band 2	Schäden an Flachdächern und Wannen aus wasserundurchlässigem Beton
Band 1	Schäden an Außenwandfugen im Beton- und Mauerwerksbau

Fraunhofer IRB ■ Verlag

Postfach 80 04 69 ■ 70504 Stuttgart ■ Telefon 0711 970-25 00 ■ Fax 0711 970-25 08
irb@irb.fraunhofer.de ■ www.baufachinformation.de